Betriebswirtschaftliche Kennzahlen

Formeln, Aussagekraft, Sollwerte, Ermittlungsintervalle

von
Professor
Dr. Peter R. Preißler

Oldenbourg Verlag München Wien

Bibliografische Information der Deutschen Nationalbibliothek

Die Deutsche Nationalbibliothek verzeichnet diese Publikation in der Deutschen Nationalbibliografie; detaillierte bibliografische Daten sind im Internet über <http://dnb.d-nb.de> abrufbar.

© 2008 Oldenbourg Wissenschaftsverlag GmbH
Rosenheimer Straße 145, D-81671 München
Telefon: (089) 4 5051-0
oldenbourg.de

Lektorat: Wirtschafts- und Sozialwissenschaften, wiso@oldenbourg.de
Herstellung: Anna Grosser
Coverentwurf: Kochan & Partner, München
Gedruckt auf säure- und chlorfreiem Papier
Gesamtherstellung: Druckhaus „Thomas Müntzer" GmbH, Bad Langensalza

ISBN 978-3-486-23888-4

Inhaltsverzeichnis

Teil A: Die wichtigsten Kennzahlen und Kennzahlensysteme im Überblick

Teil B: Aufbau eines Kennzahlensystems in der Praxis

Abbildungsverzeichnis

Benutzungshinweise

Kennzahlen gibt es fast so viele wie Sand am Meer – dieses Buch will helfen, die „richtigen" Kennzahlen aus der Fülle der Möglichkeiten auszuwählen. Vor allem sollen betriebswirtschaftliche Probleme, so wie sie tatsächlich auftreten, schnell, kompetent und vor allen Dingen entscheidungssicher nicht nur erkannt, sondern mit Hilfe geeigneter Kennzahlen auch besser gelöst werden.

Die Gliederungspunkte 1 bis 4 führen in die Theorie der Kennzahlen ein – die praktische Umsetzung im Unternehmen beginnt ab dem Gliederungspunkt 5.

Mein herzlicher Dank gilt Herrn Eduard Satzinger bei der Mitarbeit an diesem Buch.

Ammerland, im Januar 2008

Prof. Dr. Peter R. Preißler

Teil A Die wichtigsten Kennzahlen und Kennzahlensysteme im Überblick

1 Einleitung

1.1 Kennzahlen als Basis zur Absicherung unternehmerischer Entscheidungen

„Die Zahl ist die Grundlage des Staates"[1]

Fast in jedem Unternehmen werden irgendwann, irgendwelche Kennzahlen erarbeitet, aber nur in wenigen Unternehmen richtig interpretiert und tatsächlich damit auch effektiv gearbeitet. Häufig handelt es sich nur um ein wahlloses Aneinanderreihen z. T. völlig überflüssigen Kennzahlen, die irgendwie zusammengestellt werden, aber meist nicht dem echten Bedarf des Unternehmens gerecht werden. Es ist eine Tatsache, dass viele – auch sogenannte klassische Kennzahlensysteme – vor allem aber die in jüngster Zeit propagierten, angeblich völlig neuen Kennzahlensysteme, in der unternehmerischen Praxis häufig versagen, meist immer aus den gleichen Gründen:

- Häufig stehen vergangenheitsorientierte, finanzwirtschaftliche Kennzahlen im Mittelpunkt, die keine Hinweise für Strategieempfehlungen geben.
- Nichtmonetäre Kennzahlen fehlen häufig.
- Es fehlt die Interpretation von einzelnen Kennzahlen zu Analysefeldern.
- Es kommt zur Informationsüberflutung (die Unternehmen haben meist nicht zu wenige, sondern zu viele und vor allem die ungeeigneten Kennzahlen).

Das Versagen eines Kennzahlensystems ist verhängnisvoll, da die Unternehmensführung durch sich immer schneller ändernde exogene Faktoren zusätzlich erschwert wird. Ohne aussagefähige Kennzahlen, die Zusammenhänge und Entwicklungstendenzen in einfacher und konzentrierter Form wiedergeben, gehen Gesamtzusammenhänge und Gesamtüberblick sehr schnell verloren.

Kennzahlen müssen sich auf wichtige unternehmerische Tatbestände beziehen, sie erläutern, veranschaulichen und in konzentrierter Form die rationalen Arbeitsabläufe und mögliche Entwicklungstendenzen eines Unternehmens aufzeigen. Kennzahlen werden benötigt, um aus der Flut der Informationen das Wesentliche herauszufiltern, Maßstäbe aufzustellen, die Situation des Unternehmens objektiv darzustellen und funktionsübergreifende Gesamtzusammenhänge herzustellen. Kennzahlen sind unverzichtbares Instrument jeder Unternehmensführung und Kennzahlen sind wichtiges Analyseinstrument zur rechtzeitigen Erkennung möglicher Schwachstellen. Fundierte unternehmerische Entscheidungen ohne aussage-

---

[1] Numerus fundamentum rei publicae, entnommen aus Aichele C. Kennzahlenbasierte Geschäftsprozessanalyse, 1997, S. 79

fähige Kennzahlen sind nicht möglich. Analysieren, steuern, reagieren vor allem aber agieren ist ohne Kennzahlen nicht möglich. Kennzahlen zeigen rechtzeitig Schwachstellen auf, signalisieren Abweichungen und erfüllen somit die Funktionen des Beurteilungs- und Entscheidungsbarometers.

Ein Mindestmaß an Kennzahlen benötigt jedes Unternehmen, um kausale Zusammenhänge (Wirkung und Ursachen) erkennen zu können. Kennzahlen bieten darüber hinaus die Möglichkeit, die Situation eines Unternehmens ehrlicher und realistischer zu sehen.

Kennzahlen haben immer eine mehrfache Bedeutung:

(1) Sie setzen Maßstäbe.
(2) Sie üben Erfolgskontrollfunktion aus.
(3) Sie ermöglichen Vergleiche (innerbetriebliche und außerbetriebliche) im Sinne des „Benchmarking".
(4) Sie stellen vieldimensionale Sachverhalte der Unternehmung dar.
(5) Sie zeigen Schwachstellen auf.
(6) Sie geben Zielvorgaben.

> Kennzahlen sind unverzichtbares unternehmerisches Führungsinstrument, um die Gesamtzusammenhänge in einem Unternehmen sichtbar zu machen und sind das wichtigste Analyseinstrument zur Erkennung möglicher Schwachstellen!

Kennzahlen müssen folgendes bewirken:

– Beurteilungen ermöglichen, ob und in welchem Umfang die Aufgaben und Ziele der Unternehmung erreicht werden und bis dato wurden
– Ansatzpunkte für neue Planungen und Ziele liefern
– Zusammenhänge mit Entwicklungstendenzen erkennen lassen
– eine Orientierung über die Situation und den Standort des eigenen Unternehmens im Vergleich zur Konkurrenz geben

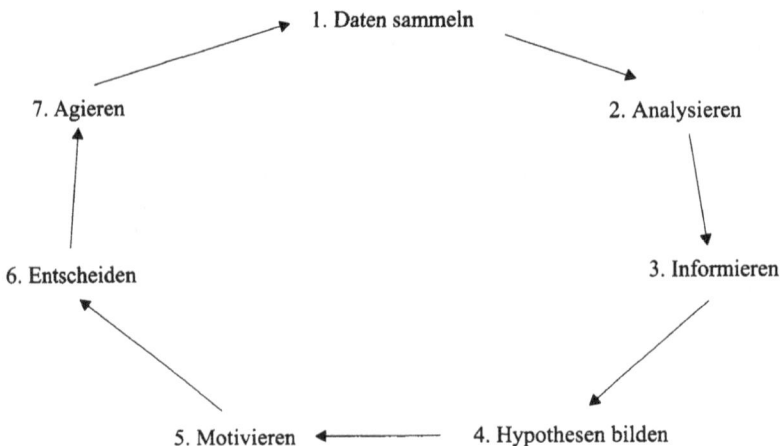

1. Daten sammeln

7. Agieren

2. Analysieren

6. Entscheiden

3. Informieren

5. Motivieren ← 4. Hypothesen bilden

Abb. 1:   Kennzahlen im Entscheidungsfluss

– Ansatzpunkte für eine zielorientierte Unternehmenspolitik zur permanenten Erfolgskontrolle aufzeigen und die Basis für wertorientierte und wertsteigernde Unternehmensführung sein

Hierbei genügt es nicht, das betriebsinterne Geschehen durch Kennzahlen mit Istwerten zu durchleuchten, eine Kennzahl ist wesentlich aussagefähiger oder überhaupt nur aussagefähig, wenn sie mit einer Bezugsgröße (z. B. Sollgröße) verglichen wird.

Kennzahlen dürfen nicht dazu führen, dass nur zahlenmäßig erfassbare Daten für Entscheidungen herangezogen werden. Die nicht quantifizierbaren Aspekte sind für die Unternehmensführung genauso bedeutend.

1.2 Besteht ein aussagefähiges Kennzahlensystem in Ihrem Unternehmen?

Die Frage, wie ein Kennzahlensystem in der Praxis ausgestaltet werden sollte, kann nicht allgemeingültig für jedes Unternehmen beantwortet werden. Wie detailliert das Kennzahlensystem sein muss, welche und wie viele Kennzahlen aufgenommen werden sollten, hängt von den Unternehmenszielen, der Unternehmensgröße und der jeweiligen Branche ab, in der das Unternehmen tätig ist.

Jedes Kennzahlensystem muss auf die Bedürfnisse des einzelnen Unternehmens speziell zugeschnitten werden, damit es zur Steuerung und Lenkung überhaupt verwendet werden kann. Die Relevanz von Kennzahlen ist vom Unternehmen, seiner Strategie und vom Außenumfeld abhängig. Hierzu sollte die folgende Prüfliste verwendet werden, mit deren Hilfe Sie überprüfen können, ob Sie ein wirksames Kennzahlensystem in Ihrem Unternehmen

Prüfliste für die Berechtigung der einzelnen Kennzahlen	ja	nein
Ist die Aussagekraft der Kennzahl erkennbar und ist sie eindeutig definiert (eindeutig verifzierbar)?	☐	☐
Hat die Kennzahl tatsächlich einen echten Informationsgehalt?	☐	☐
Ist die Höhe der entstehenden Kosten für die Ermittlung der Kennzahl bekannt und steht sie im angemessenen Verhältnis zum Nutzen dieser Kennzahl?	☐	☐
Ist die Kennzahl wirtschaftlich?	☐	☐
Gibt es kostengünstigere und / oder aussagefähigere alternative Kennzahlen?	☐	☐
Sind die heranzuziehenden Größen bekannt und ermittelbar?	☐	☐
Gibt es Branchenkennzahlen bzw. andere Vergleichsmöglichkeiten?	☐	☐
Können eindeutige Schlüsse und Konsequenzen aus der Kennzahl gezogen werden?	☐	☐
Ist die Kennzahl aktuell, zweckbezogen und richtig?	☐	☐
Ist die Kennzahl empfängerorientiert aufbereitet?	☐	☐
Sind die Informationsempfänger bekannt?	☐	☐
Sind Veränderungen erkennbar und interpretierbar?	☐	☐
Besteht eine einfache, klar geregelte Datenerfassung?	☐	☐
Enthalten Ihre Kennzahlen auch ad-hoc Analysen?	☐	☐

besitzen. Diese Checkliste sollte aber nicht nur für die Auswahl von Kennzahlen benutzt werden, sondern auch zur regelmäßigen Überprüfung der bisherigen Kennzahlen herangezogen werden (ob sie weiterhin nötig sind oder sich im Zeitablauf Veränderungen ergeben haben, die einzelne Kennzahlen überflüssig oder Neue erforderlich machen).

Ein gutes Kennzahlensystem muss zumindest die folgenden Fragen beantworten können:[1]

Welches objektive Ergebnis hat das Unternehmen in einer Periode tatsächlich erwirtschaftet?

Wie ist die Amortisationsdauer von Investitionen?

Bei welchem Umsatz bzw. Stückzahl wird der Break-Even-Point erreicht?

Ist das Unternehmen liquide und kreditwürdig?

Bei welchen Sparten wird verdient, welche Sparten bringen welchen Deckungsbeitrag bzw. welche Sparten sind Verlustträger?

Wo liegen Sie im Vergleich zu anderen Unternehmen?

Erkennen Sie „Schwachstellen" überhaupt und vor allem rechtzeitig?

1.3   Die Auswahl von Kennzahlen

Aus der Fülle möglicher Kennzahlen muss das Unternehmen auswählen, welche Kennzahl in das System eingehen sollen, wobei der Grundsatz gilt: Beschränkung der Zahl! Für die Aussagekraft ist nicht die Quantität, sondern die Qualität der Kennzahlen ausschlaggebend. Es empfiehlt sich, die ausgewählten Kennzahlen in einem sog. Kennzahlenbeurteilungskatalog zusammenzufassen.

Jede Kennzahl muss sorgfältig definiert und dokumentiert werden.

KENNZAHLENBEURTEILUNGSKATALOG						
Lfd. Nr.	Kennziffer	Formel	Kommentar	Soll-Wert	Ist-Wert	Abweichung
1						
2						
3						
4						
5						
6						

© Prof. Dr. Peter R. Preißler

Abb. 2:   Kennzahlenbeurteilungskatalog

---

[1]   Versuchen Sie im Leerfeld diese Fragen zu beantworten, um festzustellen, ob Ihr Kennzahlensystem dazu in der Lage ist!

Analysebereich				
Identifikationsnr.	Titel / Bezeichnung / Definition der Kennziffer	Sollwert	Istwert	Abweichung
Formel für die Berechnung				
Formelinhalt / Hinweise zur Formel / Formelbestandteil / Quelle / Startjahr / Basisdaten				
Aussagekraft / Anwendungsbereich / Interpretation / Zusammenhänge / Gründe für Veränderung der Kennzahl				
Ermittlungsintervall: ☐ monatlich ☐ vierteljährlich ☐ halbjährlich ☐ jährlich				

Vergleichmöglichkeiten:
 	
       ☐ Vergleich mit Planwert
 	
       ☐ Zeitvergleich
 	
       ☐ Betriebsvergleich
 	
       ☐ Branchenvergleich
 	
       ☐ Bankenvergleich				

Informationsempfänger / Verdichtungsebene				
Ergänzende oder alternative Kennzahl / mögliche Kennzahlen-Kombinationen / Kennzahlen-zusammenhang				
Art der Darstellung / Verdichtungsebene				

© Prof. Dr. Peter R. Preißler

Abb. 3:   Kennzahlendokumentation

Bei der Einführung des Kennzahlensystems im Unternehmen empfiehlt sich folgende Vorgangsweise:

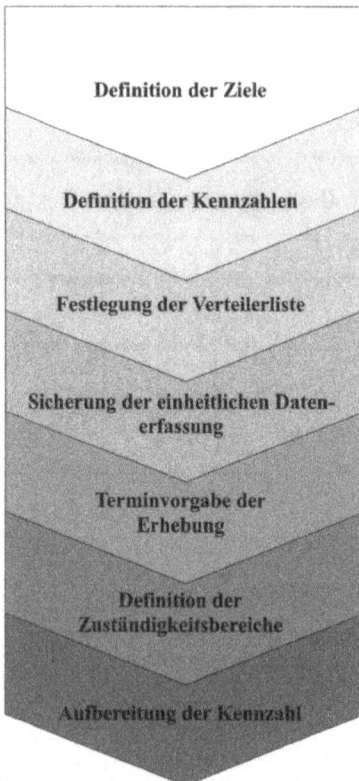

Definition der Ziele

Definition der Kennzahlen

Festlegung der Verteilerliste

Sicherung der einheitlichen Datenerfassung

Terminvorgabe der Erhebung

Definition der Zuständigkeitsbereiche

Aufbereitung der Kennzahl

Abb. 4:   Ablauforganisation Einführung von Kennzahlen

Kennzahlen müssen sich einer Effizienzmessung unterwerfen.

Zentrales Problem bleibt, aus der Vielfalt möglicher Kennzahlen, die für das Unternehmen geeigneten auszuwählen und aufzubereiten. Die Auswahl von Kennzahlen sollte unter folgenden Gesichtspunkten erfolgen:

- Die Zielsetzung der Kennzahl muss erkennbar sein.
- Kennzahlen müssen den Kriterien der Wirtschaftlichkeit genügen, deshalb sollte ihre Zahl beschränkt bleiben und in bereits bestehende Informationssysteme integriert werden.
- Kennzahlen müssen aktuell und flexibel sein.
- Vor Erarbeitung einer Kennzahl sollte eine Bedarfsanalyse vorgenommen werden, in der festgestellt wird, welche Informationen tatsächlich benötigt werden.
- Es besteht eine Bringschuld derjenigen, die die Kennzahlen erarbeiten, an die Empfänger der Kennzahlen.
- Man sollte immer speziell auf das eigene Unternehmen zugeschnittene Kennzahlen erarbeiten.

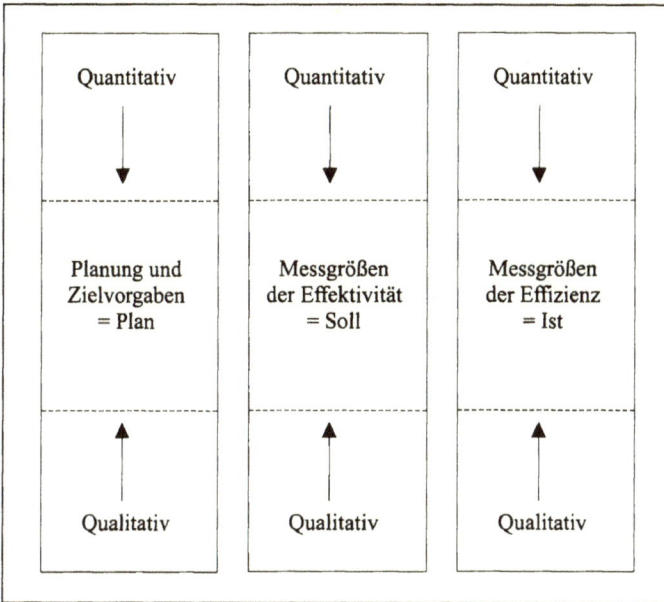

Abb. 5:   Effektivitäts- und Effizienzmessung

Die Auswahl von Kennzahlen sollte sich immer an den Besonderheiten des jeweiligen Wirtschaftszweiges orientieren. Es gibt zwar in den Unternehmen häufig viele Gemeinsamkeiten, trotzdem wäre es falsch, ein einheitliches Kennzahlensystem für alle Wirtschaftszweige vorzusehen. So ergibt sich bei Industrieunternehmen z. B. die Problemstellung Maschinenintensität, Betriebsmittelproduktivität, Ausschuss und Produktion, die im Handel keinerlei Bedeutung haben, wo aber hier Kennzahlen über Lagerbewegungen, Umsatz pro Verkaufsfläche usw. wichtig sind. Die Besonderheiten des Dienstleistungsbereiches, der z. B. meist nicht materialintensiv ist, erfordern ebenfalls spezifische Kennzahlen.

Grundsatz:

Jedes Unternehmen, jede Branche, jede Größe erfordert eine spezifische Kennzahlenstruktur, Kennzahlenauswahl und Interpretation.

2   Kennzahlen und Kennzahlensysteme

In Literatur und Praxis herrscht keine einheitliche Meinung darüber, was unter einer Kennzahl (Kennziffer) zu verstehen ist (wie dies leider aber auch bei vielen anderen betriebswirtschaftlichen Begriffen der Fall ist). Es wird von folgender Definition ausgegangen:

> Kennzahlen sind hochverdichtete Messgrößen, die in präziser, konzentrierter und dokumentierter Form als Verhältniszahlen oder absolute Zahlen über einen zahlenmäßig erfassbaren Sachverhalt berichten, über Entwicklungen einer Unternehmung informieren und strategische Erfolgsfaktoren bilden.[1]

Ausdrücke, die synonym mit dem Begriff Kennzahl verwendet werden, sind Kennziffer, Schlüsselzahl, Schlüsselgröße, Richtzahl, Messzahl, Ratio.

Unter Kennzahl versteht man also im allgemeinen eine Größe, die einen quantitativ messbaren Sachverhalt in konzentrierter Form wiedergibt, die in zusammenfassender, teilweise auch vergröbernder Weise Zusammenhänge der wirtschaftlichen Arbeitsweise eines Unternehmens erläutert und veranschaulicht. Kennzahlen sind:

- Instrumente um Einzel- und Gesamtaktivitäten eines Unternehmens überschaubar, nachvollziehbar und vergleichbarer zu gestalten,
- Zahlen, die sich auf wichtige unternehmerische Tatbestände beziehen,
- spiegeln die unternehmerische Situation in konzentrierter Form wider und zeigen dadurch Situation und mögliche Entwicklungen eines Unternehmens auf.

---

[1] Vgl. Küting, K., Grundfragen von Kennzahlen als Instrumente der Unternehmensführung, WiSt, Heft Nr. 5/1983, S 237 / Groll, K., Erfolgssicherung durch Kennzahlensysteme, 4. Aufl., Freiburg i. Br. 1991, S. 11; und Stähle, W., Kennziffern, 1969, S. 50

Man unterscheidet Kennzahlen wie folgt:

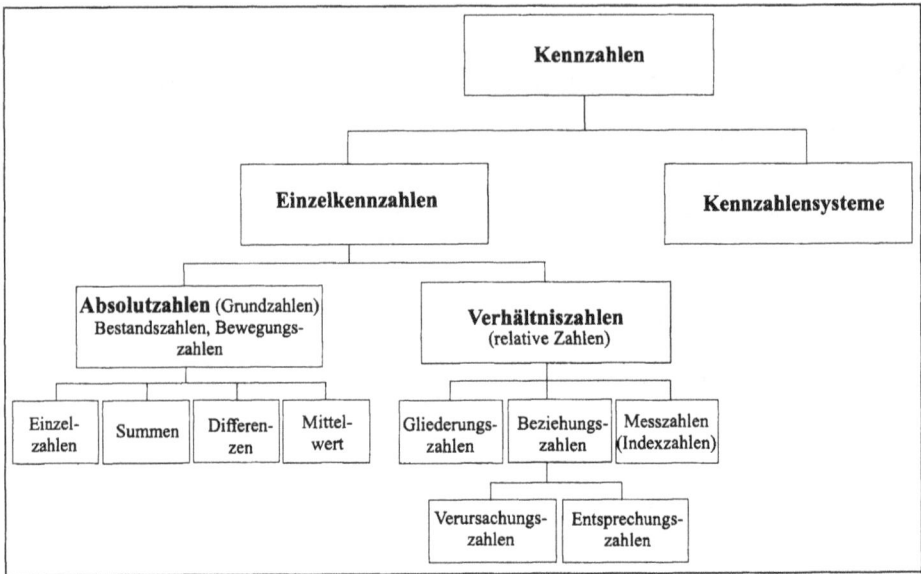

```
                              ┌─────────────────────┐
                              │     Kennzahlen      │
                              └─────────────────────┘
                    ┌───────────────────┴───────────────────┐
          ┌──────────────────┐                    ┌──────────────────────┐
          │  Einzelkennzahlen │                    │  Kennzahlensysteme   │
          └──────────────────┘                    └──────────────────────┘
        ┌──────────┴──────────┐
  ┌──────────────────────┐  ┌──────────────────────┐
  │ Absolutzahlen        │  │ Verhältniszahlen     │
  │ (Grundzahlen)        │  │ (relative Zahlen)    │
  │ Bestandszahlen,      │  │                      │
  │ Bewegungszahlen      │  │                      │
  └──────────────────────┘  └──────────────────────┘
```

Einzel-zahlen	Summen	Differen-zen	Mittel-wert	Gliederungs-zahlen	Beziehungs-zahlen	Messzahlen (Indexzahlen)

Verursachungs-zahlen	Entsprechungs-zahlen

2.1   Absolute Zahlen (Basiszahlen, Grundzahlen)

Wenn eine Zahl unabhängig von anderen Zahlen betrachtet und dargestellt wird, handelt es sich um absolute Zahlen (Grundzahlen). Sie geben direkt eine Situation, Sachverhalt oder Prozess wieder. Es findet keine Quotientenbildung (Relativierung) mit anderen Kennzahlen statt. Absolute Zahlen erhalten ihre Bedeutung durch den Vergleich mit anderen absoluten Zahlen (z. B.: Soll-Ist-Vergleiche).

Bei den absoluten Zahlen[1] unterscheidet man **Einzelzahlen,** (z. B.: Zahl der Beschäftigten, Umsatz), **Summen** (z. B.: Gesamtkostensumme, Bilanzsumme, Summe der Auftragseingänge), **Differenzen** (z. B.: Betriebsergebnis als Differenz zwischen Kosten und Leistungen) und **Mittelwerte** (z. B.: durchschnittlicher Materialverbrauch, durchschnittlicher Lagerbestand, durchschnittliche Belegschaft).

Neben der Einteilung der absoluten Zahlen in Einzelzahlen, Summen, Differenzen und Mittelwerte können sie auch in Bestands- und Bewegungszahlen unterteilt werden.

Bestandszahlen spiegeln unternehmerische Zustände zu einem bestimmten Zeitpunkt oder durchschnittliche Zustände für einen Zeitraum wieder (z. B. Auftragsbestände, Lagerbestände, Personenstand, Kapitaleinsatz, Forderungsbestände). Bestandszahlen geben häufig Auskunft über die Risiken und Sicherheiten eines Unternehmens.

Bewegungszahlen zeigen Ereignisse eines Zeitraumes auf (Tag, Woche, Monat) z. B. Auftragseingänge je Zeiteinheit, Umsätze des Monats, Deckungsbeiträge, Vertriebskosten, Ver-

---

[1]   Vgl. Siegwart, H., Kennzahlen der Unternehmensführung, Bergen und Stuttgart, 1987, S. 13 ff.

änderung des Forderungsbestandes. Sie kennzeichnen so die betriebliche Wertebildung bzw. den Werteverzehr.

Die Kombination von Bestands- und Bewegungszahlen tragen zur Relativierung von Risiken und Chancen bei.

Die Aussagekraft von absoluten Zahlen ist immer von ihrer Verwendung abhängig. Für externe Vergleiche sind sie meist wenig aussagefähig (z. B. wegen unterschiedlicher Unternehmensgrößen). Für die interne Anwendung besitzen sie jedoch meist einen hohen Informationswert.

Beispiel:

	Absolute Zahlen			
	Einzelzahlen	Summen	Differenzen	Mittelwerte
Bezeichnung	Kapazität	Zahl der Mitarbeiter in Fertigung und Vertrieb	Betriebsergebnis	Durchschnittsalter der Mitarbeiter
Beispiel:	1.000 Stunden	500 Mitarbeiter	1.000.000 EUR	40 Jahre

	Verhältniszahlen		
	Gliederungszahl	Beziehungszahl	Indexzahl
Bezeichnung	Investitionsquote Bildung (Anzahl neuer Schulungen zu Gesamtzahl der Schulungen)	Bildungskosten je Mitarbeiter	Umsatz des Unternehmens 2006 zu Basis 2005 (Index = 100)
Beispiel:	10 %	2.000 EUR	Index 2005 = 105

Abb. 6:   Beispiel für die Unterscheidung von Kennzahlen

2.2   Verhältniszahlen (Relativzahlen)

Es werden Sachverhalte miteinander in Beziehung gesetzt, d. h. Verhältniszahlen entstehen durch das in Beziehung setzen von Massen (Gesamt- und Teilmassen), wobei die Beziehungsgröße im Zähler und die Bezugsgrundlage im Nenner steht (der Zähler wird hierbei Beobachtungszahl und der Nenner Bezugszahl). Es wird eine Masse an einer anderen gemessen.[1]

---

[1]   Vgl. Staudt, E., u. a., Kennzahlen und Kennzahlensysteme, 1985, S. 26

Da Verhältniszahlen immer auf absoluten Zahlen aufbauen, ist für deren Interpretation die Kenntnis der absoluten Zahlen unerlässlich. Verhältniszahlen verwendet man gerne bei Betriebsvergleichen aus Geheimhaltungsgründen und weil sie hier aussagefähiger sind. Verhältniszahlen[1] lassen sich in Gliederungs-, Beziehungs- und Indexzahlen unterteilen.

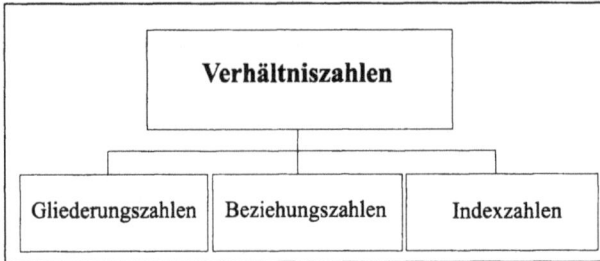

```
┌─────────────────────────────────────────────────────────┐
│              ┌──────────────────────────┐                │
│              │    Verhältniszahlen       │                │
│              └──────────────────────────┘                │
│                                                          │
│  ┌────────────────┐ ┌────────────────┐ ┌──────────────┐  │
│  │ Gliederungszahlen│ │ Beziehungszahlen│ │ Indexzahlen │  │
│  └────────────────┘ └────────────────┘ └──────────────┘  │
└─────────────────────────────────────────────────────────┘
```

Häufig wird davon ausgegangen, dass nur Verhältniszahlen Kennzahlen sind. Dies ist nicht richtig, da der Verhältniszahl nicht immer anzusehen ist, ob ihre Veränderung auf einer Veränderung des Zählers oder des Nenners zurückzuführen ist. Erst durch die absoluten Zahlen werden Analysen und exakte Aussagen ermöglicht. Absolute Zahlen (Grundzahlen, Basiszahlen) sollten deshalb unbedingt in das Kennzahlensystem des Unternehmens mitaufgenommen werden.

Beispiel:

$$\text{Vertriebskostenanteil} = \frac{\text{Vertriebskosten} \times 100}{\text{Gesamtkosten}}$$

2.2.1   Gliederungszahlen

Gliederungszahlen stellen eine Teilmenge mit einer Gesamtmenge in den Zusammenhang.

$$\text{Gliederungszahl}^2 = \frac{\text{Teilmenge} \times 100}{\text{Gesamtmenge}}$$

Da Gliederungszahlen die Bedeutungen von Teilmengen in Beziehung zum Ganzen zeigen, werden vor allem strukturelle Verhältnisse aufgezeigt. Die Anwendung einer Gliederungszahl ist immer dann problematisch, wenn die Gesamtmenge eine dominierende Teilmenge hat (z. B. hoher Personalkosten-Anteil an den Gesamtkosten oder hoher Materialanteil am Produkt). Ändert sich diese dominierende Teilmenge absolut nur geringfügig, so kann das

---

[1]   Vgl. Staudt, E., u. a., Kennzahlen und Kennzahlensysteme, 1985, S. 26
[2]   Siegwart, H., Kennzahlen, 1992, S. 18

selbst bei gleichbleibenden anderen Teilmengen zu einer sehr starken prozentualen Verschiebung der einzelnen Anteile führen.

Beispiele für **Gliederungszahlen** sind z. B. verschiedene **Kostenanteile an den Gesamtkosten**:

$$\text{Personalkostenanteil in \%} = \frac{\text{Personalkosten einer Abrechnungsperiode} \times 100}{\text{Gesamtkosten derselben Periode}}$$

$$\text{Eigenkapitalquote} = \frac{\text{Eigenkapital} \times 100}{\text{Gesamtkapital}}$$

$$\text{Fixkostenanteil in \%} = \frac{\text{Fixkosten einer Abrechnungsperiode} \times 100}{\text{Gesamtkosten derselben Periode}}$$

$$\text{Materialkostenanteil} = \frac{\text{Materialkosten} \times 100}{\text{Gesamtkosten}}$$

2.2.2   Beziehungszahlen

Beziehungszahlen entstehen, in dem man begrifflich verschiedenartige (wesensverschiedene) Mengen, die zu einander im sachlichen Zusammenhang stehen in Beziehung setzt, d. h. eine Teilmenge wird zu einer anderen Teilmenge in Beziehung gesetzt, ohne dass eine davon eine übergeordnete Gesamtgröße ist.

$$\text{Beziehungszahl} = \frac{\text{Zählermasse}}{\text{Nennermasse}}$$

Beziehungszahlen haben die Fähigkeit, Zusammenhänge und Entwicklungen sichtbar zu machen, was mit absoluten Zahlen nur schwer möglich ist.

Voraussetzung für die Aussagefähigkeit von Beziehungszahlen ist allerdings, dass die zueinander ins Verhältnis gesetzten absoluten Zahlen für die betrachtete Situation signifikant und bezeichnend sind, sowie ein zeitlicher Zusammenhang zwischen den Zahlen gegeben ist.[1]

Typische Beziehungszahlen z. B. aus der Kostenrechnung in Verbindung mit anderen betrieblichen Informationsquellen sind:

$$\text{Pro-Kopf-Leistung} = \frac{\text{Netto-Betriebsleistung}}{\text{Zahl der korrigierten Beschäftigten}}$$

---

[1]   Vgl. Siegwart, a. a. O., S. 20

$$\text{Sozialkosten je Beschäftigten} = \frac{\text{Sozialkosten einer Abrechnungsperiode} \times 100}{\text{Beschäftigtenzahl derselben Periode}}$$

$$\text{Deckungsbeitrag in \% des Umsatzes (DBU)} = \frac{\text{Deckungsbeitrag} \times 100}{\text{Umsatz}}$$

2.2.3   Indexzahlen

Während Gliederungs- und Beziehungskennzahlen statischen Charakter haben, beziehen die **Indexzahlen** einen Zeitfaktor ein, geben also Auskunft über Veränderungen und Entwicklungen im Zeitablauf. Insofern können alle oben genannten Beispiele zu Indexzahlen umgewandelt werden (etwa wenn man beispielsweise die Entwicklung der Sozialkosten je Beschäftigten betrachtet, indem man ein Basisjahr bestimmt (2005 = 100 und daran die Entwicklung gemessen wird 2006 = 120).

Eine Indexzahl bestimmt sich durch das arithmetische Mittel mehrerer gleichwertiger Messzahlen (Preis- oder Mengengrößen) eines Zeitraumes.

Indexzahlen sind also Beziehungen von gleichartigen Größen aber zu unterschiedlichen Zeitpunkten und Zeiträumen (z. B. variable Kosten Monat Januar 2005 zu variablen Kosten Januar 2006). Um Indexzahlen ermitteln zu können, muss ein Basiszeitraum festgelegt und gleich 100 gesetzt werden. Wichtig ist, dass der Basiszeitraum repräsentativ ist. Häufig ist es sinnvoll, als Basisjahr Durchschnittswerte mehrerer Perioden zu wählen.

Man unterscheidet Preisindizes (nur Preisbewegungen), Mengenindizes (nur Mengenbewegungen) und Wertindizes (Preis- und Mengenänderungen).

Beispiele:

$$\text{Umsatzentwicklung} = \frac{\text{Umsatz des Jahres 2006} \times 100}{\varnothing \text{ Umsatz der Jahre 2004/2005}}$$

$$\text{Preisindex} = \frac{\text{Preis } t_1}{\text{Preis } t_2}$$

Indexzahlen werden verwendet, um durchschnittliche Veränderungen bestimmter Größen im Zeitablauf sichtbar zu machen. Wichtig ist, dass der Basiszeitraum keine atypischen Schwankungen aufweist. Die Anwendung von Indexzahlen ist immer dann problematisch, wenn eine ungeeignete Basis Entwicklungen vortäuscht, die in Wirklichkeit so nicht zutreffen. So wäre das Jahr der ersten Erdölkrise 1973/1974 sicherlich ungeeignet als Basisjahr für langfristige Vergleiche, da minimale wirtschaftliche Verbesserungen zu einem extremen Indexausschlag führen würden.

Zu den wichtigsten Indexzahlen für die unternehmerische Entscheidungsfindung gehören die Indizes der amtlichen Statistik (z. B. Preisindex der Lebenshaltung des statistischen Bundesamtes).

2.3   Formeln

Formeln dienen in der Regel dazu, komplizierte Zusammenhänge, die für ein Unternehmen betriebswirtschaftlich relevant sind, abzubilden und berechenbar zu machen. Formeln sind in der Regel umfangreichere mathematische Ausdrücke, für deren Anwendung konkrete Daten und Zahlen ermittelt werden müssen. Ergebnisse von Formeln, sollen wie Kennzahlen zu Entscheidungen führen – hierin besteht also kein Unterschied.

2.4   Kennzahlensysteme

Einzelne Kennzahlen haben nur eine beschränkte Aussagekraft und eine isolierte Betrachtung könnte zu falschen Schlussfolgerungen führen. Der Erkenntniswert von Kennzahlen kann deutlich und sofort gesteigert werden, wenn es gelingt, ein System aus hierarchisch sinnvoll abgestimmten Kennzahlen miteinander in Verbindung zu bringen.

„Unter einem Kennzahlensystem wird im allgemeinen eine geordnete Gesamtheit von Kennzahlen verstanden, wobei die einzelnen Elemente in einer sachlich sinnvollen Beziehung (sachlogische und/oder rechnerische Verknüpfung) zueinander stehen, einander ergänzen und erklären und insgesamt auf ein gemeinsames übergeordnetes Ziel ausgerichtet sind. Es soll als System den Analysegegenstand möglichst ausgewogen und übersichtlich erfassen."[1] Entscheidend für ein Kennzahlensystem ist das Auswählen einer oder mehrerer Spitzenkennzahlen, denn sie „beherrscht" das Kennzahlensystem und relativiert die Effizienz des Beobachtungskomplexes.

Kennzahlensysteme können nach Art der Verknüpfung in **Ordnungssysteme**, **Rechensysteme** und **Mischformen** (bestehend aus Rechen- und Ordnungssystemen) unterschieden werden.[2]

2.4.1   Ordnungssysteme (sachlogische Systeme)

Ein Ordnungssystem ist ein Kennzahlensystem, in dem die Kennzahlen ohne mathematische Verknüpfung in sachlogischer Verbindung miteinander stehen. Die Kennzahlen werden in verschiedene, durch betriebswirtschaftliche Sachzusammenhänge, verknüpfte Gruppen eingeteilt.[3] Durch diese sachliche Aufspaltung werden sie transparenter.[4]

Ordnungssysteme sind sehr flexibel und werden dort eingesetzt, wo sich die Kennzahlen nicht mathematisch miteinander verknüpfen lassen, wo es aber im Sinne der Darstellung des Sachverhaltes sinnvoll ist, eine Gesamtbetrachtung vorzunehmen.

Beispiele für ein Ordnungssystem sind das Managerial Control Concept oder das RL-Kennzahlensystem (vgl. spätere Ausführungen).

---

[1]   Reichmann, Th., Lachnit, L., Planung, Steuerung und Kontrolle mit Hilfe von Kennzahlen, ZfbF, Jg. 28/1976, S. 707; Groll, K., Erfolgssicherung durch Kennzahlensysteme, 4. Auflage., Freiburg i. Br. 1991, S. 19

[2]   Vgl. Stadt, E., u. a., Kennzahlen und Kennzahlensysteme, Grundlagen der Entwicklung und Anwendung, Berlin 1985, S. 32

[3]   Vgl. Küting, K., Grundsatzfragen von Kennzahlen als Instrument der Unternehmensführung, WiSt, Heft-Nr. 5/1983, S 238

[4]   Vgl. Ziegenbein, K., Controlling, 1995, S. 427

Ordnungssysteme
(nicht die mathematischen Beziehungen, sondern die Sachzusammenhänge stehen im Vorder-
grund)

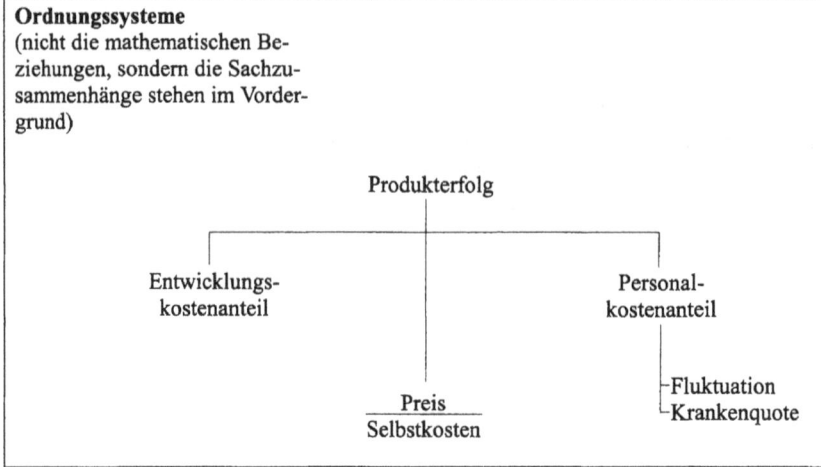

Abb. 7:   Erscheinungsformen von Kennzahlensystemen[1]

2.4.2   Rechensysteme (rechnerische Systeme)

Beim Rechensystem werden, von einer Spitzen-Kennzahl ausgehend, die Kennzahlen mathematisch und sachlogisch miteinander in Verbindung gebracht. Die Formel für die wichtigste Kennzahl des Systems (sogenannte Spitzenkennzahl) wird nach und nach zerlegt und
unterteilt, um damit ihr Zustandekommen zu analysieren. Ausgehend von einer Spitzenkennzahl, die eine grundlegende Aussage des Unternehmens wiedergibt, werden Kennzahlen

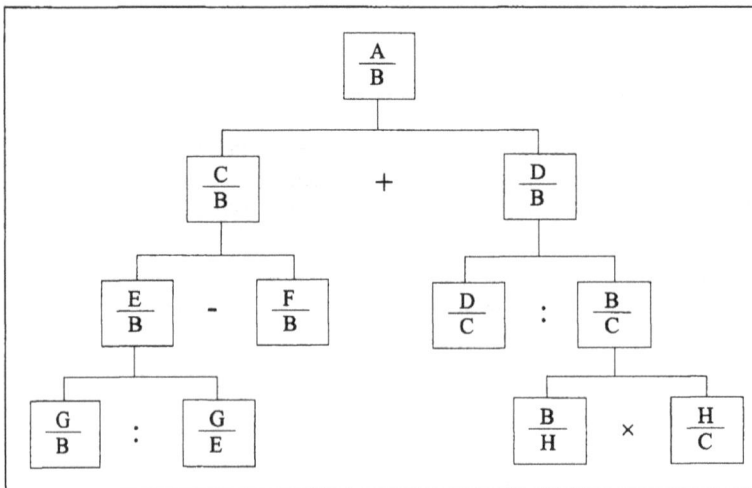

Abb. 8:   Aufbau eines Rechensystems[2]

---

[1]   Vgl. Croessmann, i., Effiziente Unternehmensführung, 1998

[2]   Küting, K., Grundsatzfragen von Kennzahlen als Instrument der Unternehmensführung, WiSt, Heft-Nr. 5/
1983, S. 238

mathematisch in weitere Kennzahlen zerlegt, wodurch die Struktur einer Pyramide entsteht. Bekanntes Beispiel für ein Rechensystem ist das „Du Pont System of Financial Control" (vgl. spätere Ausführungen). Da nicht alle Kennzahlen mathematisch zueinander in Beziehung stehen, müssen manchmal sogenannte Hilfskennzahlen eingeführt werden, die keine zusätzlichen Informationen liefern, die u. U. zu den anderen Kennzahlen auch keine sachlogische Verbindung aufweisen. Diese Aufnahme von Hilfskennzahlen machen das Kennzahlensystem oft unübersichtlich und verunsichern den Anwender.

(a)   Zerlegung von absoluten Zahlen in zwei oder mehrere Zahlen

Sie kann durch die vier Grundrechenarten Addition, Subtraktion, Multiplikation und Division erfolgen.

Beispiel:

Die Kennzahl „Deckungsbeitrag" kann in ihre absoluten Komponenten „Erlöse" und „variable Kosten" zerlegt werden.

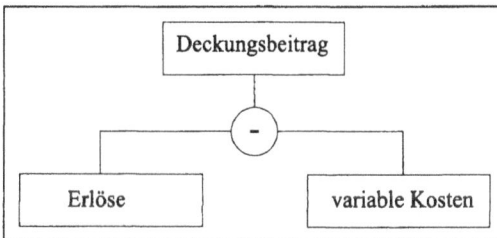

Abb. 9:   Zerlegung von absoluten Zahlen in zwei oder mehrere absolute Zahlen

(b)   Zerlegung von Verhältniszahlen in zwei absolute Zahlen

Beispiel:

Die Verhältniszahl Anlagendeckung A kann in die absoluten Komponenten Eigenkapital und Anlagevermögen aufgespalten werden:

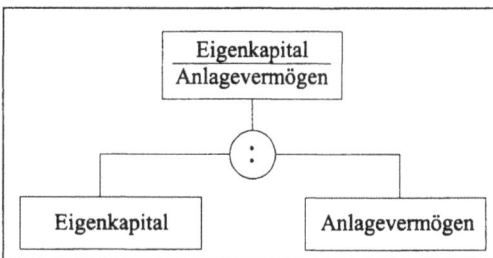

Abb. 10:   Zerlegung von Verhältniszahlen in zwei absolute Zahlen

(c)   Zerlegung von Verhältniszahlen in weitere Verhältniszahlen

(ca) Zerlegung der Beobachtungszahl[1]

Hierbei wird die Beobachtungszahl (durch Addition oder Subtraktion) in einzelne Bestandteile zerlegt. Geeignet ist diese Art der Zerlegung bei der Strukturierung von Sachverhalten.

Beispiel: Verkauft ein Unternehmen zwei Produkte A und B, so kann diese Unterteilung wie
folgt dargestellt werden:

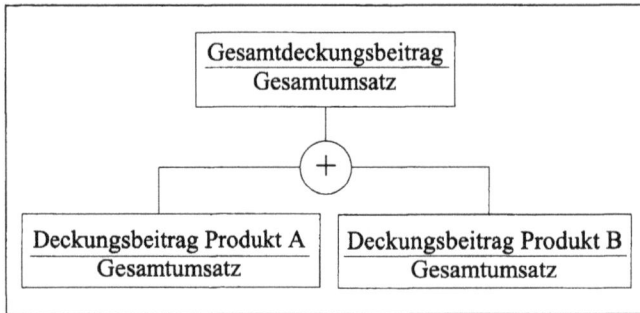

Abb. 11:   Zerlegung der Beobachtungszahl

(cb) Einführung einer neuen Bezugszahl[2]

Es werden Zähler und Nenner in Relation zu einer anderen, dritten Zahl gesetzt. (Beobachtungszahl und Bezugszahl werden zu einer neuen Bezugszahl analysiert).

Beispiel: Die Zerlegung der Kennzahl „Gesamtkosten zu Umsatz" könnte in die Komponenten „Gesamtkosten je Mitarbeiter" und „Umsatz je Mitarbeiter" erfolgen:

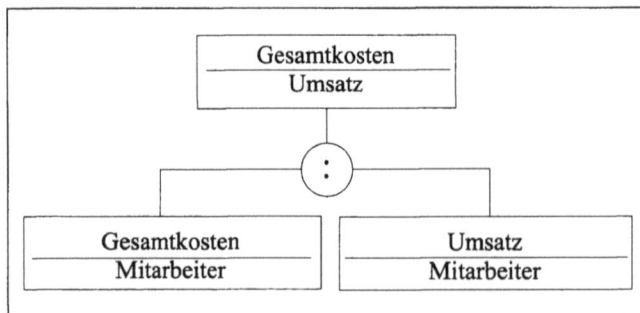

Abb. 12:   Einführung einer neuen Bezugszahl

---

1   Vgl. Groll, K., Erfolgssicherung durch Kennzahlensysteme, 1991, S. 22 f.
2   Vgl. Groll, K., Erfolgssicherung durch Kennzahlensysteme, 1991, S. 24

(cc) Einführung einer neuen Beobachtungszahl

Diese Anwendung zur Analyse einer übergeordneten Kennzahl ist relativ selten, kann jedoch gelegentlich sinnvoll sein.

Beispiel: Die Zerlegung der Kennzahl „Umsatz pro Mitarbeiter" könnte in die beiden Verhältniszahlen „Deckungsbeitrag zu Umsatz" und „Deckungsbeitrag pro Mitarbeiter" erfolgen:

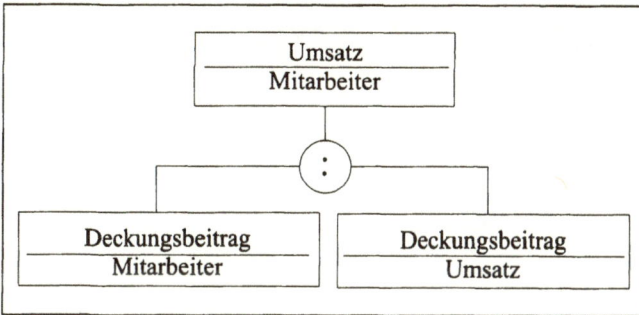

$$\frac{Umsatz}{Mitarbeiter} : \quad \frac{Deckungsbeitrag}{Mitarbeiter} \quad \frac{Deckungsbeitrag}{Umsatz}$$

Abb. 13:   Einführung einer neuen Beobachtungszahl[1]

(cd) Einführung einer neuen Zahl als Beobachtungs- und Bezugszahl[2]

Die rechnerische Verbindung der Unterkennzahlen erfolgt durch Multiplikation.

Beispiel: So erfolgt die Zerlegung des „Return on Investment" in die Kennzahlen „Umsatzrentabilität" und „Kapitalumschlag":

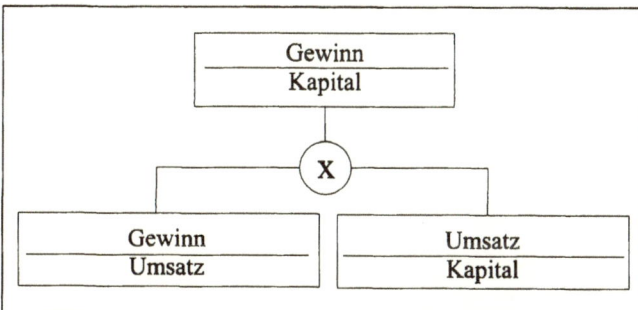

$$\frac{Gewinn}{Kapital} \quad x \quad \frac{Gewinn}{Umsatz} \quad \frac{Umsatz}{Kapital}$$

Abb. 14:   Einführung einer neuen Zahl als Beobachtungs- und Bezugszahl

2.4.3   Mischformen

Kennzahlensysteme können sowohl Merkmale eines Rechen- als auch eines Ordnungssystems beinhalten. (Beispiel „ZVEI-Kennzahlensystem" vgl. spätere Ausführung). Kennzahlen aus **Mischformen** zwischen Ordnungssystemen und Rechensystemen haben meist charakte-

[1]   Vgl. Groll, K., Erfolgssicherung durch Kennzahlensysteme, 1991, S. 25
[2]   Vgl. Groll, K., Erfolgssicherung durch Kennzahlensysteme, 1991, S. 26

ristische Ausprägungen beider Systeme. Die Vorteile beider Systeme können optimal genutzt und deren Schwächen vermieden werden. Es wird erreicht, dass mögliche relevante Kennzahlen miteinbezogen werden können und so die Bildung vieler unnötiger Hilfskennzahlen ohne zusätzlichen Aussagewert, verhindert wird.

2.5   Einteilungskriterien

Die Enteilungskriterien werden je nach Unternehmen unterschiedlich erfolgen. Grundsätzlich besteht die Möglichkeit nach Funktionsbereichen

– Finanzen
– Beschaffung
– Produktion
– Logistik
– Vertrieb
– Forschung & Entwicklung

oder nach Art der Kennzahlen

– Investitionskennzahlen
– Finanzierungskennzahlen
– Liquiditätskennzahlen
– Rentabilitätskennzahlen
– Erfolgskennzahlen
– Produktivitätskennzahlen
– Risikokennzahlen

zu unterteilen.

3 Anforderungen an Kennzahlen und inhaltliche Ausgestaltung von Kennzahlensystemen

Maßgebliche Einflussgrößen für die Aussagekraft von Kennzahlen sind Zeit, Identität, Wertigkeit und vor allem die richtige Kennzahleninterpretation.

Wie detailliert das Kennzahlensystem sein muss, d. h. welche und wie viele Kennzahlen aufgenommen werden, hängt von den Unternehmungszielen, der Unternehmungsgröße und der jeweiligen Branche ab. Generell gilt, dass sich mit zunehmender Komplexität des Unternehmensgeschehens die Struktur der verwendeten Kennzahlen ändern wird.

Grundsätzlich gilt:

- Nicht unaufgeforderte, endlose Kennzahlen und Kennzahlensysteme liefern, sondern nur kurze, übersichtliche, relevante und gewünschte Kennzahlen.
- Die Kennzahlenbildung sollte in klaren, übersichtlichen hierarchischen Strukturen erfolgen.
- Die Verwendung von Kennzahlen muss von klaren Regeln begleitet werden.
- Vor Erarbeitung einer Kennzahl sollte eine Bedarfsanalyse vorgenommen werden, die feststellt, welche Informationen tatsächlich benötigt werden.
- Kennzahlen sollten in einem festen Rahmen und nicht nur sporadisch erarbeitet werden.
- Kennzahlen müssen vor allem zukunftsorientiert sein, d. h. nicht nur die Vergangenheit beschreiben.
- Sie müssen ein Frühwarnsystem und die Erarbeitung von Risikoprofilen ermöglichen.
- Die Kennzahlenauswahl sollte flexibel und auch „ungewöhnlichen" Kennzahlen beinhalten.
- Man sollte immer speziell auf das eigene Unternehmen zugeschnittene Kennzahlen bilden!
- Nicht quantifizierbare Aspekte sind unbedingt zu berücksichtigen.
- Möglichst differenzierte Kennzahlen nach Bereichen.
- Kennzahlen sollten Zusammenhänge und Abhängigkeiten sichtbar machen.

Die Kennzahlen sollten wie folgt strukturiert werden:

(1) Erfolgskennzahlen
(2) Produktivitätskennzahlen
(3) Finanzierungs- und Liquiditätskennzahlen
(4) Risikokennzahlen
(5) Bereichskennzahlen

Sehr sorgfältig, ist die Aufnahme einer neuen Kennzahl zu prüfen oder die Eliminierung einer bisherigen Kennzahl (was aber grundsätzlich nötig und möglich sein muss, um die

aktuelle Situation zu berücksichtigen). Die Aufnahme neuer Kennzahlen darf nicht zur Auf-
blähung des Kennzahlensystems und damit zur Unübersichtlichkeit führen.

Allgemein gilt:

> Kennzahlen sind nur so gut wie die Eingabe

oder

> unsinnige Eingaben = unsinnige Aussagen

Forderung deshalb: Integration aller Kennzahlen in ein System, d. h. Aufbau eines ganzheit-
lichen Kennzahlensystems und Berücksichtigung folgender Gesichtspunkte:

Folgender Mindestanforderungskatalog muss an Kennzahlen gestellt werden:

3.1   Zielorientierung

Die wichtigste Regel ist bei der Festlegung von Kennzahlen, dass ein direkter Bezug zwischen Erfolgsfaktoren und den Unternehmenszielen hergestellt wird. Häufig macht man
jedoch den Fehler, Ziele und kritische Erfolgsfaktoren unabhängig voneinander festzulegen.[1]

3.2   Aktualität

Die Hauptproblematik von Kennzahlen besteht in ihrer mangelnden Aktualität. Meist sind
Kennzahlen vergangenheitsorientiert, selbst die aktuelle Auswertung eines Zeitraumes berücksichtigt oft nur zurückliegende Perioden. Zeitvergleiche haben auch häufig den Nachteil,

---

[1]   Vgl. Brown, M. G., a. a. O., S. 179

dass lediglich positive bzw. negative Veränderungen gegenüber der Vergangenheit erkannt werden, nicht aber welchen tatsächlichen Aussagewert die Vergangenheit besitzt. Erst die Prognosen in die Zukunft machen die Einbeziehung der Kennzahlen aus der Vergangenheit sinnvoll – Kennzahlen müssen an ein verändertes Umfeld ständig ergänzt werden! Problematisch ist der Einsatz bereits überholter Kennzahlen, denn sie können zu unternehmerischen Fehlentscheidungen führen. Kennzahlen müssen so aktuell wie möglich sein (Problematik veralteter Bilanzen, Gewinn- und Verlustrechnungen, Wirtschaftlichkeitsberechnungen usw.) und müssen immer mit Ist und dem Plan verglichen werden. Ziele und Strategien überholter Zahlen wären verhängnisvoll!

3.3 Wirtschaftlichkeit

Grundsätzlich muss das ökonomische Prinzip eingehalten werden, welches hier konkret besagt, dass die Kosten für die Informationserarbeitung nicht höher sein dürfen als der dadurch erzielte Informationsnutzen. Dieser Grundsatz führt automatisch zu einer Begrenzung der einbezogenen Kennzahlen und der Notwendigkeit der richtigen Auswahl von Kennzahlen. Die Kosten-Nutzen-Relation darf nie außer acht gelassen werden! D. h. es gilt die Forderung, nur wenige, vor allem wesentliche Kennzahlen zu ermitteln auf der Basis leicht ermittelbarer Daten. Deshalb ist es notwendig, eine Selektion vorzunehmen, was manchmal bei dem Überangebot von Kennzahlen (die allerdings zum Teil in der Praxis völlig unbrauchbar sind) sehr schwierig ist. Aus Angst, einige wichtige Kennzahlen zu „verpassen", entsteht eine wahre Kennzahleninflation, aber nicht die Quantität, sondern die Qualität der Kennzahlen sollte entscheidend sein.

3.4 Klare Definition, richtige Interpretation und Validität

Kennzahlen müssen zuerst eindeutig definiert werden (Kennzahlentitel, Anwendung, Formel, Bestandteile, mathematische und funktionale Zusammenhänge sind aufzuzeigen).[1] Kennzahlen zu ermitteln ist meist unproblematisch, sie aber richtig zu interpretieren ist die eigentliche Kunst. Grundvoraussetzung für die richtige Interpretation und die fachliche Qualifikation der Kennzahlen ist die Erkennung, inner- und außerbetrieblicher Zusammenhänge. Vor allem muss man realistisch zur Kenntnis nehmen, Kennzahlen, die zeitpunktbezogen oder vergangenheitsorientiert sind, spiegeln immer nur die Situation während des Zeitpunktes der Erhebung wider, während sich die Ausgangssituation mittlerweile vielleicht schon entscheidend verändert hat. Es dürfen vor allem nicht Kennzahlen miteinander verglichen werden, zwischen denen keinerlei Zusammenhänge bestehen. Hinzu kommt die Gefahr einer isolierten Kennzahlenanwendung, die ebenfalls zu Fehlinterpretationen und Fehlentscheidungen führen kann. Kennzahlen müssen das messen, was gemessen werden soll. Validität ist nur dann gegeben, wenn die erarbeiteten Daten exakt das wiedergeben, das gemessen werden soll.[2]

---

[1]   Vgl. Radke, M., Betriebswirtschaftliche Absatzkennzahlen, München, 1975, S. 158
[2]   Vgl. Gierl, H., Marketing, Stuttgart, 1995, S. 29

Eine gezielte Kennzahlenauswahl muss das Unternehmen selbst, mit einem aussagefähigen Kennzahlenformblatt (vgl. Abschnitt 5) vornehmen. Neben der Definition ist die kontinuierliche Gleichheit der Kennzahlenberechnung von entscheidender Bedeutung, weil Werte sonst nicht vergleichbar sind. Aufgabe der richtigen Interpretation ist es zu erklären, wie die Werte für die Kennzahlen entstanden sind, also welche Gründe für die Höhe einer Kennzahl verantwortlich sind und ob sie sich innerhalb einer vorgegebenen Bandbreite und Toleranzgrenze bewegt. Für die richtige Interpretation ist auch die Art der Darstellung der Kennzahlen von höchster Bedeutung. Hier gilt es, wegen der zunehmenden Informationsflut in den Unternehmen kurze, präzise und aussagefähige Kennzahleninformationen zu liefern. Die Empfänger von Kennzahlen müssen sich in kürzester Zeit einen Überblick über die tatsächlich relevanten Tatbestände machen können. Generell lässt sich feststellen, dass grafische Darstellungen einen schnelleren Überblick über Sachverhalte liefern. Wenn jedoch Detailwissen erforderlich ist, sind Tabellen meist die bessere Darstellungsform. Ideal ist deshalb in der Praxis meist eine Kombination von Tabellen und grafischer Darstellung. Es soll hier nicht auf die Vielzahl grafischer Darstellungsmöglichkeiten eingegangen werden, aber Linien-, Balken-, Säulen- und Kreisdiagramme usw. sind bei der Darstellung der Kennzahl unbedingt mit einzubeziehen.

Einige Beispiele sollen zeigen, wie durch Grafiken der Informationsgehalt von Kennzahlen sehr stark positiv beeinflusst wird:

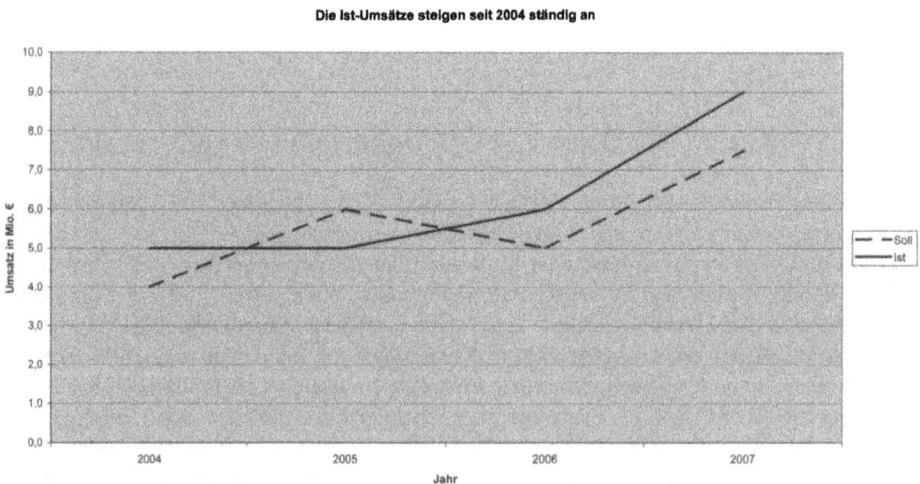

Abb. 15:   Das Liniendiagramm

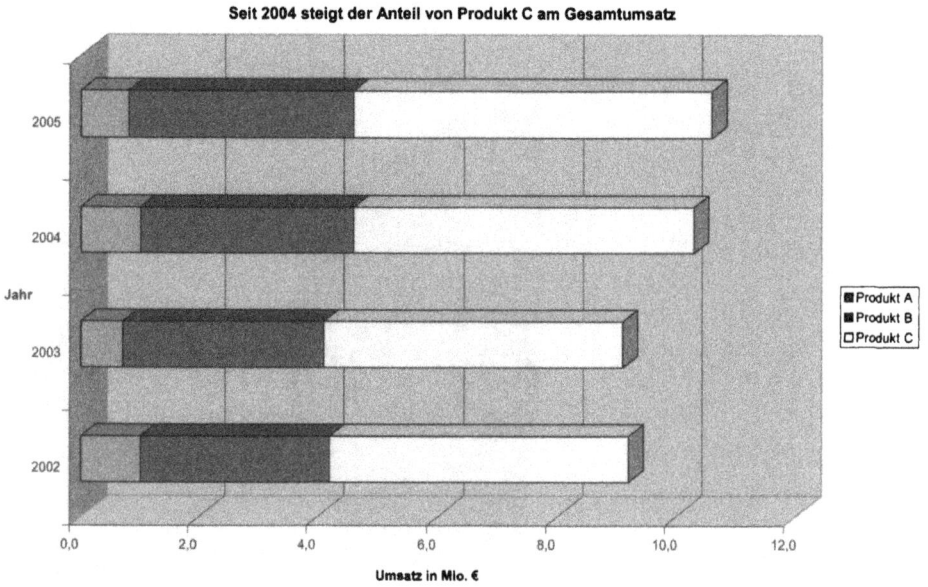

Abb. 16: Das Balkendiagramm

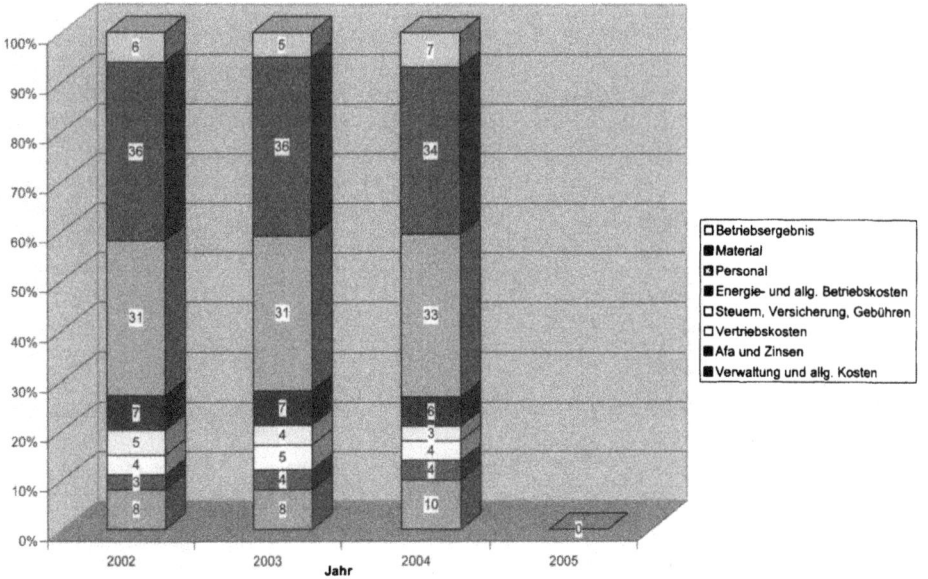

Abb. 17: Das Säulendiagramm

2004 lieferte Deutschland den größten Umsatzanteil am Gesamtumsatz

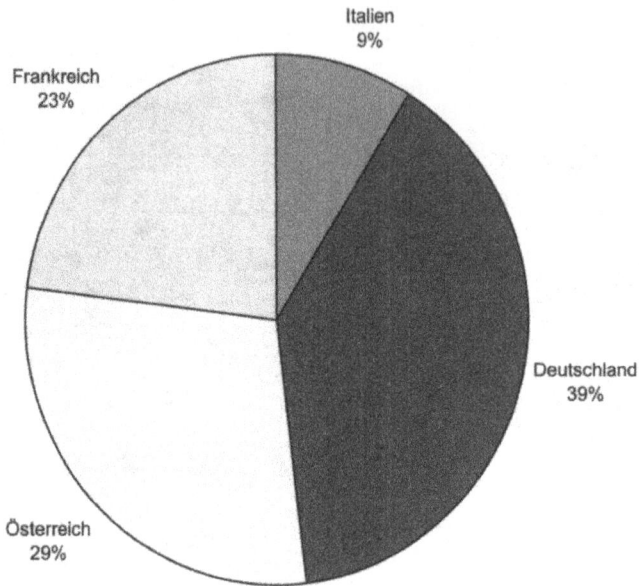

Abb. 18:   Das Kreisdiagramm

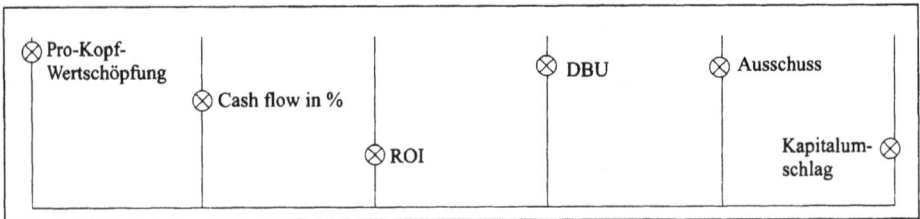

Abb. 19:   Der Kennzahlenkamm

Absatzbereich   Fertigungsbereich

Personalbereich   Administrations-
                                                    bereich

F&E-Bereich   Materialbereich
                Finanzbereich

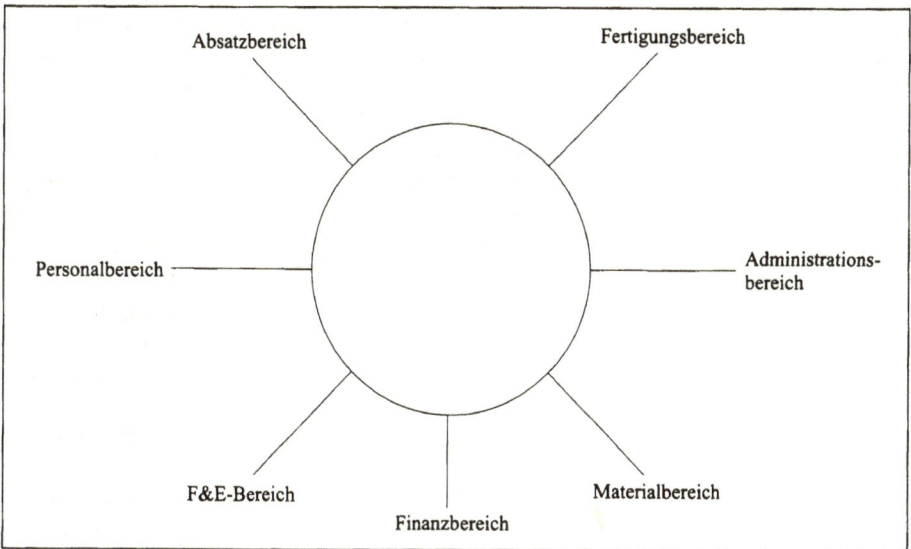

Abb. 20:   Die Kennzahlensonne

3.5   Korrekte Ermittlung

Kennzahlen sind nur so gut, wie es die Qualität des Ausgangsmaterials zulässt. Kennzahlen sind wichtig, aber das darf nicht zur Überschätzung der Aussagefähigkeit und der Einsatzmöglichkeiten für Kennzahlen und Kennzahlensysteme kommen. Erarbeitete Kennzahlen sind kritisch zu hinterfragen, denn durch blinde Zahlengläubigkeit wird oft übersehen, dass Kennzahlen eine völlig falsche Informationsbasis haben können oder auch grundlegend falsch dargestellt werden können. Eine große Gefahr besteht, auf die bereits Schmalenbach hinwies, im Vergleich von „Schlendrian mit Schlendrian". Außerdem lassen sich Kennzahlen hervorragend manipulieren! Eine Kennzahl kann eben nur so gut sein, wie die Genauigkeit, Zuverlässigkeit und Basis ihrer Ermittlung ist. Weitere Fehlerquellen können entstehen, in dem falsche mathematische Verknüpfungen gebildet oder Sachverhalte aus ihrem Zusammenhang gerissen werden. Unterlässlich ist es deshalb, Kennzahlen immer für den gleichen Zeitraum und mit der gleichen Ausgangsbasis zu ermitteln und eine laufende, kritische Kontrolle der Art der Kennzahlenermittlung sicherzustellen. Zeitpunktbezogene, statistische Kennzahlen, die nur die momentane Situation wiedergeben und über Entwicklungstendenzen und Veränderungen keinerlei Aussagen ermöglichen, sind mehr als problematisch! Die häufigsten Fehler entstehen schon bei der Auswahl der Daten (falsch oder für die Kennzahlenbildung ungeeignet).

3.6   Flexibilität, Benutzerfreundlichkeit
            und Zielgebundenheit

Die Informationen müssen **schnell** dem direkten Informations- und Datenzugriff zugänglich sein und der Aufwand für die Informationsbeschaffung selbst muss minimiert werden. Grundsätzlich gilt, dass die Kennzahlensysteme sich an veränderte Situationen schnell anpassen und zusätzliche Informationsmodule integrierbar sein müssen. Hinzu kommt die Forderung der **Benutzerfreundlichkeit**, d. h. die Benutzer müssen ohne großen Aufwand die gewünschten Informationen erhalten und auswerten können, vor allem müssen sie aber den Bedürfnissen der Informationsempfänger entsprechen.

Kennzahlen müssen außerdem **integrierbar** sein, d. h. es müssen interne und externe Daten miteinander verknüpfbar, verdichtbar und selektierbar sein und auf ein **einheitliches Informationssystem** zurückzuführen sein. Grundsatz: Einkreissystem, nicht eventuell zwei getrennte Informationskreise mit unterschiedlichen Kennzahlen und unterschiedlichen Basen.

Kennzahlen müssen **einheitlich erfasst** und abgegrenzt werden, denn eine ständige wechselnde Abgrenzungsmethodik der Datenerfassung führt zwangsläufig zu Fehlentscheidungen und ist deshalb bereits im Vorfeld der Kennzahlenbildung auszuschließen. Kennzahlen sollten deshalb mit der Unternehmensspitze beginnen und in alle Hierarchieebenen der Unternehmung führen. Kennzahlen einer Ebene sollten immer zu Kennzahlen auf der nächsthöhere Ebene führen. Grundvoraussetzung für den Aufbau eines Kennzahlensystems ist deshalb ein Zielsystem, an dem sich das Kennzahlensystem orientieren muss. Jede Kennzahl ist deshalb mit einem Zielwert zu belegen, der Vorgabecharakter hat. Es müssen deshalb auch funktionsübergreifende Zusammenhänge berücksichtigt werden – isoliert für einzelne Bereiche Kennzahlen aufzustellen, ohne die Einflüsse anderer Bereiche zu beachten, würde die Aussagefähigkeit eines Kennzahlensystems minimieren.

Informationsfeld	Indikator	Informationsquelle	Informationsempfänger
Controlling	KLR . .		

3.7   Wahrnehmung der Frühwarnfunktion

Kennzahlen haben eine Frühwarnfunktion, d. h. sie müssen zu Frühwarnindikatoren ausgebaut werden und Risikostrukturen der Unternehmung rechtzeitig sichtbar machen. Diese Indikatorwirkung von Kennzahlen ist aber nur dann gegeben, wenn sie sich an Sollwerten misst. Diese Sollwerte sollten hierbei durchaus als „Warngrenze" aufgefasst werden, in der jede negative Veränderung zum angegebenen Soll-Wert als Risiko im Frühwarnsystem gesehen wird.

Kennzahlen sind meistens zeitpunktbezogen, d. h. zeigen Momentaufnahmen. Zeitpunktbezogene Größen zeigen keine Bewegungen und Veränderungen. Deshalb die Forderung nach ergänzenden Zeitvergleichen und Soll-Ist-Vergleichen.

Zur Definition von Soll-Werten bieten sich an:

- Zeitvergleiche
  Beim Zeitvergleich werden in der gleichen Unternehmung gleiche Sachverhalte aus verschiedenen Zeiträumen gegenübergestellt. Daraus lassen sich Durchschnitts- bzw. Trendwerte ableiten, die sich als Soll-Werte eignen.

- Betriebsvergleiche
  In diesem Fall werden vergleichbare Unternehmen untersucht und daraus Soll-Werte ermittelt. Die Problematik bei Betriebsvergleichen besteht darin, dass selbst anscheinend vergleichbare Betriebe häufig in der Regel nicht immer vergleichbar sind.

- Sollwerte
  Beim Ansatz von Soll-Werten geht man davon aus, dass bestimmte Ziele in Zukunft erreicht werden sollen. Nur mit Soll-Werten, kann ein objektiver Kennzahlenbeurteilungskatalog aufgebaut werden.

Ein gutes Kennzahlensystem muss analysieren, informieren, planen, vergleichen, steuern, kontrollieren, prognostizieren, beurteilen, führen, bewerten und frühwarnen.

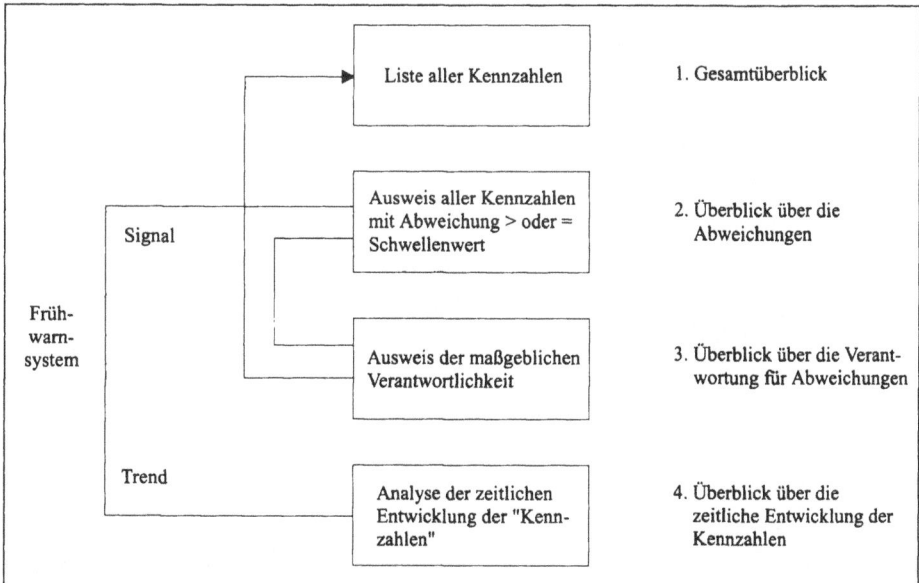

Abb. 21:   Kennzahlen als Frühwarnindikatoren

3.8   Sicherheit der Daten / Geringe Manipulationsfähigkeit

Ein Kennzahlensystem muss über Zugangsregeln verfügen und integrierte Sicherheitsstufen, (internen und externen) Datenschutz gewährleisten. Die erarbeiteten Werte müssen zentral nachhaltbar sein, um die Möglichkeiten der Manipulation zu minimieren.

3.9   Berücksichtigung auch nicht quantifizierbarer Informationen (qualitativer Information)

Die Grenzen der Kennzahlenanwendung sind eindeutig, da sie nur zahlenmäßig erfassbare Daten darstellen können. Jedes Unternehmen benötigt aber auch nicht quantifizierbare Informationen und Aspekte zur erfolgreichen Unternehmensführung. Es wäre verhängnisvoll, sich nur auf quantifizierbare Größen zu stützen und auf qualitative Aussagen zu verzichten!

3.10   Verantwortungsprinzip und Nachvollziehbarkeit

Jede Kennzahl muss immer einen oder mehrere Verantwortliche erkennen. Grundsatz: Keine Kennzahl ohne ausgesprochene Verantwortung.

4 Die wichtigsten Kennzahlen und Kennzahlensysteme

4.1 Beschreibung der wichtigsten Kennzahlen (Basiskennziffern) zur Steuerung der Unternehmung

Im folgenden werden die wichtigsten Kennziffern beschrieben und ihre Bedeutung kommentiert. Sie sind nicht nur als Frühwarnsystem für ein Unternehmen geeignet, sondern sollten Bestandteil jedes betrieblichen Informationssystems sein. Je nach Branche, Unternehmensgröße, Komplexität des Betriebsgeschehens, Informationsbedürfnis des Unternehmens, Bedeutung einzelner Bereiche für das Unternehmen, usw., sind zur Steuerung und Lenkung der einzelnen Bereiche zusätzliche Kennzahlen nötig. Welche Kennzahlen im einzelnen erforderlich sind, lässt sich nur vor dem Hintergrund einer konkreten Unternehmung beurteilen.[1] Es empfiehlt sich, erst mit wenigen, dafür sehr aussagekräftigen Kennzahlen, zu beginnen und zu einem späteren Zeitpunkt das Kennzahlensystem dort zu erweitern, an denen es notwendig erscheint.

Vor allem Rentabilitätskennzahlen sind zur Messung des Erfolges eines Unternehmens von zentraler Bedeutung.

4.1.1 Umsatzrentabilität / Return on Sales / RoS

Die Formel für die Errechnung der Umsatzrentabilität zeigt folgendes Bild:

$$\text{Umsatzrentabilität} = \frac{\text{Betriebsergebnis} \times 100}{\text{Netto-Betriebsleistung (Umsatz)}}$$

oder

$$\text{Umsatzrentabilität} = \frac{\text{Ergebnis der gewöhnlichen Geschäftstätigkeit} \times 100}{\text{Netto-Betriebsleistung (Umsatz)}}$$

---

[1] Vgl. Siegwart, H., Kennzahlen für die Unternehmensführung, 1992, S. 132

oder

$$\text{Umsatzrentabilität (brutto)} = \frac{\text{Erfolg vor Zinsen u. vor Steuern} \times 100}{\text{Nettoumsatz}}$$

oder

$$\text{Umsatzrentabilität (netto)} = \frac{\text{Erfolg nach Steuern u. Zinsen} \times 100}{\text{Nettoumsatz}}$$

(a) Aussagekraft der Umsatzrentabilität

Die Umsatzrendite zeigt an, welches relative Ergebnis man aus dem Umsatz (Netto-Betriebsleistung) erzielt hat. Besonders der Zeitvergleich und der zwischenbetriebliche Vergleich (wenn möglich), gibt Aufschluss über die eigene Rentabilitätsentwicklung und das Verhältnis zur Konkurrenz bzw. zur Branche.

Eine vorübergehende Verschlechterung muss nicht generell negativ bewertet werden. Sie kann etwa die Folge einer Vertriebsstrategie sein. Dies ist z. B. der Fall, wenn die Preise eines Produktes vorübergehend gesenkt werden, um einen höheren Absatz zu erzielen und somit Marktanteile zu gewinnen.

(b) Ermittlungsintervall

Die Umsatzrentabilität ist monatlich zu ermitteln.

4.1.2   Eigenkapitalrendite

Setzt man das Betriebsergebnis plus die kalkulatorischen Zinsen vom Eigenkapital in Bezug zum Eigenkapital, erhält man die Eigenkapitalrendite.

$$\text{Eigenkapitalrente} = \frac{(\text{Betriebsergebnis} + \text{kalk. Zinsen vom Eigenkapital}) \times 100}{\text{Eigenkapital}}$$

Die den tatsächlichen Verhältnissen entsprechende Kennzahl erhält man durch Heranziehen des effektiven Eigenkapitals. Darin ist die Auflösung der häufig hohen stillen Reserven in verschiedenen Vermögensgegenständen (z. B. Grundstücke, Gebäude) berücksichtigt. Wird mit dem buchhalterischen Eigenkapital gearbeitet, resultieren daraus evtl. zu hohe Werte für die Eigenkapitalrentabilität.

Wurden bei der Betriebsergebnisermittlung Eigenkapitalzinsen abgezogen, so müssen diese wieder hinzuaddiert werden. Kalkulatorische Eigenkapitalzinsen werden für das in einem Unternehmen gebundene Eigenkapital berechnet. Sie stellen keinen Betriebsaufwand in der Finanzbuchhaltung dar, sondern nur in der Kosten- und Leistungsrechnung. Ihre Höhe kann von jedem Unternehmen individuell festgelegt werden. Meist wird der aktuelle Fremdkapitalzinssatz oder Durchschnittswerte der letzten Jahre angesetzt.

Es darf nicht unerwähnt bleiben, dass die objektive Beurteilung der Eigenkapitalrendite problematisch ist. Im Fall einer geringen Eigenkapitalausstattung wird gegenüber Vergleichsbetrieben eine zu hohe Eigenkapitalrendite ausgewiesen, was zu falschen Schlüssen führen könnte.

Eine Erhöhung der Eigenkapitalrentabilität kann auch negative Auswirkungen haben. Ersetzt beispielsweise ein Unternehmen Eigen- durch Fremdkapital, so hat dies zur Folge, dass die Eigenkapitalrentabilität auch bei gleichbleibendem Gewinn steigt. Es muss allerdings bedacht werden, dass durch den höheren Fremdkapitalanteil die Abhängigkeit von den Fremdkapitalgebern und das Risiko einer Zahlungsunfähigkeit steigt, da das Fremdkapital im Gegensatz zum Eigenkapital wieder zurückgezahlt werden muss. Die verbesserte Eigenkapitalrentabilität verursacht somit ein höheres Risiko, welches mit berücksichtigt werden muss.

(a) Aussagekraft der Eigenkapitalrentabilität

Die Eigenkapitalrentabilität gibt an, wie viel Prozent Gewinn die Eigenkapitalgeber, bezogen auf das Eigenkapital erzielen d. h. der Zinssatz, den ein Eigenkapitalgeber für sein eingesetztes Kapital erhält (Verzinsung des vom Anteilseigner investierten Kapitals). Sie ist für Eigenkapitalgeber von zentraler Bedeutung, da sie der Beurteilungsmassstab für die Vorteilhaftigkeit einer Investition in ein Unternehmen, im Vergleich zu anderen Anlagemöglichkeiten (Festgeld, Anleihen usw.), ist. Sie ist somit eine Entscheidungsgrundlage für Investitionen oder Desinvestitionen in einer Unternehmung. Um bei Eigenkapitalerhöhungen genügend Interessenten zu finden, muss folglich diese Kennzahl entsprechend positiv beeinflusst werden.

(b) Ermittlungsintervall

Die Eigenkapitalrentabilität ist in der betrieblichen Praxis meist nur jährlich ermittelbar.

4.1.3 Gesamtkapitalrendite

Setzt man das Betriebsergebnis sowie die Gesamtkapitalzinsen (Effektivzinsen + kalkulatorische Zinsen) zum investierten Gesamtkapital in Bezug, so ergibt sich die Gesamtkapitalrendite.

$$\text{Gesamtkapitalrendite} = \frac{(\text{Betriebsergebnis} + \text{Fremdkapitalzinsen} + \text{kalk. Zinsen vom Eigenkapital}) \times 100}{\text{Gesamtkapital}}$$

(a) Aussagekraft der Gesamtkapitalrentabilität

Mit der Gesamtkapitalrentabilität kann festgestellt werden, wie effizient das eingesetzte Kapital, also Eigen- und Fremdkapital, unabhängig von seiner Finanzierung, arbeitet. Sie verdeutlicht somit die Erfolgskraft eines Unternehmens und zwar losgelöst von der jeweiligen Kapitalstruktur (Fähigkeit des Unternehmens, Gewinne zu erzielen unabhängig von der Kapitalstruktur). Sie zeigt auf, welche Rendite für die Kapitalgeber (Eigen- und Fremdkapitalgeber) insgesamt erwirtschaftet wurde und verdeutlicht, wie vorteilhaft ein Unternehmen insgesamt mit dem Kapital arbeitet.

(b) Ermittlungsintervall

Die Gesamtkapitalrentabilität ist ebenfalls jährlich zu ermitteln.

4.1.4   Grenzrentabilität

$$\text{Grenzrentabilität} = \frac{\text{Zunahme Betriebsergebnis} \times 100}{\text{Zunahme des investierten Kapitals}}$$

oder

$$\text{Grenzrentabilität}^1 = \frac{\text{Zunahme der Gewinne} \times 100}{\text{Zunahme des investierten Kapitals}}$$

(a) Aussagekraft der Grenzrentabilität

Diese Kennzahl zeigt die Rentabilität einer Kapitalaufnahme, d. h. wie sich die Kapitalauf-nahme auf den Gewinn auswirkt, also um wieviel die Gewinne in Euro pro Euro Kapitalauf-nahme steigen.

Natürlich hängt der Wert dieser Kennzahl sehr stark mit den damit verbundenen Investitio-nen zusammen. Die Kennzahl zeigt also an, wie lohnend durchgeführte oder geplante Inves-titionen sind. Dabei ist allerdings zu beachten, dass die Effizienz oft erst nach einer gewissen Anlaufzeit zu erkennen ist, da sich Investitionen häufig erst zu einem späteren Zeitpunkt rentieren. Häufig entstehen hohe Anlaufkosten (z. B. durch erhöhten Ausschuss in der An-laufphase) und damit zu einer niedrigen Grenzrentabilität. Die echte Grenzrentabilität kann erst nach der Anlaufphase ermittelt werden.

(b) Ermittlungsintervall

Die Grenzrentabilität sollte jährlich ermittelt werden, da bei starker Investitionsschwankun-gen innerhalb eines Jahres diese Kennzahl stark variieren würde.

4.1.5   (Gesamt)Kapitalumschlag

Die Intensität der Kapitalnutzung wird durch die Umschlagshäufigkeit des Kapitals (Netto-Betriebsleistung zum Kapitaleinsatz) dargestellt. Je öfter sich das eingesetzte Kapital in der Netto-Betriebsleistung umschlägt, umso besser wird es genutzt.

$$\text{(Gesamt)Kapitalumschlag} = \frac{\text{Netto-Betriebsleistung}}{\text{Gesamtkapital}}$$

---

[1]   Vgl. Radke, M., Betriebswirtschaftliche Formelsammlung, 10. Auflage, 1989, S. 229

oder

$$(\text{Gesamt})\text{Kapitalumschlag} = \frac{\text{Umsatzerlöse}}{\text{durchschnittlich gebundenes Kapital}}$$

(a) Aussagekraft des Kapitalumschlages

Ein unzureichender Kapitalumschlag weist möglicherweise auf die Tatsache hin, dass das Anlagevermögen (Maschinen, Gebäude, usw.) durch eine zu geringe Betriebsleistung nicht optimal genutzt wird. Auch können Fehlinvestitionen die Ursache für einen zu geringen Kapitalumschlag sein. Ein geringer Kapitalumschlag kann auch die Folge eines überhöhten Umlaufvermögen (z. B. Lagerbestand) sein. Bei der Beurteilung des Kapitalumschlages ist auch darauf zu achten, ob geleaste Anlagen in der Unternehmung vorhanden sind, die somit in der Regel nicht aktiviert werden müssen und daher den Kapitalumschlag positiv beeinflussen würden. In diesem Fall bestünde die Möglichkeit einer schlechten Kapazitätsauslastung, die sich nicht in der Kennzahl niederschlagen würde.

(b) Ermittlungsintervall

Der Kapitalumschlag sollte jährlich ermittelt werden.

4.1.6 Cash flow (Mittelzufluss)

Eine der wichtigsten Kennzahlen zur Analyse der Finanz- und Erfolgssituation, vor allem zur Beurteilung, inwieweit das Unternehmen aus eigener Kraft Investitionen selbst finanzieren kann. Es gibt keine einheitliche Definition und Berechnung für diese Kennzahl.

Mögliche andere Bezeichnungen des Cash flows = Liquiditätswirksamer Jahresüberschuss

= Zahlungsüberschuss aus dem laufenden Betriebsprozess

= Kapitalrückfluss aus dem Unternehmenszweck

4.1.6.1 Cash flow definiert aus Die Finanzbuchhaltung[1]

Cash flow-Ermittlung[1]
Bilanz-Gewinn (+)/-Verlust (–)
+ Verlust-Vortrag (+)/Gewinn (–)
+ Rücklagenzuweisung (+)/-Entnahme (–)*
= **Jahres-Überschuss (+)/-Fehlbetrag (–)**
+ Zuführung (+)/Auflösung (–) Sonderposten mit Rücklageanteil
+ Abschreibungen (+)/Zuschreibungen (–) auf Sach- und auf Finanzanlagen
+ Erhöhung (+)/Abbau (–) passivierter Wertberichtigungen

---

[1] Vgl. Radke, M., a. a. O., S. 201

=	**Cash flow I (lt. Bilanz)**
+	Zuführung (+)/Auflösung (–) langfristiger Rückstellungen
+	Zuführung (+)/Auflösung (–) passivierter LAG-Vermögensabgabe
+	Erhöhung (+)/Abbau (–) passiver Rechnungsabgrenzung
=	**Cash flow II (lt. Bilanz)**
+	Zuführung (+)/Auflösung (–) kurzfristiger Rückstellungen
+	Erhöhung (+)/Auflösung (–) aktivisch abgesetzter Wertberichtigungen auf das Umlaufvermögen
+	noch abzuführende bzw. gestundete Steuern
=	**Cash flow III = Gesamt Cash flow**
+	neutrale (außerordentliche bzw. periodenfremde) Anwendungen (+)/Erträge (–)
=	**umsatzbezogener Cash flow = Umsatz-Cash flow**
	* soweit nicht zur Kapitalerhöhung aufgelöst.

oder

+	Bilanzgewinn (– Bilanzverlust)
+	Zuführung Rücklagen
–	Auflösung Rücklagen
+	Zuführung Rückstellungen, die langfristig zu keinen Ausgaben führen
–	Auflösung Rückstellungen, die langfristig zu keinen Einnahmen führen
+	Abschreibungen
=	Cash flow

4.1.6.2   Cash flow aus der Kosten- und Leistungsrechnung

	Betriebsergebnis
+	kalkulatorische Abschreibung
+	kalkulatorische Eigenkapitalzinsen
+	kalkulatorisches Wagnis (wenn nicht angefallen)
+	kalkulatorischer Unternehmerlohn (wenn nicht dem Unternehmen entzogen)
+	überhöhte Rückstellungen
+	Sonstige Aufwendungen, die nicht gleichzeitig Ausgaben sind
./.	**Erträge, die zu keinen Einnahmen geführt haben**
=	Cash flow (aus der KLR)

Aus dem Cash flow abgeleitete Relationen:

$$\text{Cash flow in \% } = \frac{\text{Cash flow} \times 100}{\text{Netto-Betriebsleistung (Umsatz)}}$$

oder

$$\text{Cash flow im Verhältnis zur Gesamtverschuldung}^{1} = \frac{\text{Cash flow} \times 100}{\text{Gesamtverschuldung}}$$

Beispiel Industrie:	EUR
Betriebsergebnis	7.235,8
+ kalkulatorische Abschreibung	2.015,4
+ kalkulatorische Eigenkapitalzinsen	544,5
Soweit nicht angefallen: + kalkulatorisches Wagnis	173,7
Soweit nicht entnommen: + kalkulatorischer Unternehmerlohn	100,0
+ überhöhte Rückstellungen + weitere nicht ausgabewirksame Kosten ./. nicht einnahmewirksame Erträge	20,1 18,5 5,6
= Cash flow absolut	10.102,4
Betriebsleistung	86.637,0
= Cash flow in % zur Betriebsleistung	11,7

(a) Aussagekraft des Cash flows

Er drückt den in einer Periode erwirtschafteten finanzwirtschaftlichen Überschuss des Unternehmens aus. Er zielt auf den Zeitpunkt des tatsächlichen Geldflusses und nicht auf den Zeitpunkt der Gewinnrealisierung ab.

Der Cash flow ist Indikator für:

– das Finanzierungspotential und die finanzielle Unabhängigkeit
– den Kreditspielraum
– für Investitionen aus eigener Kraft / Investitionskraft
– die Fähigkeit von Kapitalrückzahlungen (Schuldentilgungskraft)
– die Gewinnausschüttungskraft
– die Wachstumskraft

Aufgrund der Verwendungsmöglichkeiten des Cash flows ist es vor allem für die Kreditgeber interessant, welche Schuldtilgungen theoretisch möglich wären (vgl. Kennzahl Verschuldungsfaktor).

---

[1] entnommen Radke, M., a. a. O., S. 204

(b) Ermittlungsintervall

Der Cash flow sollte mindestens einmal jährlich ermittelt werden, empfehlenswert wäre die monatliche Ermittlung.

4.1.7   Verschuldungsfaktor (Schuldtilgungsdauer in Jahren)/ Entschuldungsgrad

Der Verschuldungsfaktor ist eine Kombination der statischen Größe „Nettoverschuldung" und der dynamischen Größe „Cash flow". Er wird in der Praxis unterschiedlich ermittelt.

$$\text{Verschuldungsfaktor} = \frac{\text{Effektivverschuldung}}{\text{Cash flow}}$$

oder

$$= \frac{\text{Nettoverschuldung}}{\text{Cash flow}}$$

$$\text{Effektivverschuldung} = \text{langfristiges Fremdkapital} \\ + \text{kurzfristige Fremdmittel} \\ - \text{flüssige Mittel} \\ + \text{kurzfristige Forderungen}$$

$$\text{Nettoverschuldung} = \text{Fremdkapital} \\ - \text{flüssige Mittel}$$

(a) Aussagekraft des Verschuldungsfaktors

Der Verschuldungsfaktor sagt, wie viele Jahre benötigt werden, um mit dem erzielten Cash flow eine Entschuldung zu erreichen. Je niedriger desto besser! Faustregel: drei bis fünf Jahre werden heute meist als gute Relation bezeichnet.

(b) Ermittlungsintervall

Eine jährliche Ermittlung wird empfohlen.

Der hohe Aussagewert für die Unternehmung liegt bei dieser Kennzahl darin, dass mit ihr festgestellt werden kann, in welcher Zeit die Unternehmung in der Lage ist, Schulden aus eigener Kraft zu tilgen. Bei dieser Aussage wird allerdings unterstellt, dass der gesamte Cash flow zur Tilgung verwendet wird.

Beispiel Industrie:	EUR
Langfristige Verbindlichkeiten	6.750,0
+ Kurzfristige Verbindlichkeiten	21.603,1
= Gesamtverbindlichkeiten	28.353,1
./. Vorräte soweit werthaltig	3.293,0
./. flüssige Mittel	8.541,0
./. kurzfristige Forderungen	9.363,8
= Effektiv-Verschuldung	7.155,4
: Cash flow	9.969,3
= Verschuldungsfaktor in Jahren	0,7

4.1.8   Working Capital

Working Capital kann mit arbeitendes Kapital, freies Betriebskapital oder Netto-Umlaufvermögen übersetzt werden.[1] Meistens wird jedoch der englische Ausdruck verwendet.

```
Umlaufvermögen
./. kurzfristige Verbindlichkeiten
= Working Capital
```

Abb. 22:   Berechnung des Working Capitals[2]

oder

```
  (kurzfristiges) Umlaufvermögen (innerhalb eines Jahres liquidierbar oder abbaubar)
– (kurzfristiges) Fremdkapital (innerhalb eines Jahres rückzahlbar)
= Working Capital
```

oder [3]

```
+ nicht ausgenutzte langfristige Kreditmöglichkeiten
– langfristige Verbindlichkeiten, die kurzfristig fällig werden
+ kurzfristige Verbindlichkeiten, die als langfristig zu betrachten sind (Verlängerungs-
  zusage liegt vor)
– Teile des Umlaufvermögens, die zu langfristig gebundenen Vermögen werden
+ langfristige Vermögensteile, die sich in kurzfristiges Umlaufvermögen umwandeln
+ ausstehende Einlagen und Nachschüsse, die kurzfristig eingefordert werden können
= Working Capital
```

---

[1]   Vgl. Staehle, W., Kennzahlen und Kennzahlensysteme, 1969, S. 103
[2]   Vgl. Reichmann, Th., Controlling mit Kennzahlen, 1990, S. 68
[3]   Vgl. Reichmann, Th., Controlling mit Kennzahlen, 1990, S. 68

(a) Aussagekraft des Working Capitals

Da Gläubiger, unabhängig vom unternehmensinternen Finanzplan eine Rückzahlung der kurzfristigen Verbindlichkeiten verlangen können, ist es notwendig, diese Posten durch liquidierbares Vermögen abzusichern. Diese Absicherung kann mit Hilfe des Working Capitals[1] gesteuert und gelenkt werden. Es sollte unbedingt positiv sein (möglichst 30 bis 50 % des Umlaufvermögens betragen), außer das Unternehmen verfügt über erhebliche offene Kreditlinien.

Positives Working Capital heißt, dass die gesamten kurzfristigen Verbindlichkeiten durch Vermögen abgesichert sind, das im etwa gleichen Zeitraum liquidierbar ist. Je höher das Working Capital ist, desto größer ist die Überdeckung von kurzfristigen Schulden und damit die Liquidität. Die Beobachtung dieser Kennzahl im Zeitverlauf ermöglicht Aussagen über die Liquiditätsentwicklung der Unternehmung.

(b) Ermittlungsintervall

Das Working Capital ist monatlich zu ermitteln.

Aus dem Working Capital können abgeleitet werden:[2]

$$\text{Working Capital in \% des Umsatzes} = \frac{\text{Working Capital per ultimo} \times 100}{\text{(Monats bzw. Jahres)Umsatz}}$$

$$\text{Working Capital Ratio} = \frac{\text{Umlaufvermögen} \times 100}{\text{kurzfristige Verbindlichkeiten}}$$

$$\text{Current Ratio} = \frac{\text{Umlaufvermögen} \times 100}{\text{laufende Verbindlichkeiten}}$$

$$\text{Quick Ratio} = \frac{(\text{Umlaufvermögen} - \text{Vorräte}) \times 100}{\text{laufende Verbindlichkeiten}}$$

4.1.9   Break-Even-Point (Gewinnschwellenpunkt, Kritischer Punkt)

Er zeigt den Schnittpunkt zwischen Gesamtkosten und Umsatzerlösen, d. h. den Beschäftigungsgrad bei dem das Unternehmen (gerade) noch kostendeckend arbeitet. Der Break-Even-Point hat einen besonders hohen Aussagewert als Frühwarnindikator. Aus der Break-Even-Point-Analyse können die wichtigsten Kennzahlen „Mindestumsatz zur Deckung der

---

[1]   Vgl. Kralicek, P., Kennzahlen für Geschäftsführer, Wien, 1993
[2]   Vgl. Radke, M., a. a. O., S. 200

ausgabenwirksamen Kosten", „Mindestumsatz zur Substanzerhaltung" und „Mindestumsatz der Plangewinnerzielung" ermittelt werden. Die Indikatorwirkung dieser Kennzahlen besteht darin, dass mit jeder Veränderung des Umsatzes das Ergebnis auch vorausschauend ermittelt werden kann. Voraussetzung für die Errechnung des Break-Even-Point ist die Spaltung der Kosten in ihre fixen und variablen Bestandteile.

Die Errechnung des Break-Even-Point sowie die graphische Darstellung zeigt folgendes Bild:

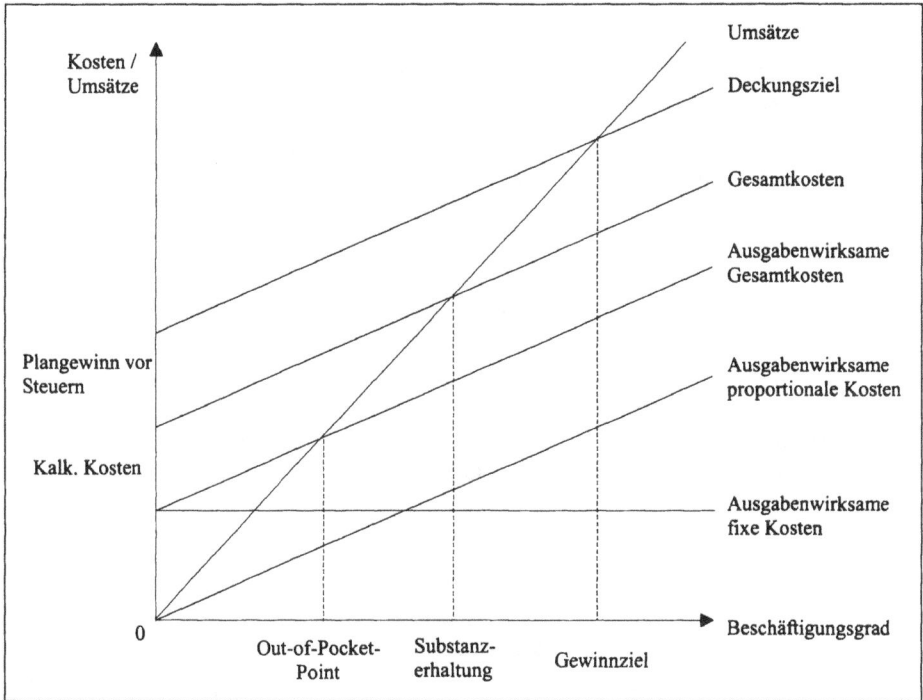

$$\text{Mindestumsatz zur Deckung ausgabenwirksamer Kosten (Out-of-Pocket-Point)} = \frac{\text{Ausgabenwirksame fixe Kosten} \times 100}{\text{Deckungsbeitrag in \% des Umsatzes}}$$

$$\text{Mindestumsatz der Substanzerhaltung (Break-Even-Point)}^{1} = \frac{\text{Gesamtfixkosten} \times 100}{\text{Deckungsbeitrag in \% des Umsatzes}}$$

$$\text{Mindestumsatz der Plangewinnerzielung} = \frac{(\text{Fixe Kosten} + \text{Plangewinn}) \times 100}{\text{Deckungsbeitrag in \% des Umsatzes}}$$

---

[1] Vgl. Radke, M., a. a. O., S. 713

4.1.10   Wirtschaftlichkeit

Neben Kennzahlen über das Unternehmensergebnis und der Rentabilität ist besonders das Verhältnis von Erträgen (Leistungen) und hierfür gemachten Aufwendungen (Kosten) wichtig:

$$\text{Wirtschaftlichkeit}^1 = \frac{\text{Ertrag (= Erlös) oder Leistungen}}{\text{Aufwand oder Kosten}}$$

Wie schon bei der Rentabilität ist hier die Unterscheidung in Gesamtwirtschaftlichkeit (Ertrag und Aufwand des Gesamtunternehmens) und betriebliche Wirtschaftlichkeit sinnvoll:

$$\text{Betriebliche Wirtschaftlichkeit} = \frac{\text{Betriebserträge}}{\text{Betriebsaufwand}} = \frac{\text{Leistung}}{\text{Kosten}}$$

$$\frac{\text{Wirtschaftlichkeit der verkauften}}{\text{Erzeugnisse}} = \frac{\text{Netto-Verkaufserlöse der verkauften Erzeugnisse}}{\text{Kosten der verkauften Erzeugnisse}}$$

Diese Kennzahl zeigt an ob und in welchem Umfang die Leistung des Unternehmens in den vom Markt bezahlten Preis „Anerkennung" gefunden hat. Diese „Marktanerkennung" schlägt sich in der Wirtschaftlichkeit der verkauften Erzeugnissen nieder und hat den Vorteil, Wirtschaftlichkeitskennzahlen für einzelne Erzeugnisse bzw. Erzeugnisgruppen, Produkte und Produktgruppen ermitteln und vergleichen zu können.

4.1.11   Wertschöpfungs-Personalkosten-Koeffizient (WPK-Wert)

Der WPK-Wert (Wertschöpfungs-Personalkosten-Koeffizient) gibt Auskunft über die Auswirkungen des Personaleinsatzes auf den Leistungsstand und auch auf die Wettbewerbsfähigkeit des Unternehmens. Er wird ermittelt, indem man die Brutto-Produktionsleistung (Wertschöpfung) in Beziehung zu den Personalkosten setzt.

Die Brutto-Produktionsleistung wird wie folgt ermittelt:

Netto-Betriebsleistung
./. Materialverbrauch
./. Fremdleistungen
= Brutto-Produktionsleistung (Wertschöpfung)

---

[1]   Vgl. Radke, M., a. a. O., S. 1130

oder

Brutto-Produktionswert
./. Roh-, Hilfs- und Betriebsstoffe
./. Abschreibungen
./. Fremddienstkosten (Transportkosten, fremde Lohnarbeit usw.)
./. Kostensteuern

= Wertschöpfung

$$\text{Wertschöpfung des Produktionswertes in \%}^1 = \frac{\text{Wertschöpfung} \times 100}{\text{Produktionswert}}$$

$$\text{WPK-Wert} = \frac{\text{Brutto-Produktionsleistung (Wertschöpfung)}}{\text{Personalkosten}}$$

(a) Aussagekraft des Wertschöpfungs-Personalkosten-Koeffizienten

Für den WPK-Wert gibt es ausreichende, zwischenbetriebliche Vergleichskennziffern, so dass damit präzise Aussagen über die Wettbewerbsfähigkeit einer bestimmten Unternehmung gemacht werden können. Bei sinkenden WPK-Wert ist die Wertschöpfung prozentual schwächer gestiegen als die Personalkosten, was in der Regel erhebliche Liquiditätsverschlechterungen bedeutet.

Man erkennt außerdem die Auswirkungen des Personal- und Materialeinsatzes auf die Leistungs- und Wettbewerbsfähigkeit eines Unternehmens.

Der WPK-Wert sollte, falls möglich, für einzelne Sparten ermittelt werden, um somit Informationen über die Auswirkungen des Personaleinsatzes auf den Leistungsstand in den einzelnen Sparten zu erhalten. Er zeigt das Verhältnis zwischen der Wertschöpfung und den Personalkosten auf. Wird er spartenweise errechnet, können innerbetriebliche Vergleiche durchgeführt werden.

Diese Kennzahl hat einen hohen Wert als Frühwarnindikator – verschlechtert sie sich, hat dies einen unmittelbaren negativen Einfluss auf die Zukunftsaussichten des Unternehmens.

Generell gilt: Je höher der Wert dieser Kennzahl ist, desto günstiger. In einem Unternehmen müssen permanent Möglichkeiten genutzt werden, diesen Wert zu verbessern. Allerdings dürfen die anderen Unternehmensziele, die sich teilweise in anderen Kennzahlen niederschlagen, nicht verschlechtert werden. Erfolgt eine Verbesserung dieser Kennzahl z. B. durch Rationalisierung, wodurch die Personalkosten sinken, so werden in der Regel die Fixkosten steigen. Durch die gestiegenen Fixkosten kann sich der Break-Even-Point der Substanzerhaltung erhöhen. Hierdurch verringert sich der Sicherheitskoeffizient, was bei einem stark schwankenden Umsatz für ein Unternehmen schwerwiegende Folgen haben kann.

---

[1] Vgl. Radke, M., a. a. O., S. 1144

(b) Ermittlungsintervall

Der WPK-Wert sollte mindestens jährlich, evtl. vierteljährlich ermittelt werden.

Beispiel:

Leistung/Kosten in TEUR	2004	2003	2002	2001
Netto-Betriebsleistung	2.917,3	3.609,4	6.526,6	5.195,9
./. Material- / Handelswareneinsatz	1.026,2	1.272,8	2.299,1	1.818,7
./. Fremdleistungen	25,4	23,0	48,4	22,4
Brutto-Produktionsleistung	1.865,6	2.313,5	4.179,1	3.354,8
Personalkosten	712,7	849,2	1.561,9	1.264,4
WPK-Wert	2,62	2,72	2,68	2,65

Abb. 23:   Entwicklung WPK – Beispiel eines Büroausstatters

4.1.12   Pro-Kopf-Leistung

Sie gibt ebenfalls Auskunft über die Produktivität einer Unternehmung. Neben den Zahlen des Rechnungswesens (Leistung, Materialverbrauch und Wertschöpfung) fließen in diese Produktivitätskennzahlen auch Leistungsdaten der Unternehmung mit ein. Man benötigt zur Errechnung dieser Produktivitätskennzahlen die Zahl der korrigierten Beschäftigten (korrigiert bedeutet, dass Fehlzeiten, Überstunden, Halbtagskräfte usw. berücksichtigt werden), die nicht aus dem Rechnungswesen hervorgehen.

$$\text{Pro-Kopf-Leistung} = \frac{\text{Netto-Betriebsleistung}}{\text{Zahl der korrigierten Beschäftigten}}$$

Bei der Interpretation dieser Kennzahl muss darauf geachtet werden, dass sich der Wert auch ohne eine Produktivitätssteigerung erhöhen kann. Dies ist dann der Fall, wenn die Steigerung auf Preiserhöhungen der Produkte zurückzuführen ist, ohne dass sich die produzierte Menge oder die Zahl der korrigierten Beschäftigten verändert hat.

(a) Aussagekraft der Pro-Kopf-Leistung

Die Pro-Kopf-Leistung gibt an, wie viel Netto-Betriebsleistung pro korrigiertem Beschäftigtem erzielt wird. Generell sollte versucht werden, die Quote zu steigern. Sinkt die Quote über die Jahre hinweg permanent ab, könnte die Existenz des Unternehmens in Zukunft gefährdet sein. Sinnvoll ist in solchen Fällen ein zwischenbetrieblicher Vergleich, um zu sehen, wie die Entwicklung in den Konkurrenzunternehmen verläuft.

(b) Ermittlungsintervall

Die Pro-Kopf-Leistung sollte monatlich ermittelt werden.

4.1.13   Pro-Kopf-Materialverbrauch

$$\text{Pro-Kopf-Materialverbrauch} = \frac{\text{Materialeinsatz}}{\text{Zahl der korrigierten Beschäftigten}}$$

(a) Aussagekraft des Pro-Kopf-Materialverbrauchs

Diese Kennzahl gibt Auskunft darüber, wie viel Material pro korrigiertem Beschäftigten verbraucht wird. Je geringer sie ist (bei gleichbleibender Produktionsmenge), desto besser wurde das Material genutzt, desto günstiger die Aussage. Ein Vergleich dieser Kennzahl mit anderen Unternehmen ist meist nicht möglich, da der Materialkostenanteil stark von den Produkten und dem Produktionsverfahren abhängig ist.

(b) Ermittlungsintervall

Der Pro-Kopf-Materialverbrauch sollte monatlich ermittelt werden.

4.1.14   Pro-Kopf-Wertschöpfung ./. Wertschöpfung pro Beschäftigten

$$\text{Pro-Kopf-Wertschöpfung} = \text{Pro-Kopf-Leistung} / \text{Pro-Kopf-Materialverbrauch}$$

oder

$$\text{Pro-Kopf-Materialverbrauch} = \frac{\text{Betriebliche Wertschöpfung}}{\text{Zahl der korrigierten Beschäftigten oder durchschnittliche Beschäftigtenzahl}}$$

(a) Aussagekraft der Pro-Kopf-Wertschöpfung

Die Pro-Kopf-Wertschöpfung gibt an, wie hoch der Wertschöpfungsanteil je korrigiertem Beschäftigten ist. In dieser Kennzahl zeigen sich die Auswirkungen von Änderungen der Pro-Kopf-Leistung und des Pro-Kopf-Materialverbrauchs. Es muss versucht werden, den Wert dieser Kennzahl zu steigern bzw. hoch zu halten, da sie einen bedeutenden zukünftigen Erfolgsfaktor für jedes Unternehmen darstellt.

(b) Ermittlungsintervall

Die Pro-Kopf-Wertschöpfung sollte monatlich ermittelt werden.

4.1.15   WAK-Wert (Wertschöpfungs-Abschreibungs-Koeffizient)

$$\text{WAK-Wert} = \frac{\text{Wertschöpfung}}{\text{Abschreibungen auf Sachanlagen}}$$

Aussagekraft des WAK:

Hohe Bedeutung für die Beurteilung der Ertragskraft eines Unternehmens. Ein sinkender WAK zeigt, dass neue Investitionen noch nicht ertragswirksam geworden sind.

4.2   Kennzahlensysteme der Praxis

Einzelkennzahlen haben den Vorteil der Eindeutigkeit. Eindeutigkeit kann aber zu Einseitigkeit führen. Es werden Beziehungen, Zusammenhänge und Ursachen für das Entstehen von Kennzahlen nicht transparent. Die Gefahr von Fehlentscheidungen aufgrund isolierter Kennzahlenanalysen kann durch Kennzahlensysteme verringert werden. Ein Kennzahlensystem ist eine geordnete Gesamtheit von Kennzahlen, die in sachlicher, sinnvoller Beziehung zu einander stehen. Wie für Kennzahlen, gilt auch für Kennzahlensysteme: es gibt eine große Angebotspalette, aber leider nur wenige gute Kennzahlensysteme! Angeblich neu, reißerisch als ganzheitliche Kennzahlensysteme angepriesen, sind sie häufig nichts anderes, als der Versuch, Aufmerksamkeit zu erwecken. Aussagefähigkeit und Anwendbarkeit sind in der Praxis oft nicht gegeben! Dies gilt allerdings sicherlich nicht für den RoI.

Es sollen deshalb im folgenden nur die bekannten und in der Praxis eingesetzten Kennzahlensysteme dargestellt werden.

4.2.1   Return on Investment (RoI) / Du Pont System
           of Financial Control

Eines der bekanntesten und ältesten Kennzahlensysteme ist das „Du Pont System of Financial Control" oder kurz „Du-Pont-Pyramide" genannt. Hierbei handelt es sich um ein reines Rechensystem das vorrangig der Analyse dient. Es wurde zur Steuerung und Überwachung des Unternehmens von der amerikanischen Firma E.I. Du Pont de Nemours and Company, Wilmington, Delaware, im Jahre 1919 entwickelt und seitdem regelmäßig verbessert. Man geht bei diesem System davon aus, dass nicht Gewinnmaximierung das primäre Ziel der Unternehmung sein sollte, sonder die Maximierung des „Return on Investment" = (RoI). Das RoI-Konzept ist ein übersichtliches Rechensystem aus wenigen Kennzahlen, das auf wenigen mathematisch verbundenen Globalgrößen aufbaut und trotzdem einen sehr hohen Aussagewert besitzt.

Die Spitzenkennzahl ist der Return on Investment (RoI), der die Rendite des eingesetzten Kapitals zeigt. Hauptaussage: wie kann Gewinnmaximierung erreicht werden und wie kann eine geringere Umsatzrendite durch höheren Kapitalumschlag ausgeglichen werden!

Dieses Kennzahlensystems ist sehr übersichtlich, anschaulich und es kann beliebig ausgebaut werden durch die Bildung relativer Zahlen und weiterer Unterteilungen. Neben einer finanzpolitischen Analyse wird durch den RoI auch eine Beurteilung der betrieblichen Leistungsfähigkeit ermöglicht. Problematisch ist, dass nicht aktivierte Innovationen, vor allem F&E-Kosten nicht einfließen und so die Gefahr der einseitigen und kurzfristigen Gewinnmaximierung besteht.

Return on Investment (RoI)[1]

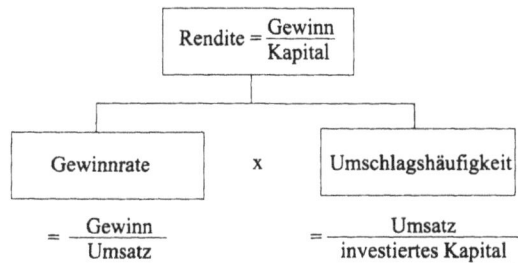

$$\text{Rendite} = \frac{\text{Gewinn}}{\text{Kapital}}$$

| Gewinnrate | x | Umschlagshäufigkeit |

$$= \frac{\text{Gewinn}}{\text{Umsatz}}$$ 　　　$$= \frac{\text{Umsatz}}{\text{investiertes Kapital}}$$

$$\text{RoI} = \frac{\text{Jahresüberschuss}}{\text{Umsatz}} \times \frac{\text{Umsatz} \times 100}{\text{durchschnittliche Bilanzsumme}}$$

Der Aufbau dieser Formel zeigt einerseits die Entwicklung der Umsatzrentabilität (Erfolg bzw. Misserfolg des Unternehmens) und andererseits den Kapitalumschlag (= zeigt wie intensiv das eingesetzte Kapitel genutzt wird). Der RoI erhöht sich also entweder durch Reduzierung der Kosten und/oder Erhöhung des Kapitalumschlages.

Um diese Kennzahl korrekt zu berechnen, muss die Beobachtungszahl beim Kapitalumschlag mit der Bezugszahl der Umsatzrentabilität übereinstimmen.

Stillgelegte Anlagen und Anlagen, die nicht dem Betriebszweck dienen, sind auszusondern. Die Frage der Bewertung ist natürlich von entscheidender Bedeutung. Nur wenn realistische, betriebswirtschaftlich orientierte Bewertungsrichtlinien eingehalten werden, ist die Ermittlung des RoI überhaupt sinnvoll.

Es ist grundsätzlich möglich und auch sinnvoll, den RoI für einzelne Produkte zu ermitteln. Allerdings dürften beträchtliche Schwierigkeiten bei der Zuordnung des investieren Kapitals auf die Produkte in der Praxis entstehen. Es sollte deshalb nur das direkt zuordenbare Kapital für die Ermittlung der Kapitalrendite und des Kapitalumschlages herangezogen werden. Darum könnte es notwendig sein, Produkte zu Produktgruppen zusammenzufassen.

Man könnte z. B. einen RoI von 12 % als Zielgröße anstreben.

$$6\,\% \times 2 = 12\,\%$$

oder

$$4\,\% \times 3 = 12\,\%$$

Bei anlagenintensiven Unternehmen kann der Kapitalumschlag jedoch nicht beliebig erhöht werden, hier muss die Erhöhung der Umsatzrendite im Mittelpunkt stehen.

---

[1] Vgl. Radke, M., a. a. O., S. 142

RETURN ON INVESTMENT
ROI

Ertragsstruktur

Vermögensstruktur

Umsatzrentabilität   x   Kapitalumschlag

| Ergebnis vor Ertragssteuern und Zinsen | Nettoumsatz | x 100 |

| Nettoumsatz | : | Kapitaleinsatz (Vermögen) |

Betriebsergebnis + Neutrales Ergebnis

Anlagevermögen + Umlaufvermögen

Deckungsbeitrag - fixe Kosten

Nettoumsatz - variable Kosten

Grundstücke und Gebäude | Maschinen, Fahrzeuge und Geschäftsausstattung | Vorräte | Forderungen

Bruttoumsätze - Erlösschmälerungen

Immaterielle Anlagen | Finanzanlagen | liquide Mittel | Unfertige Leistungen

Lagerleistungen + Umsatzleistungen + Eigenleistungen

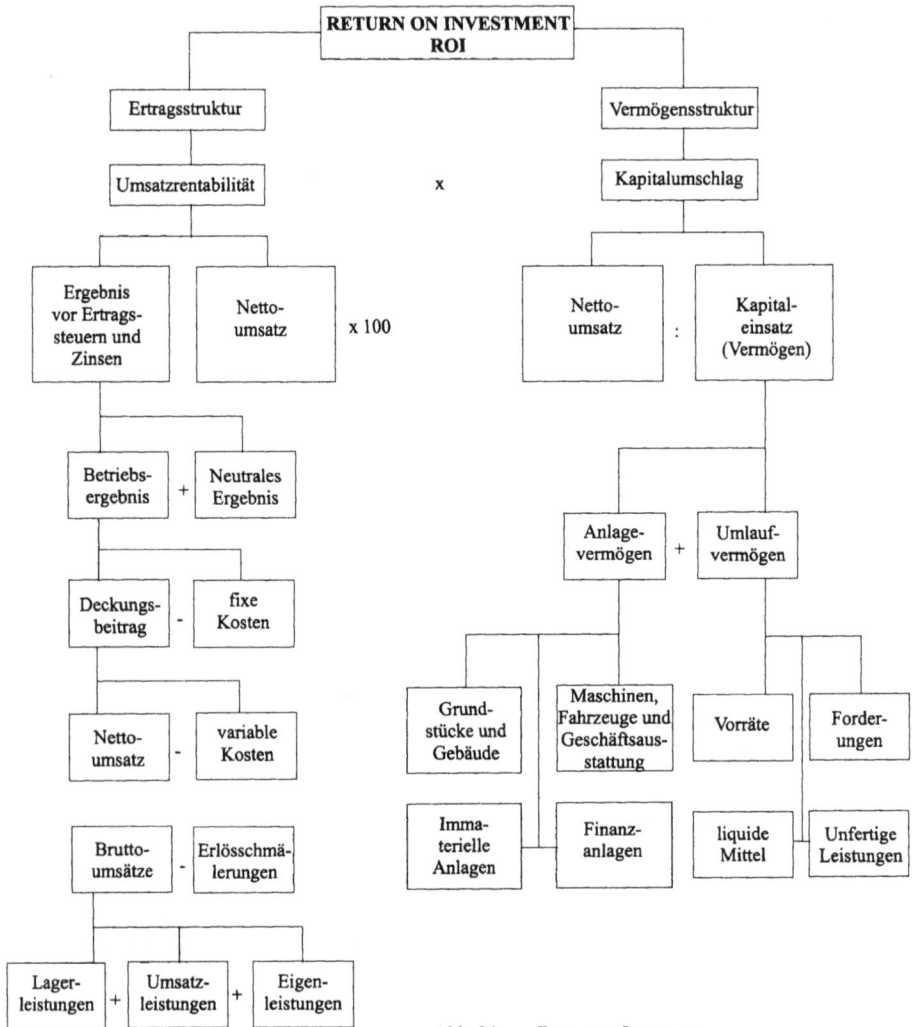

Abb. 24:   Return on Investment

(a) Aussagekraft des RoI

Aus der Multiplikation von Umsatzrentabilität und Kapitalumschlag erhält man die Verzinsung des investierten Kapitals. Es werden die Kosten- und Leistungsstruktur einerseits und Kapitalstruktur andererseits fokussiert.

Ausgehend von der Grundformel können die betriebliche Leistungsfähigkeit (mittels der Umsatzrentabilität) und die Vermögensstruktur (durch den Kapitalumschlag) unmittelbar beurteilt werden. Der große Einfluss des Kapitalumschlags auf die Rentabilität des eingesetzten Kapitals wird sichtbar, Auswirkungen von Bestandsveränderungen, Fertigungskosten- und Fixkostenveränderungen werden verdeutlicht.

Die Vorteile des RoI-Kennzahlensystems liegen darin, dass das Rentabilitätsziel in das Zentrum der Betrachtung gestellt wird. Es zeigt die Möglichkeit auf, nicht nur von Seiten der

Umsatzrentabilität den RoI zu erhöhen, sondern auch durch die Verbesserung des Kapitalumschlags eine Steigerung der Kapitalrentabilität zu erreichen, was in der Praxis oft übersehen wird. Das System ist sehr übersichtlich und anschaulich, da es keine Hilfskennzahlen
verwendet und damit direkt kausale Zusammenhänge aufzeigt.

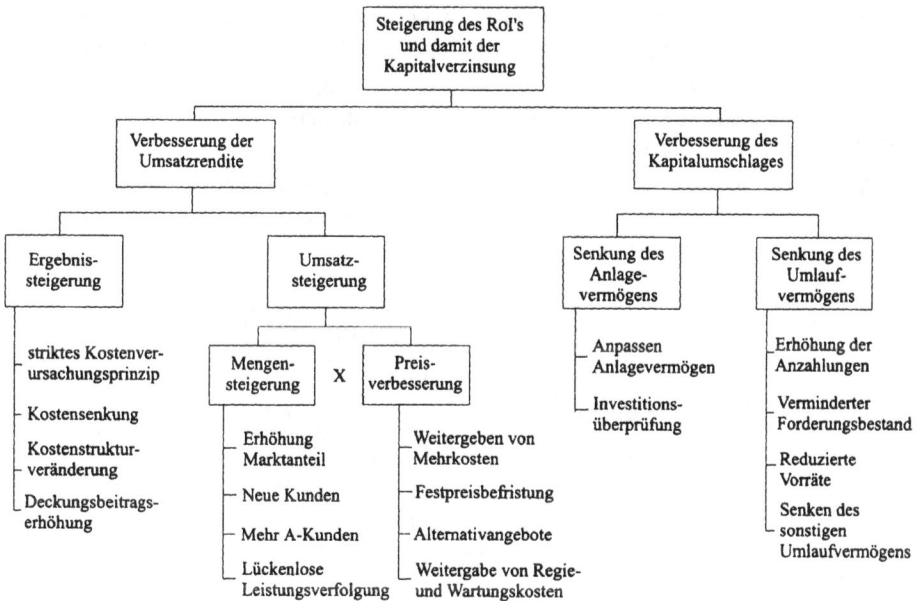

(b) Ermittlungsintervall

Der RoI sollte mindestens jährlich ermittelt werden.

4.2.2   ZVEI-Kennzahlensystem

Dieses System ist vor allem in Deutschland verbreitet. Es wurde vom Zentralverband der
elektrotechnischen Industrie e. V. Frankfurt/M. entwickelt und 1969 erstmalig veröffentlicht.
Absicht dieses Systems ist es, Zielgrößen (ca. 140 Einzelkennzahlen) für die Planung als
Kennzahl zu formulieren und Analysen der Rentabilität durch Zeit- und Betriebsvergleiche
zu ermöglichen. Die Definition der logisch miteinander in Verbindung gebrachten Kennzahlen ist branchenneutral, so dass eine Übertragung auf andere Wirtschaftzweige möglich ist.
Das System erlaubt eine Wachstumsanalyse (durch den Vergleich wichtiger Absolutzahlen
mit der Vorperiode) und eine Strukturanalyse (durch den Vergleich von Relativzahlen zur
Beurteilung der Effizienz).[1]

Die Strukturanalyse, welche Hauptteil dieses Kennzahlensystems ist, untersucht die Unter-
nehmungseffizienz mit Hilfe von Beziehungs- und Gliederungszahlen und einer Kennzahlenpyramide, deren Spitzenkennzahl die Eigenkapitalrentabilität ist. Diese Spitzenkennzahl
wird in einzelne Bestandteile (Kennzahlengruppen nach Rentabilität, Liquidität, Vermögen,

---

[1]   Vgl. Stähle, W.-H., Kennzahlen und Kennzahlensysteme, 1969, S. 227

Kapital, Finanzierung/Investition, Aufwand, Umsatz, Kosten, Beschäftigung, Produktivität) zerlegt. Die einzelnen Hauptkennzahlen werden mit Hilfe von Definitionsblättern exakt beschrieben (mit Anwendungsgebiet der Formel, Formelinhalt und den nötigen Bemerkungen). Bei der Unternehmungsanalyse spielen sowohl Zeitvergleiche als auch Betriebsvergleiche eine Rolle. Das ZVEI-Kennzahlensystem greift vorwiegend auf Daten des Jahresabschlusses zurück, verzichtet aber nicht völlig auf Zahlen der Kosten- und Leistungsrechnung. Die Schwachstelle dieses Systems ist, dass nur ein Ziel an der Spitze der Kennzahlenpyramide steht.[1]

Es ist wie der RoI ein Rechensystem aber wesentlich umfangreicher und tiefer gestaffelt mit beträchtlicher Komplexität, es enthält aber auch Merkmale eines Ordnungssystems, mit dem Ziel: Analyse der Effizienz eines Unternehmens.

Die Analyse der Effizienz erfolgt in zwei Teilaspekten: einer Wachstums- und einer Strukturanalyse.[2] (Wachstumsanalyse durch Aufzeigen von Erfolgsindikatoren, Strukturanalyse durch Analysen der Risikobelastung der Ertragsfähigkeit).

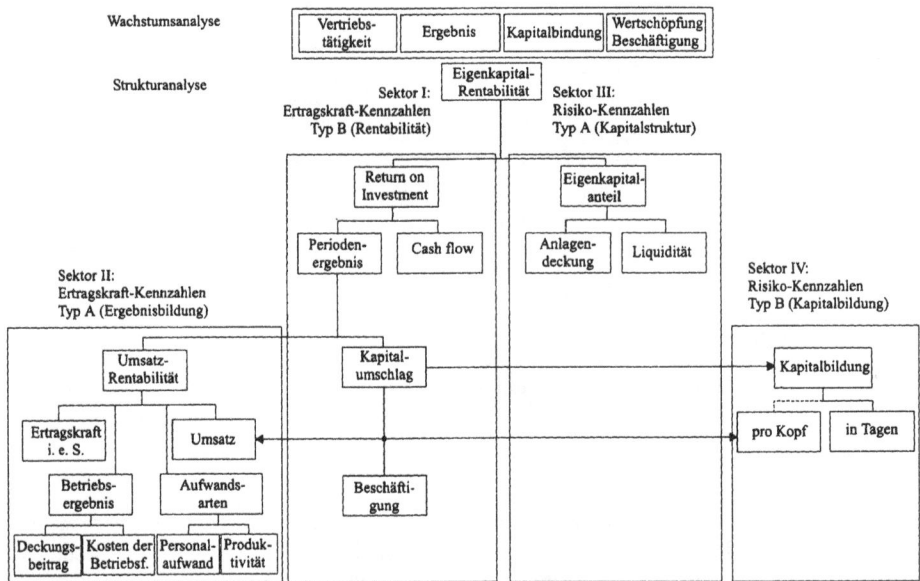

Abb. 25:   ZVEI-Kennzahlensystem

Die praktische Arbeit mit dem ZVEI-System wird durch umfangreiche Unterlagen erleichtert. Jede Kennzahl des Systems ist auf einem Definitionsblatt mit folgenden Bestandteilen definiert:

– Kennzahlentitel
– Kennzahlenanwendung
– Kennzahlenformel
– Formelinhalt im Zähler und im Nenner

---

[1]   Vgl. Horvath P., Controlling, 3. Auflage, München, 1990, S. 521
[2]   Vgl. ZVEI: Kennzahlensystem, 1976, S. 118

Problematisch ist, dass von den Kennzahlen sind nur ein Teil für die Analyse verwendet ein Großteil für Verknüpfungen und die einseitige Betrachtung der Jahresabschlüsse unter Risikoaspekten.

4.2.3   RL-Kennzahlensystem

Das RL-Kennzahlensystem (Rentabilitäts-Liquiditäts-Kennzahlensystem von Reichmann und Lachnit) ist ein Ordnungssystem, welches die 38 enthaltenen Verhältniszahlen und absoluten Kennzahlen nicht mathematisch, sondern sach-logisch miteinander verbindet. Rentabilität (R), und Liquidität (L) sind die Spitzenkennzahlen und werden als oberste, gleichgeordnete Ziele betrachtet.

Der allgemeine Teil des RL-Kennzahlensystems ist für alle Unternehmen in gleicher Weise vorgesehen. Im sogenannten Sonderteil können firmenspezifische Vertiefungen vorgenommen werden. Es werden fast keine rechnerischen Verknüpfungen der einzelnen Kennzahlen durchgeführt. Das System besteht aus vier Komponenten:[1]

- Allgemeiner Teil mit Erfolgskomponente
  (z. B. EK-Rentabilität, RoI, Leistung/Kosten)
- Allgemeiner Teil mit Liquiditätskomponente
  (z. B. Cash Flow/Umsatz, Liquide Mittel/kurzfristige Verbindlichkeiten)
- Spezieller Teil mit Erfolgskomponente
  (z. B. Umsatzanteil Werk A, B, . . ., Deckungsbeiträge)
- Spezieller Teil mit Liquiditätskomponente
  (Detaillierte Intervallfinanzplanung)

Das RL-Kennzahlensystem ist gekennzeichnet durch:
- Duale Kennzahlenhierarchie für (Liquidität und Erfolg),
- Allgemeiner Teil (kann für externe Analyse angewandt werden),
- Sonderteil (schafft Flexibilität, um auf individuelle Informationsbedürfnisse eingehen zu können)

(a) Aussagekraft des RL:

- Rentabilitäts- und Liquiditätsanalyse stehen im Mittelpunkt
- Die Ausgangsdaten sind problematisch
- Qualitative Besonderheiten bleiben unberücksichtigt
- Durch zu viele Kennzahlen geht die Übersichtlichkeit verloren

(b) Vorgesehene Ermittlungsintervalle:

- jährlich
- vierteljährlich
- monatlich
- wöchentlich

---

[1] Vgl. Reichmann, T., Controlling mit Kennzahlen, 1997, S. 34 und vgl. auch Reichmann, T., Lachnit, L., Planung, Steuerung und Kontrolle mit Hilfe von Kennzahlen, 1976, S. 710 und Radke, M., a. a. O., S. 1434 und 1435

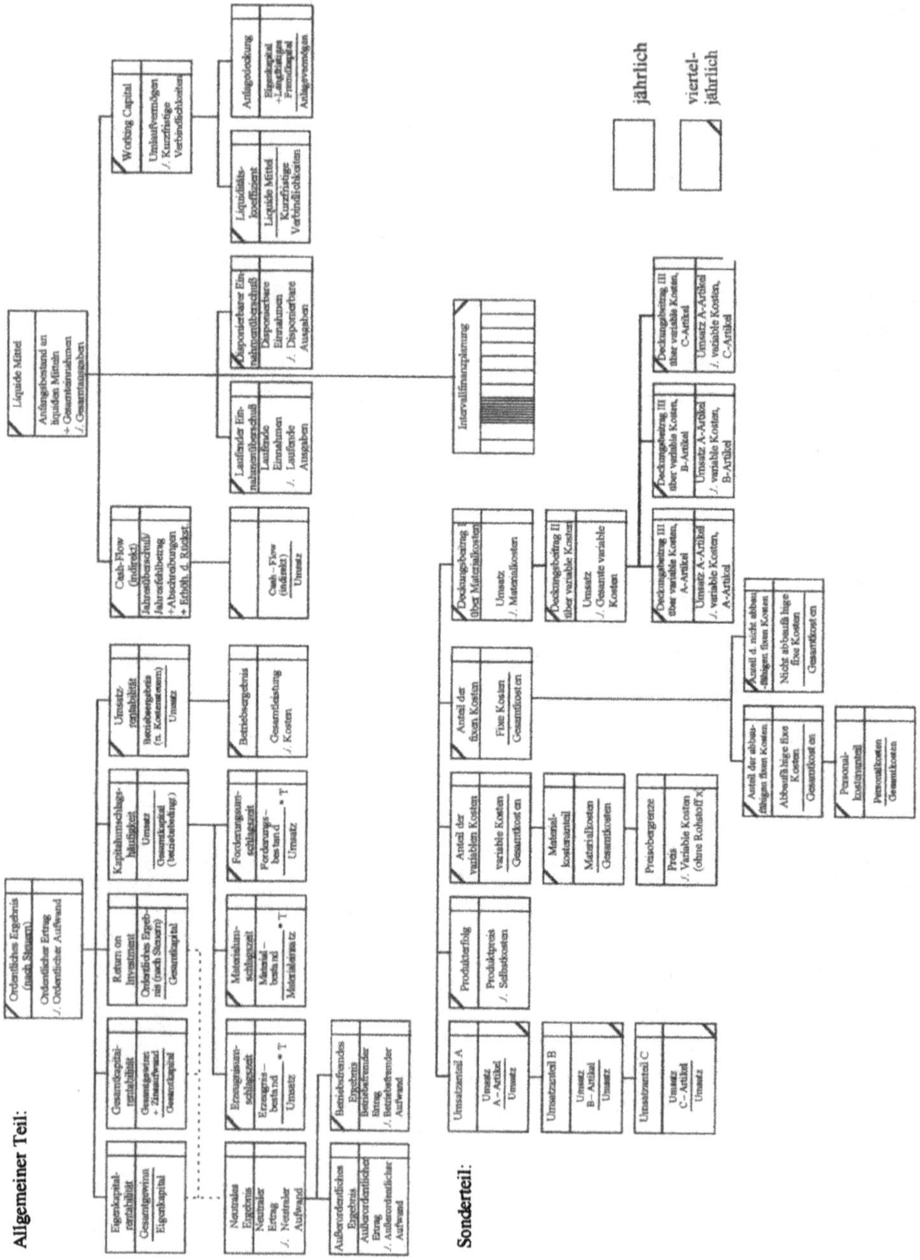

Abb. 26:   RL-Kennzahlensystem[1]

---

[1]   Vgl. Groll, K. H.

4.2.4 Pyramid Structure of Ratios

Dieses System wurde 1956 von Ingham / Harrington am British Institute of Management in Großbritannien entwickelt und ist vorwiegend im Angelsächsischen Raum verbreitet. In Anlehnung an das Du Pont-Kennzahlensystem stellt es ebenfalls den RoI an die Spitze der Kennzahlenpyramide, ausgehend von der Prämisse, dass die Höhe des Kapitalrückflusses den Unternehmenserfolg hauptsächlich widerspiegelt. Die Pyramide besteht aus logisch miteinander verknüpften Fragen und Antworten, in Form von Kennzahlen mit der Spitzenkennzahl Rentabilität.

Ausgegangen wird von der ersten Frage: Wie lautet der Beurteilungsmaßstab für ein erfolgreiches Management?

$$\text{Antwort:} \quad \text{RoI} = \frac{\text{Gewinn}}{\text{investiertes Kapital}}$$

Wenn Abweichungen vom festgelegten RoI auftreten erfolgt die zweite Frage: Was sind die Gründe der Abweichung?

Mögliche Antworten:

– Vergleichsfirmen haben einen höheren Kapitalumschlag

$$\text{Kapitalumschlag} = \frac{\text{Umsatz}}{\text{investiertes Kapital}}$$

– andere haben eine höhere Umsatzrentabilität

$$\text{Umsatzrentabilität} = \frac{\text{Gewinn (Betriebsergebnis)}}{\text{Umsatz}}$$

Zwischen den einzelnen Kennzahlen wird ein sachlogischer Zusammenhang und eine mathematische Verknüpfung hergestellt. Die Pyramid of Rations stellt in erster Linie auf den zwischenbetrieblichen Vergleich ab. Die damit gegebene Möglichkeit der Analyse des eigenen Unternehmens stellt ein hervorragendes Instrumentarium zur betrieblichen Leistungs- und Erfolgskontrolle dar.

4.2.5 Managerial Control Concept

Das Managerial Control Concept wurde von Trucker 1961 nach einer Untersuchung von 200 Unternehmen als Entscheidungs- und Kontrollsystem zusammengestellt und findet überwiegend im amerikanischen Raum ihre Anwendung.

Dieses Kennzahlensystem besteht aus einer dreidimensionalen Pyramide, die die Funktionsbereiche Produktion, Finanzwirtschaft und Verkauf beinhaltet. Die Kennzahlen sind nach den unterschiedlichen Managementebenen (Top-Management, mittleres Management und unteres Management) in Kennzahlengruppen eingeteilt und werden nach oben hin verdichtet.

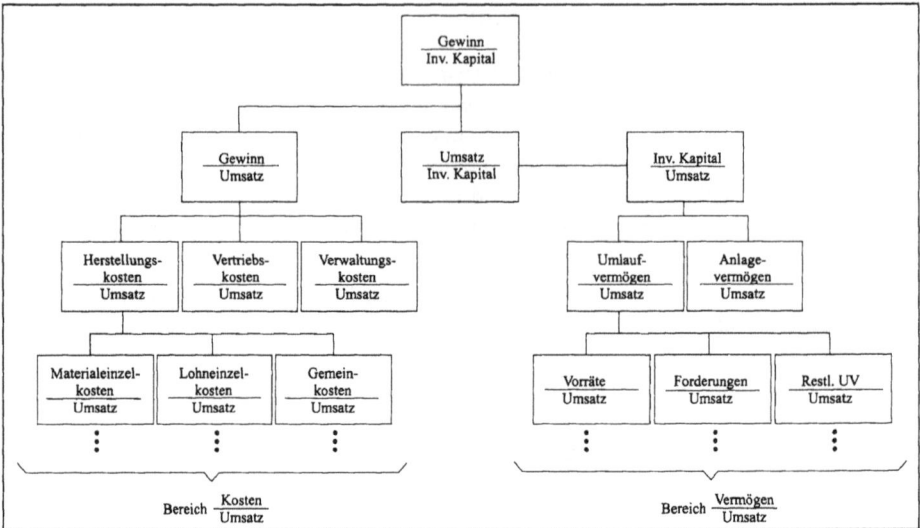

Abb. 27:   Pyramid Structure of Ratios[1]

Die verschiedenen Kennzahlengruppen unterscheiden sich durch ihre unterschiedlichen Abhängigkeiten vom Umfang der Daten- und Kennzahlenintegration in:

(1) Elementary Ratios
(2) Advanced Ratios
(3) Tertiary Ratios
(4) Total Integration Tertiary Ratios

Elementary Ratios sind Kennzahlen aus Ursprungsdaten und betriebswirtschaftlichen Grund-
tatbeständen. *Advanced Ratios* erweitern die Elementary Ratios durch Verwendung von
spezifischen betriebswirtschaftlichen Größen, um über ganz bestimmte Teilgebiete präzisere
Angaben zu bekommen. *Tertiary Ratios* verbinden Elementary Ratios und Advanced Ratios
miteinander, um für das Top-Management entscheidungsrelevante Informationen in Bezug
auf den jeweiligen Funktionsbereich zu erhalten. *Total Integration* soll durch Kombination
mehrerer Tertiary Ratios, Wirkungs- und Entscheidungszusammenhänge zwischen unterschiedlichen Funktionsbereichen aufzeigen.

Der Aufbau des Managerial Control Concept weicht von den üblichen Kennzahlensystemen ab, da der Unternehmensleitung mehrere Spitzenkennzahlen als verdichtete Informationen zur Verfügung stehen. Insgesamt beinhaltet das Kennzahlensystem 429 Kennzahlen und
150 Schaubilder, die die Zusammenhänge zwischen den Kennzahlen veranschaulichen sollen.

---

[1]   Vgl. Croessmann, J., Effiziente Unternehmensführung mit Kennzahlen, 1998, Abschnitt 7 und Bramsemann,
        R., Handbuch Controlling, 3. Auflage, München, 1993, S. 332

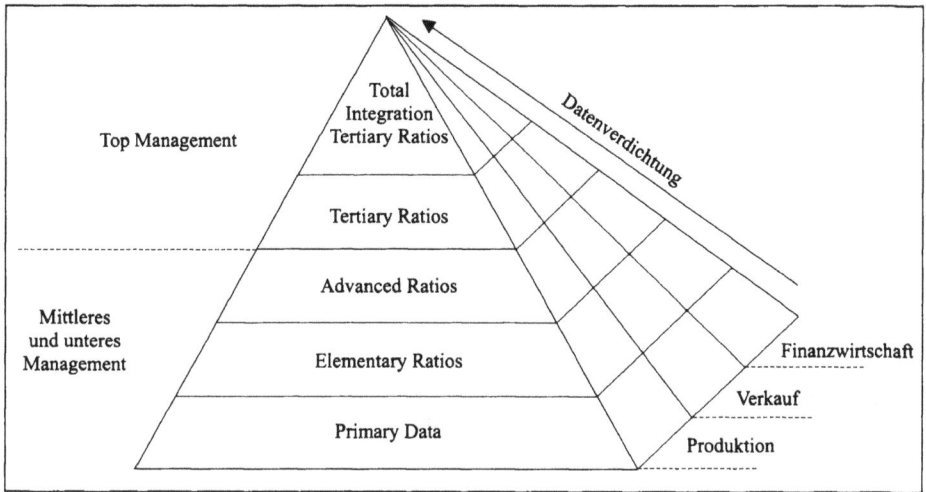

Abb. 28:   Managerial Control Concept[1]

4.2.6   Ratios au Tableau de Bord

„Tableau de bord" (vor allem in französischem Raum verbreitet) heißt übersetzt Armaturen-
brett, das sowohl interne als auch externe Informationen anzeigt und die Aufgabe eines allgemeinen Informations- und Kontrollinstrumentes übernimmt.

Wie beim Du Pont-Kennzahlensystem und bei der Pyramid Structure of Ratios wird auch bei
Ratios au Tableau de Bord[2] (Lauzel P. und Cibert A., 1959) die Rentabilitätskennzahl als
Spitzenkennzahl mit den Bestandteilen Umsatzrentabilität und Kapitalumschlag definiert.

Der Kapitalumschlag wird durch die Komponenten

–   Kapitalstruktur (z. B. Eigenkapital zu Gesamtkapital),
–   Vermögensübersicht (z. B. Anlagevermögen zu Gesamtvermögen),
–   Investitions- und Abschreibungspolitik (z. B. langfristiges Kapital zu Anlagevermögen,
    Abschreibungen zu Bruttoinvestitionen),
–   Lagerhaltung (z. B. Umsatz zu gesamten Lagerbestand) und
–   Liquidität (z. B. arbeitendes Kapital zu Umlaufvermögen)

dargestellt. Die Umsatzrentabilität wird durch die Komponenten

–   Selbstkosten (z. B. Selbstkosten zu Umsatz),
–   Kosten nach Kostenarten (z. B. Anteile einzelner Kostenarten an den Gesamtkosten),
–   Kosten nach Kostenstellen (z. B. Anteil einzelner Kostenstellen an den Gesamtkosten) und
–   Kosten nach Kostenträger (z. B. Kosten nach Produktionsstufen)

unterteilt.[3]

---

[1] Vgl. Staudt, E., u. a., Kennzahlen und Kennzahlensysteme, Grundlagen zur Entwicklung und Anwendung,
     Berlin, 1985, S. 37
[2] Vgl. Staehle, W., Kennzahlen und Kennzahlensysteme als Mittel der Organisation und Führung von Unter-
     nehmen, Wiesbaden, 1969, S. 77
[3] Vgl. Staehle, W., a. a. O., S. 80 f.

Gesamtrentabilität

$$\frac{\text{Betriebsergebnis}}{\text{Eigenkapital}}$$

$$\frac{\text{Betriebsergebnis}}{\text{Netto-Umsatzerlöse}} \quad X \quad \frac{\text{Netto-Umsatzerlöse}}{\text{Eigenkapital}}$$

Selbstkosten

Struktur des Kapitals
Umschlag des Kapitals

Analyse nach Kostenarten

Struktur des Vermögens
Umschlag des Vermögens

Vorleistungen	Wertschöpfung	
Güter Dienstleistungen	Gehälter/ Löhne	Abschreibung
....	...	...

Umlaufvermögen
Liquide
Mittel

Analyse nach Kostenstellen

Verwaltung

Beschaffung

Produktion

Absatz

...

Lager

Umschlag

Investition

Abschreibung

Analyse nach Kostenträger

Bearbeitungsgrad
(Produktionsstufe)

Kostenreagibilität
(Beschäftigungsschwankungen)

Auftragsrentabilität
(Einzelauftragskontrolle)

...

Gewinnverwendung

Statistiken - Konjunkturdaten - Budgetrechnungen

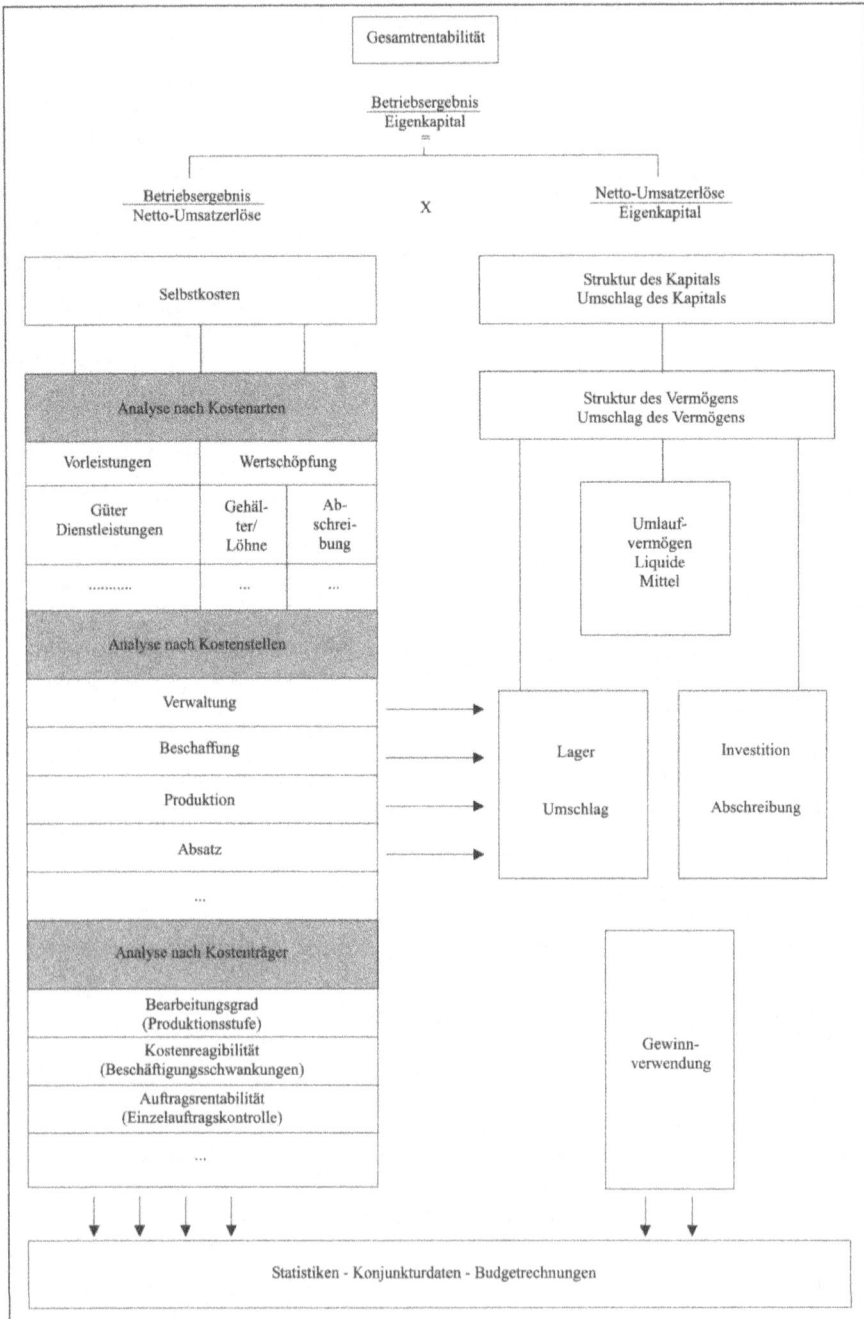

Abb. 29: Ratios au Tableau de Bord[1]

---

[1] Vgl. Staudt, E., u. a., Kennzahlen und Kennzahlensysteme, Grundlagen zur Entwicklung und Anwendung, Berlin, 1985, S. 41

4.2.7 Balanced Scorecard (BSC)

„Die Balanced Scorecard ist vor allem ein Kommunikations-, Lern- und Steuerungskonzept zur wirkungsvollen Implementierung von Strategien, die dafür sorgt, dass die Visionen und Strategien nicht nur in den Ordnern des Managements Patina ansetzen, sondern in die Köpfe der Mitarbeiter hineingelangen ..."[1]

Dieses von Kaplan und Norton 1994 entwickelte System, verknüpft monetäre Kennzahlen zu einem Kennzahlensystem mit sogenannten „weichen" Erfolgsfaktoren.

Was ist nun die Balaced Scorecard (BSC)?

Das Bestreben, die Schwachstellen von primär finanzwirtschaftlich ausgerichteter Unternehmensführung und Leistungsmessung zu vermeiden, ist der Ausgangspunkt für den von Kaplan und Norton Anfang der 90er Jahre entwickelten BSC-Ansatz.

Die Balanced Scorecard basiert auf der Grundlage, einen „ausgewogenen Berichtsbogen" zu schaffen, der die Unternehmensstrategie in operative Ziele und Maßnahmen übersetzt.

Als „balanced" wird dabei die ausgeglichene Zusammenstellung zwischen kurzfristigen und langfristigen Zielen, Spät- und Frühindikatoren sowie zwischen externen und internen Performance-Perspektiven verstanden.

Folglich besteht der Grundgedanke des BSC-Konzeptes in der Umsetzung der Strategie in Ziele und Kennzahlen mit Hilfe eines ausgewogenen Systems zur Steuerung und Leistungsmessung anhand von vier erfolgsbestimmenden Unternehmensperspektiven.[2]

Den strukturellen Rahmen der Balanced Scorecard bilden die Perspektiven:

Finanzen	Kunden	Prozesse	Potentiale (Entwicklung)

4.2.7.1 Vorgehensweise

Es werden vier verschiedene Perspektiven berücksichtigt:

- Finanzwirtschaftliche Perspektive
- Kundenperspektive
- Betriebsablaufinterne Perspektive
- Innovations- und Wissensperspektive

Jeder Perspektive werden Ziele und messbare Leistungsmaßstäbe zugeordnet.

---

[1] Gaiser, B., Bernhard, M. G., Hoffschröer, S., Balanced Scorecard, 2001, S. 25

[2] Vgl. Mensch, G., Balanced Scorecard - ein neues Instrument der Unternehmensführung, in: Betrieb und Wirtschaft. 20/1998, S. 761–766

Damit dieses Konzept funktioniert und tatsächlich zielführend ist, verlangt es eine intensive Auseinandersetzung mit dem Unternehmen, dessen Vision, Mission und einer daraus systematisch abgeleiteten Strategie.

Nachfolgende Abbildung soll den Ablaufprozess von Balanced Scorecard verdeutlichen:

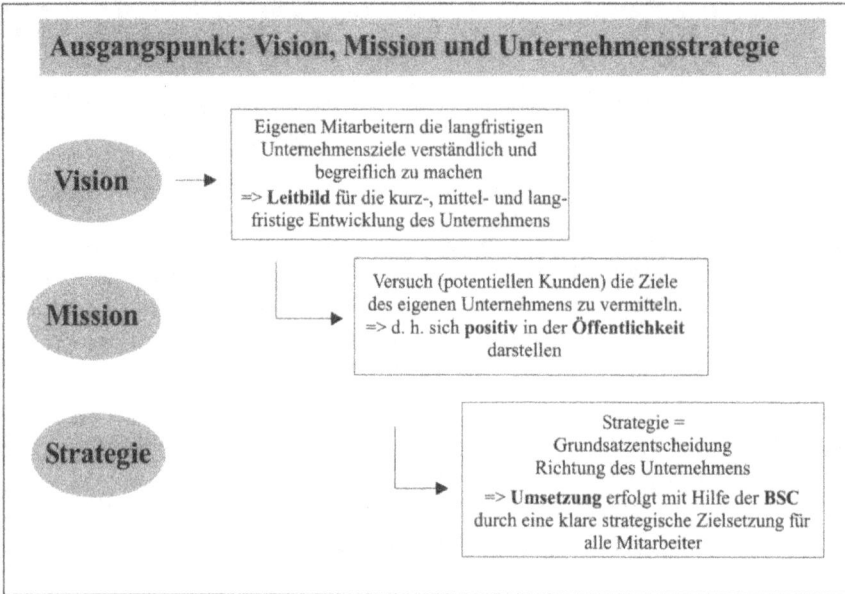

Die Vision als definiertes langfristiges Ziel des Unternehmens, wird heruntergebrochen auf die vier erfolgskritischen Ebenen.

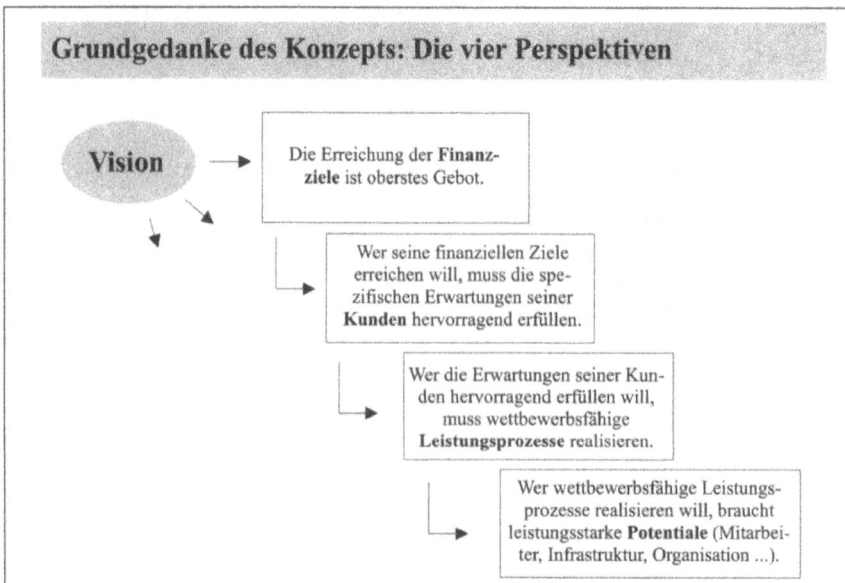

Von der Vision, ausgehend, beantwortet die Mission die Frage: „Was ist der Auftrag des Unternehmens?"

Die Unternehmensmission sollte immer durch eine möglichst prägnante Formulierung „auf den Punkt" gebracht werden, z. B.

- Fraunhofer TEG: „Wettbewerbsvorteile entwickeln und realisieren"
- DGC: „Der Wegweiser zum Erfolg"
- BMW: „Freude am Fahren"
- BASF: „Wir tun mehr für Sie"
- Vaillant: „Ideen für Wärme"
- Hard Rock Cafe: „Love all, serve all"

In der Scorecard mündet nun die Vision und die Mission – unter Berücksichtigung der vier Perspektiven – der Strategie, d. h. in den wichtigsten strategischen Zielen. Operationalisiert und messbar werden diese Ziele durch die Auswahl geeigneter Kennzahlen, die mit Zielvorgaben und konkreten Initiativen versehen werden.

An oberster Stelle steht die Erreichung der Finanzziele. Entscheidend ist die Erkenntnis, dass bei einem richtigen Aufbau der Scorecard das Erreichen nachgelagerter Ziele letztlich den Finanzzielen dient.

4.2.7.2   Die vier Perspektiven lt. BSC im einzelnen:

(a) Perspektive: **Finanzen**

Welche finanziellen Ziele sind der Maßstab für die Strategiebewertung?

Mögliche Kennzahlen:
- Umsatzwachstum
- Gewinn
- Umsatzrentabilität
- Cash Flow
- RoI
- Economic Value Added (EVA)
- Cash Flow Return on Investment (CFRoI)
- etc.

(b) Perspektive: **Kunden**

In welchen Kunden- und Marktsegmenten wollen wir konkurrieren?
Welche Ziele verfolgen wir in diesen Segmenten?

Mögliche Kennzahlen:
- Marktanteil (langfristige Sicherung der Position!)
- Index zur Kundenbindung (Nachhaltigkeit!)
- Index zur Kundenakquisition (Trefferquote!)
- Index zur Kundenzufriedenheit (CSI!)
- Beschwerdehäufigkeit (Service!)
- etc.

(c) Perspektive: **Prozesse**

Welche internen (bisher vielleicht unbeachteten) Geschäftsprozesse sind für die Erfüllung der

- kundengerichteten Ziele und
- der finanziellen Ziele

besonders kritisch?

Mögliche Kennzahlen:

- time-to-market (Produktentwicklungsdauer)
- Dauer der Angebotserstellung
- Dauer der Reklamationsbearbeitung
- Produktivitätsindex
- Nachbearbeitungsindex
- etc.

(d) Perspektive: **Potentiale**

Wie gewährleisten wir langfristig die Erreichung der strategischen Ziele?

Mögliche Kennzahlen:

- Index zur Mitarbeiterzufriedenheit (MSI)
- Index zur Mitarbeiterbindung
- Index zur fachlichen Qualifikation der Mitarbeiter
- Index zur Sozialkompetenz der Mitarbeiter
- Index zur Qualität der Informationssysteme
- etc.

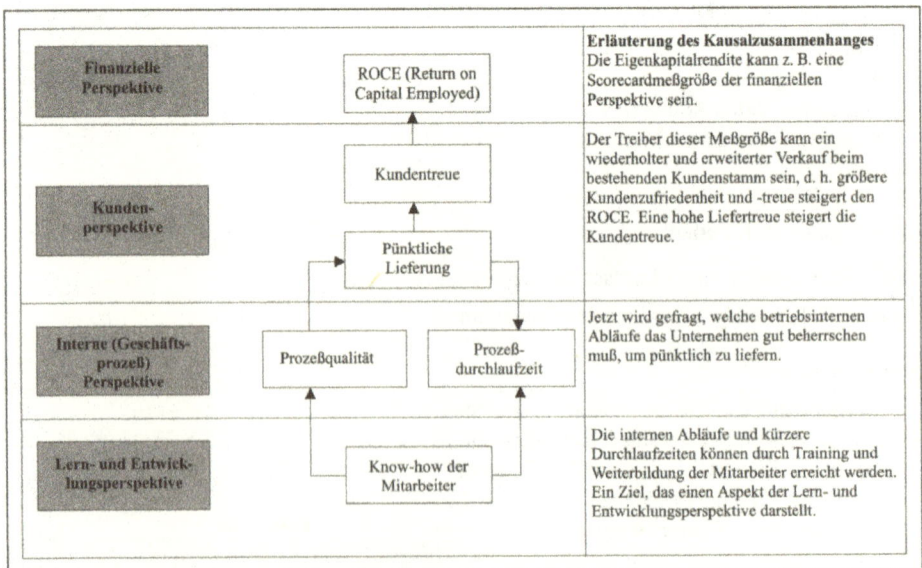

4.2.7.3 Erstellung einer Scorecard

Die Erstellung der Scorecard erfolgt im Top-Down-Prozess (Finanzen → Kunden → Prozesse → Potentiale), wobei die wichtigsten drei bis fünf strategischen Ziele und Kennzahlen pro Perspektive ausgewählt werden. Dazu werden die Beziehungen zwischen den Kennzahlen visualisiert und alle Kennzahlen der unteren drei Ebenen müssen direkt oder indirekt mit einer Finanzkennzahl verbunden werden. Wichtig ist, dass die Strategie sich in den ausgewählten Kennzahlen widerspiegelt.

4.2.7.4 Konzeptmerkmale der Balanced Scorecard:

- In die Scorecard werden sowohl monetäre als auch nicht-monetäre Kennzahlen einbezogen.
- Die Zielgrößen beziehen sich sowohl auf die externe Perspektive (Kapitalgeber, Kunde) als auch auf die interne Perspektive (Prozesse, Mitarbeiter, ...).
- Es werden sowohl nachlaufende Indikatoren (Ergebnisse) als auch vorlaufende Indikatoren (Leistungstreiber) einbezogen.
- Es werden nur Faktoren in die Balanced Scorecard aufgenommen, die heute und zukünftig hochgradig wettbewerbsentscheidend sind.
- Die Balanced Scorecard bietet einen Denkrahmen, der bezüglich Perspektivenanzahl und Inhalt unternehmensspezifisch flexibel gestaltbar ist.

Ausschnitt aus einer Scorecard

	Strategisches Ziel	Maßgröße	Zielwert	Initiative
Finanzen	Rentabilität steigern Schnelles Wachstum	Umsatzrentabilität Umsatzwachstum	15 % 20 %	Steigerung des Unternehmenswertes
Kunden	Kundenzufriedenheit steigern Neue Kunden gewinnen	CSI-Index (Customer-Service-Index) Umsatzanteil Neukunden	CSI > 90 > 20 %	Kundenbindungsprogramm einleiten Werbekampagnen
Prozesse	Kurze Entwicklungszeiten Wettbewerbsfähige Prozesse	Anzahl First to market Produkte Kosten	> 5 - 10 Mio. EUR	Prozeßoptimierung F&E Projekt zur Komplexitätsreduktion von Prozessen
Potentiale	Mitarbeiter an das Unternehmen binden Zugang zu strategischen Informationen schaffen	Mitarbeiterzufriedenheit (Mitarbeiter-Service-Index) Anzahl verfügbarer strategischer Informationen	MSI > 90 > 200	Anreizmodell realisieren Datenbank aufbauen

Abb. 30:   Ausschnitt Balanced Scorecard

4.2.8   Das PIMS-Kennzahlensystem (Profit-Impact of Market Strategy)

Das internationale PIMS-Kennzahlensystem gibt es seit 1972. Mit Hilfe einer Datenbank werden strategische Geschäftseinheiten großer internationaler Unternehmen gespeichert. Es werden Einflussfaktoren des Erfolges einer Unternehmung auf der Grundlage der PIMS-Studien miteinander kombiniert. Pro Geschäftseinheit stehen zahlreiche Daten (Einflussfaktoren) zur Verfügung.

Die Spitzenkennzahl der jeweiligen Geschäftseinheit sind die Rentabilität und der Cash flow. Die Rentabilität wird durch

– Return on Investment (RoI)
– Return on Sales (RoS)

bestimmt.

Der RoI wird beim PIMS-Kennzahlensystem anders als üblich definiert:

RoI = Betriebsgewinn (vor Ertragssteuern und Fremdkapitalzinsen) in % des investierten Kapitals

RoS = Nettobetriebsgewinn (vor Ertragssteuern und Fremdkapitalzinsen) ausgedrückt in Prozent zum Umsatz

Teil B Aufbau eines Kennzahlensystems in der Praxis

Beim Aufbau eines Kennzahlensystems nach der Konzeption der DGC (Deutschen Gesellschaft für angewandtes Controlling mbH)[1] sollte mit einer ZOOM®-**Schnellanalyse** in folgender Form begonnen werden:

Kennzahlen	Formel / Definition	Beispiel		Beurteilung	Aussagen über:
DBU Hauptproduktgruppe	Produktspezifischer DB x 100 / Produkt-Netto-Betriebsleistung	8.868,4 x 100 / 35.615,2	= 24,9%	!	Zukunftssicherung
Break-Even-Point (BEP)	Fixe Kosten x 100 / DBU in %	8.917,2 x 100 / 29,4%	= 30.288,2 (TEUR)	0	Frühwarnung
Return-On-Investment	Umsatzrendite x Kapitalumschlag	9,4 x 2,0	= 18,6	+	Kapitalkraft
Cashflow in % der Netto-Betriebsleistung	Cash flow x 100 / Netto-Betriebsleistung	6.112,2 x 100 / 44.519,1	= 13,7%	+	Finanzielle Leistungsfähigkeit
Gesamtkapitalrentabilität	(Betriebsergebnis + Fremdkapitalzinsen) x 100 / Gesamtkapital	5.274,9 x 100 / 22.555,6	= 23,4%	+	Rendite
Verschuldungsfaktor	Effektivverschuldung / Cash flow	2.877,2 / 6.112,2	= 0,5 (Jahre)	+	Verschuldung
WPK-Wert	Wertschöpfung / Personalkosten	12.076,0 / 12.617,0	= 1,0	-	Frühwarnung
Deckungsbeitrag des Umsatzes (DBU)	Deckungsbeitrag x 100 / Netto-Betriebsleistung	13.088,6 x 100 / 44.519,1	= 29,4%	0	Zukunftssicherung

© DGC - Deutsche Gesellschaft für angewandtes Controlling mbH

Erläuterungen:
(+) = gute Situation
(0) = normale Situation bzw. kann von uns nicht beurteilt werden
(-) = ungünstige Situation
(!) = schlechte, dringend zu analysierende und zu verändernde Situation

„ZOOM®-Schnellanalyse"

Zusätzlich werden in diesem System Schlüsselkennzahlen in folgender Form für ein Unternehmen ermittelt:

---

[1] © DGC – Deutsche Gesellschaft für angewandtes Controlling mbH

1 Kennzahlen zur Frühwarnung und Risikostruktur

1.1 Cash flow

Es gilt im Unternehmen ein Risikoklassenmodell zu erarbeiten, wobei Plausibilitätskontrollen nach dem Vier-Augen-Prinzip, die Aktualität, der Grundsatz jährliche Neubeurteilung und der Mut zur Ehrlichkeit sicherlich von entscheidender Bedeutung sind.

Folgende Aussagen müssen möglich sein:

- Bilanzstrukturen und -bonitäten
- aktuelle Wirtschaftlichkeitsentwicklungen
- innerbetriebliche Strukturen (Unternehmensführung, Organisation, Kosten- und Leistungsrechnung, Rechnungswesen, Planung)
- der Markt, die Branche
- exogene Faktoren
- Zukunftschancen und Risiken

Die Höhe des Risikos wird von einer Quantitäts- und einer Intensitätsdimension bestimmt

- Quantitätsdimension bringt die möglichen Zielbeeinträchtigungen, die Intensitätsdimension bringt deren Eintrittswahrscheinlichkeit zum Ausdruck[1]
- Allgemeine Regeln, wie zum Beispiel die Bayer-Formel (Bei Unternehmen mit absolut guter Bonität darf im Durchschnitt der letzten drei Geschäftsjahre die Gesamtverschuldung nicht größer als 3,5fache des Cash flows sein.) und andere helfen meist nicht.[2]

Ein allgemeiner Grundsatz stimmt allerdings:

- Gute Bilanzen sind meist noch besser!
- Schlechte Bilanzen sind meist noch schlechter!

1.1.1 Absoluter Cash flow

Kennzahlensysteme Definition / Formel	Aussagekraft / Kommentierung / Sollwert
Direkte Methode zur Berechnung des Cashflows: Einzahlungen eines Geschäftsjahres − Auszahlungen eines Geschäftsjahres = Cash flow	Sie ermittelt den Cash flow auf der Basis von Zahlungsströmen.

[1] Vgl. Thiermeier, M., Risiko und Risikobeurteilung bei Krediten an inländische Betriebe eines deutschen Unterordnungskonzerns, 1988, S. 4
[2] Vgl. Riebell: Die Praxis der Bilanz, Auswertung 1988, S. 498

Kennzahlensysteme Definition / Formel	Aussagekraft / Kommentierung / Sollwert
Indirekte Methode zur Berechnung des Cash flows: 　　Jahresüberschuss +　alle nicht auszahlungswirksamen 　　Aufwendungen –　alle nicht einzahlungswirksamen 　　Erträge +　einzahlungswirksame, erfolgsneutrale 　　Bestandsveränderungen –　auszahlungswirksame, erfolgsneutrale 　　Bestandsveränderungen	Sie ist die verbreitete Methode, da die Angaben über Zahlungsvorgänge nicht immer zur Verfügung stehen.
=　Cash flow	
Cash flow (übliche Form in der Praxis) 　　Jahresüberschuss/-fehlbetrag +　Abschreibungen (– Zuschreibungen) +　Erhöhung (– Verminderung) von lang- 　　fristigen Rückstellungen	
=　Cash flow	
Es ist empfehlenswert, den Cash flow aus der Kosten- und Leistungsrechnung zu generieren, in folgender Form[1]: Betriebsergebnis +　kalk. Abschreibungen +　kalk. Eigenkapitalzinsen	Beurteilungsmaßstab des Selbstfinanzierungspotentials der Unternehmen aus eigener Kraft. Es ist der Einnahmenstrom, der aus dem Leistungsprozess der Unternehmen (Erlöse – Kosten) für Investitionen, Schuldentilgung und Ausschüttungen zur Verfügung steht.
Soweit nicht angefallen: +　kalk. Wagnis	
Soweit nicht entnommen: +　kalk. Unternehmerlohn	
+　überhöhte Rückstellungen +　weitere nicht ausgabewirksame Kosten ./.　nicht einnahmewirksame Erträge	
=　Cash flow absolut	
Empfohlene Formen, wenn nicht aus der Kosten- und Leistungsrechnung generiert, sondern aus Zahlen der Geschäftsbuchhaltung:	

---

[1]　Hahn, D., Planungs- und Kontrollrechnung als Führungsinstrument, Wiesbaden 1974, S. 397

Kennzahlensysteme Definition / Formel	Aussagekraft / Kommentierung / Sollwert
Cash flow im engeren Sinne: Nicht entnommener Gewinn + neu gebildete Rücklagen + Abschreibungen + Pauschalwertberichtigungen	
= Cash flow im engeren Sinne	

Cash flow im weiteren Sinne:
 	
    Ausgewiesener Gewinn (+)/Verlust (–)
+(–) Gewinnvortrag (Verlustvortrag)
+(–) Rücklagenzuweisung (-auflösung)
+(–) Erhöhung (Verminderung) der lang-
     fristigen Rückstellungen
+ Abschreibungen und Wertberichtigun-
     gen auf Sach- und Finanzanlagen
     sowie Teile des Umlaufvermögens
– Zuschreibungen
	Hier ist der Brutto-Cash flow als Cash flow vor außerordentlichen und periodenfremden Einflüssen sowie Investitionstätigkeit und Ausschüttung definiert. Der Netto-Cash flow stellt die „operative" Größe dar, welche nach Gewinnausschüttung für Investitionen, Kapitaldienste, etc. zur Verfügung steht. Die Verwendung und Definition der Begriffe Brutto- und Netto-Cash flow ist sehr uneinheitlich.

= Brutto-Cash flow
– Gewinnausschüttung
+(–) außerordentliche, betriebs- und perio-
     denfremde Aufwendungen (Erträge)
     einschließlich Steuern	

= Netto-Cash flow	Um vergleichen und beurteilen zu können, ist deshalb immer sicherzustellen, dass eine einheitliche Basis zugrunde liegt.

oder
 	
    Bilanzgewinn bzw. -verlust
– Gewinnvortrag aus dem Vorjahr
+ Verlustvortrag aus dem Vorjahr
+ Erhöhung von Rücklagen zu Lasten
     des Ergebnisses
– Auflösung von Rücklagen zugunsten
     des Ergebnisses
+ Abschreibungen auf Anlagevermögen	

= Cash flow I
+ Erhöhung der langfristigen Rück-
     stellungen
– Verminderung der langfristigen Rück-
     stellungen	

= Cash flow II +/– außerordentliche betriebs- und perio- denfremde Aufwendungen und Erträge	
= Cash flow III	

Kennzahlensysteme Definition / Formel	Aussagekraft / Kommentierung / Sollwert
− Dividendensumme	
= Cash flow IV	
Ermittlungs-intervall ✓ jährlich ✓ quartalsweise ✓ monatlich	

1.1.2 Cash flow in % der Netto-Betriebsleistung / Cash flow Umsatzrentabilität

Kennzahlensysteme Definition / Formel	Aussagekraft / Kommentierung / Sollwert
$$\frac{\text{Cash flow x 100}}{\text{Netto-Betriebsleistung oder Umsatz}}$$	Zeigt wie viel Prozent der Netto-Betriebsleistung für Investitionen, Tilgung und Gewinnausschüttung zur Verfügung stehen,
	Sollwert:
	< 3 % schlecht, da Verschuldung ansteigt 5–7 % mittel, es sind nur Ersatzinvestitionen möglich > 8 % gut über 10 % sehr gut
	Durchschnittswerte: Industrie 9 %
Ermittlungs-intervall ✓ jährlich ✓ quartalsweise ✓ monatlich	Handelsunternehmen 9 % Großhandel 5 % Einzelhandel 6 %

1.1.3 Cash flow Kapitalrentabilität

1.1.3.1 Cash flow Gesamtkapitalrentabilität

Kennzahlensysteme Definition / Formel	Aussagekraft / Kommentierung / Sollwert
$$\frac{\text{Cash flow x 100}}{\text{durchschnittlich eingesetztes Gesamtkapital}}$$	
Ermittlungs-intervall ✓ jährlich ✓ quartalsweise ✓ monatlich	

1.1.3.2 Cash flow Eigenkapitalrentabilität

Kennzahlensysteme Definition / Formel	Aussagekraft / Kommentierung / Sollwert
$$\frac{\text{Cash flow} \times 100}{\text{Eigenkapital}}$$	
Ermittlungs- intervall ✓ jährlich ✓ quartalsweise ✓ monatlich	

1.1.4 Cash flow RoI (CfRoI)

Kennzahlensysteme Definition / Formel	Aussagekraft / Kommentierung / Sollwert
$$\frac{\text{Cash flow} \times 100}{\text{investiertes Kapital}}$$ oder Cash flow RoI (= interner Zins nach BCG[1]) $$= C0 = -BIB + \left[\sum_{t=1}^{T} \frac{BCf}{(1+i)^t} + \frac{NAV}{(1+i)^T} \right]$$ C0: Kapitalwert gleich 0 BIB: Bruttoinvestitionsbasis BCf: Geschäftstypischer Brutto Cash flow (d. h. vor Zinsen/Afa) NAV: Nicht abschreibbares Vermögen i: interner Zinsfuß (CfRoI) T: Letztes Jahr der Nutzungsdauer	Diese dynamische Kennzahl basiert auf dem Zahlungsstrom. Es wird die jahresbezogene Rendite des Unternehmens ermittelt und zeigt den Rückfluss des in einem Unternehmen insgesamt investierten Kapitals zu einem bestimmten Zeitpunkt an. Der Cash flow sollte höher als Kapitalkosten sein. Der Brutto-Cash flow wird aufgrund des Jahresabschlusses berechnet. Die Bruttoinvestition zeigt das zu einem bestimmten Zeitpunkt investierte Kapital abzgl. des nicht verzinslichen Fremdkapitals (zzgl. gemieteten Gegenständen (Leasing!)). Die durchschnittliche Nutzungsdauer des abschreibbaren Anlagevermögens wird näherungsweise berechnet: $$\frac{\text{Sachanlagevermögen zu historischen AK*)}}{\text{durchschn. jährliche AfA}}$$ Der typische Brutto-Cash flow wird annahmegemäß über diesen Zeitraum erwirtschaftet. Der CfRoI ist folglich der Durchschnittsreturn bezogen auf die Bruttoinvestitionsbasis zu einem bestimmten Zeitpunkt (= geschäftstypische, periodische Verzinsung *) AK = Anschaffungskosten

---

[1]   BCG = Boston Consulting Group

Kennzahlensysteme Definition / Formel		Aussagekraft / Kommentierung / Sollwert
Ermittlungs-intervall	✓ jährlich ✓ quartalsweise ✓ monatlich	Sollwert: Unternehmensspezifisch festzulegen, abhängig von der Unternehmensstrategie Richtwert > 8 %

1.1.5   Cash flow je Aktie

Kennzahlensysteme Definition / Formel		Aussagekraft / Kommentierung / Sollwert
$\dfrac{\text{Gesamt-Cash flow x 100}}{\text{Grundkapital}}$ oder $\dfrac{\text{Kurs der Aktie}}{\text{"Cash flow" je Aktie}}$ oder $\dfrac{\text{Cash flow}}{\text{Zahl der Aktien}}$		Der Cash flow je Aktie ist eine sinnvolle Ergänzung zum bilanziellen Gewinn je Aktie und gibt den Investoren zusätzliche Informationen über ihre Anlageentscheidungen.
Ermittlungs-intervall	✓ jährlich quartalsweise monatlich	

1.1.6   Cash Value Added (CVA)

Kennzahlensysteme Definition / Formel		Aussagekraft / Kommentierung / Sollwert
Ist Cash flow – Soll Cash flow		
Ermittlungs-intervall	✓ jährlich quartalsweise monatlich	

1.1.7   Free Cash flow (FCF)

Kennzahlensysteme Definition / Formel		Aussagekraft / Kommentierung / Sollwert
Cash flow – Ersatzinvestitionen – Steuerzahlungen		Es ist der Geldmittelüberschuss der Geschäftstätigkeit nach Abzug der Ersatzinvestitionen und zeigt, welche Überschüsse aus der Geschäftstätigkeit erzielt werden und wovon nun Gewinnausschüttungen, Kredittilgungen und über Ersatzinvestitionen hinaus Erweiterungsinvestitionen finanziert werden können.
Ermittlungsintervall	✓ jährlich quartalsweise monatlich	

1.1.8   Cash flow pro Mitarbeiter

Kennzahlensysteme Definition / Formel	Aussagekraft / Kommentierung / Sollwert
$$\frac{\text{Cash flow}}{\text{Anzahl der Mitarbeiter}}$$	Aussagefähige Kennzahl bei wenig kapitalintensiven Unternehmen (z. B. Dienstleistungsunternehmen)

1.2   Verschuldung

1.2.1   Verschuldungskoeffizient / statischer Verschuldungswert

Kennzahlensysteme Definition / Formel		Aussagekraft / Kommentierung / Sollwert
$$\frac{\text{Fremdkapital} \times 100}{\text{Eigenkapital}}$$		Der Verschuldungskoeffizient zeigt das Verhältnis von Fremdkapital zu Eigenkapital auf, d. h. wie weit Außenstehende zur Finanzierungsleistung beitragen.
		Ein Anstieg der Quote kann nicht immer negativ beurteilt werden – sie kann Folge einer Expansionspolitik sein – problematisch ist freilich die mit wachsendem Fremdkapitalanteil zunehmende „Risikounverträglichkeit" der Unternehmung.
Ermittlungsintervall	✓ jährlich quartalsweise monatlich	

1.2.2   Verschuldungsgrad (Gearing)

Kennzahlensysteme Definition / Formel	Aussagekraft / Kommentierung / Sollwert
verzinsliches Fremdkapital – liquide Mittel	Je höher das Gearing ist, umso mehr steigt die Abhängigkeit des Unternehmens von seinen Kapitalgebern an.

1.2.3 Dynamischer Verschuldungsgrad / fiktive Verschuldungsdauer / Entschuldungsdauer / Effektiv-Verschuldungsgrad / Schuldentilgungsdauer / Fiktive Fremdkapitalrückzahlung in Jahren

Kennzahlensysteme Definition / Formel	Aussagekraft / Kommentierung / Sollwert
$$\frac{\text{Nettoverschuldung (oder Effektivverschuldung)}}{\text{Cash flow}}$$ oder $$\frac{(\text{Fremdkapital - flüssige Mittel}) \times 100}{\text{Jahres-Cash flow}}$$ oder $$\frac{\text{Fremdkapital} \times 100}{\text{Cash flow}}$$	Diese Kennzahl zeigt auf, wie viele Jahre (fiktiv) das Unternehmen benötigen würde, um seine Schulden aus eigener Kraft zu bezahlen. Ein zunehmender Verschuldungsfaktor zeigt nachlassende Verschuldungsfähigkeit und zunehmende Abhängigkeit von Kreditgebern. Diese Kennzahl ist weltweit eine besonders anerkannte Kennzahl.
	Sollwert: 1–3 Jahre sehr guter Wert 4–5 Jahre guter Wert 6–11 Jahre mittlerer Wert über 12 Jahre schlechter Wert
Ermittlungsintervall ✓ jährlich ✓ quartalsweise ✓ monatlich	Sofortmaßnahmen z. B. Verstärkung Eigenkapitalausstattung / Verbesserung der Ertragslage

Kennzahlensysteme Definition / Formel	Aussagekraft / Kommentierung / Sollwert
Effektivverschuldung = gesamte Verbindlichkeiten – Umlaufvermögen	
Langfristige Verbindlichkeiten + mittelfristige Verbindlichkeiten + Kurzfristige Verbindlichkeiten	
= Gesamtverbindlichkeiten – Vorräte (soweit werthaltig) – flüssige Mittel – kurzfristige Forderungen	
= Effektiv-Verschuldung : Cash flow	
= Verschuldungsfaktor in Jahren	Sollwert: Industrie ≤ 5 Jahre
Ermittlungsintervall ✓ jährlich quartalsweise monatlich	Handwerk ≤ 5 Jahre Großhandel ≤ 6 Jahre Einzelhandel ≤ 7 Jahre

1.2.4   Anspannungskoeffizient (Fremdkapitalanteile)

Kennzahlensysteme Definition / Formel		Aussagekraft / Kommentierung / Sollwert
$\dfrac{\text{Fremdkapital x 100}}{\text{Gesamtkapital}}$		Diese Zahl gibt Auskunft darüber, wie hoch der Fremdkapitalanteil ist. Je höher der Anteil, desto niedriger ist die Kreditfähigkeit und um so höher die Belastung mit Fremdkapitalzinsen, d. h. Kostennachteile gegenüber der Konkurrenz. Eine Relation 1 : 1 wäre erwünscht, wird aber in der Regel von deutschen Unternehmen im Gegensatz zu angelsächsischen Firmen meist nicht erreicht. Bedeutung der Kennzahl: Mit dem Anspannungskoeffizienten eines Unternehmens wird der prozentuale Anteil des Fremdkapitals zum Gesamtkapital errechnet. Ein sehr hoher Fremdkapitalanteil bedeutet in aller Regel auch eine Einengung der Selbständigkeit einer Unternehmung. Der Anspannungskoeffizient liefert jedoch keine Informationen über die Fälligkeiten der Verbindlichkeiten.
Ermittlungs- intervall	✓ jährlich ✓ quartalsweise ✓ monatlich	Sollwert: 1:1

1.2.5   Kurzfristige Verschuldungsintensität

Kennzahlensysteme Definition / Formel		Aussagekraft / Kommentierung / Sollwert
$\dfrac{\text{kurzfristiges Fremdkapital}}{\text{Fremdkapital}}$		Diese Kennzahl zeigt das Kapitalentzugsrisiko auf.
Ermittlungs- intervall	✓ jährlich ✓ quartalsweise ✓ monatlich	

1.2.6   Entschuldungsgrad

Kennzahlensysteme Definition / Formel	Aussagekraft / Kommentierung / Sollwert
$\dfrac{\text{Betriebsergebnis + AfA + Veränderung langfr. Rückst.}}{\text{Fremdkapital - liquide Mittel}}$	Steigt der Entschuldungsgrad hat das im Unternehmen investierte Fremdkapital zur Ergebnisverbesserung geführt und erhöht die Bonität des Unternehmens aus der Sicht der Kreditgeber. Eine umgekehrte Entwicklung ist ein Frühwarnzeichen, das rechtzeitige Gegenmaßnahmen fordert.
Ermittlungs-intervall	✓ jährlich ✓ quartalsweise ✓ monatlich	

1.2.7   Tilgungsbereitschaft / Tilgungsfähigkeit

Kennzahlensysteme Definition / Formel	Aussagekraft / Kommentierung / Sollwert
$\dfrac{\text{Cash flow (\%)}}{\text{langfristiges Fremdkapital}}$	
Ermittlungs-intervall	✓ jährlich ✓ quartalsweise ✓ monatlich	

1.2.8   Kreditreserven[1]

Kennzahlensysteme Definition / Formel	Aussagekraft / Kommentierung / Sollwert
$\dfrac{\text{beanspruchter Bankkredit x 100}}{\text{gewährter Bankkredit}}$	Gibt Auskunft über die aktuelle Ausschöpfung der gewährten Bankkredite und ist damit ein Indikator für die Absicherung unerwarteter Liquiditätsengpässe, z. B. durch nicht eingeplante Gewährleistungsansprüche oder unvorhergesehene Investitionen.
Ermittlungs-intervall	jährlich quartalsweise ✓ monatlich	

---

[1]   Vgl. Radke, M., Betriebswirtschaftliche Formelsammlung, 1969, S. 82

1.3 Deckungsbeitrag

1.3.1 Absoluter Deckungsbeitrag

Kennzahlensysteme Definition / Formel	Aussagekraft / Kommentierung / Sollwert
Brutto-Erlöse ./. Erlösschmälerungen (Rabatt, Skonto, Bonus) = Netto-Erlöse ./. direkte variable Kosten = Deckungsbeitrag I ./. direkt zuordenbare Fixkosten = Deckungsbeitrag II	Ein wichtiger Beurteilungsgrad ist der Deckungsbeitrag (DB) mit seiner Aussage über die Abhängigkeit der Kosten vom Beschäftigungsgrad der zu verkaufenden Produkte, Produktgruppen, betrieblicher Teilbereiche und/oder des gesamten Unternehmens.
Ermittlungs- intervall	✓ jährlich ✓ quartalsweise ✓ monatlich	

1.3.2 Deckungsbeitrag je Einheit

Kennzahlensysteme Definition / Formel	Aussagekraft / Kommentierung / Sollwert
Preis je Einheit ./. variable Kosten = Deckungsbeitrag je Einheit	Der Deckungsbeitrag je Einheit ist die Differenz zwischen dem Preis je Einheit und den variablen Kosten je Einheit. Er gibt an, welchen Beitrag einzelne Artikel zur Deckung der fixen Kosten und des Betriebsergebnisses des Unternehmens leisten.
oder	Er ist eine wichtige Größe zur Optimierung der Absatz- und Produktionsprogramme.
Rohertrag = Umsatz − Wareneinsatz Rohertragsquote = $$\frac{\text{Rohertrag x 100}}{\text{Netto-Betriebsleistung}}$$ Bruttorentabilität = $$\frac{\text{Rohertrag x 100}}{\text{durchschnittlicher Warenbestand}}$$	Der Rohertrag ist die Differenz zwischen Umsatz und Wareneinsatz. Er enthält alle Handlungskosten (Gesamtheit der Kosten der handelsbetrieblichen Tätigkeit, wie z. B. Personal-, Raum-, Transport-, Verpackungskosten, Zinsen, Abschreibungen) und den einkalkulierten Gewinn. Zeigt Rohertrag des durchschnittlichen Warenbestandes
Ermittlungs- intervall	✓ jährlich quartalsweise monatlich	

1.3.3 Deckungsbeitrag in % des Umsatzes (DBU) / Marge DBU-Faktor / Deckungsbeitragsquote / Deckungsbeitragsintensität

Kennzahlensysteme Definition / Formel	Aussagekraft / Kommentierung / Sollwert
$$\frac{\text{Deckungsbeitrag x 100}}{\text{Umsatz}}$$ oder $$\frac{\text{Deckungsbeitrag x 100}}{\text{Netto-Betriebsleistung}}$$ oder $$\frac{\text{Deckungsbeitrag x 100}}{\text{Umsatz}} \, {}^{[1]}$$	Informiert über den prozentualen Umsatzanteil, der zur Deckung der Fixkosten und Beitrag zum Betriebsergebnis erzielt wurde. Er zeigt an, welche Auswirkungen eine Umsatzänderung auf das Betriebsergebnis hat, wenn die übrigen Einflussgrößen auf das Betriebsergebnis konstant bleiben und signalisiert Veränderungen in der Qualität der Verkaufserlöse mit der variablen Kostenstruktur. Der DBU drückt aus, welcher DB in % des Umsatzes erreicht wird, d. h. zur Deckung nicht direkt verursachter Kosten beiträgt. Der kritische Wert ist unternehmensspezifisch festzulegen. Als Umsatz können sowohl Brutto- als auch Nettoumsätze angesetzt werden. Der DBU zeigt das Verhältnis des Deckungsbeitrages eines Produktes bzw. einer Produktgruppe zum Umsatz des Produkts bzw. der Produktgruppe. Die Vorteilhaftigkeit des Produkts bzw. der Produktgruppe für das Unternehmen erhöht sich mit zunehmendem Deckungsbeitrag. Nur in Verbindung mit dem absoluten Deckungsbeitrag kann jedoch eine Beurteilung des Produkts / der Produktgruppe erfolgen. Häufige Ursache für niedrige DBU-Faktoren: – Preisniveau – hohe direkte Kosten

---

[1] DB I = Nettoerlöse – alle direkt zuordenbaren Kosten

Kennzahlensysteme Definition / Formel		Aussagekraft / Kommentierung / Sollwert
		Wenn hoher DBU erreicht wird, aber trotzdem schlechte Umsatzrentabilität in der Unternehmung besteht, ist meist eine hohe Fixkostenstruktur die Ursache.
Ermittlungsintervall	✓ jährlich quartalsweise monatlich	Sollwert: DBU über 40 % guter Wert (nach Branche allerdings sehr unterschiedlich) < 30 % meist schlechte Preise, hohe direkte Kosten (Material und Personal)

1.3.4 Deckungsbeitrag je Produkt(gruppe)

Kennzahlensysteme Definition / Formel		Aussagekraft / Kommentierung / Sollwert
Preis je Stück × Absatzmenge − variable Kosten je Stück × Absatzmenge oder		Der Deckungsbeitrag je Produktart ist die Differenz zwischen dem Erlös und den variablen Kosten einer Produktart. Der Deckungsbeitrag je Produktart ermöglicht ebenfalls wichtige Aussage über Absatz- und Produktprognosen.
Erlöse der Produktgruppe − variable Kosten der Produktgruppe		Der Deckungsbeitrag je Produktgruppe ist die Differenz zwischen den Erlösen und den variablen Kosten der Produktarten. Der Deckungsbeitrag je Produktgruppe ist eine wichtige Größe zur Optimierung des Absatz- und Produktionsprogramms.
Ermittlungsintervall	✓ jährlich quartalsweise monatlich	

1.3.5 Spezifischer Deckungsbeitrag / relativer Deckungsbeitrag / Engpassdeckungsbeitrag

Kennzahlensysteme Definition / Formel	Aussagekraft / Kommentierung / Sollwert
relativer Deckungsbeitrag = $\dfrac{\text{Deckungsbeitrag}}{\text{Fertigungsstunden}}$ Engpassdeckungsbeitrag = $\dfrac{\text{absoluter Deckungsbeitrag je Einheit(en)}}{\text{Engpassbelastung je Einheiten(en)}}$	Der spezifische Deckungsbeitrag gibt den Deckungsbeitrag je Engpasseinheit eines Unternehmens an. Dabei wird der absolute Deckungsbeitrag je Stück zur Engpassbelastung in Beziehung gebracht.

Kennzahlensysteme Definition / Formel	Aussagekraft / Kommentierung / Sollwert
oder $\dfrac{\text{Deckungsbeitrag je Stück}}{\text{Engpassfaktor}}$	Er dient im Rahmen der Planung des Produktionsprogramms dazu, die Rangfolge der zu produzierende Produkte bei vorhandenem Engpass festzulegen.
Ermittlungs- intervall	✓ jährlich quartalsweise monatlich	

1.3.6   Deckungsbeitragskonzentration

Kennzahlensysteme Definition / Formel	Aussagekraft / Kommentierung / Sollwert
$\dfrac{\text{Anteil einzelner Produkt(gruppen)deckungsbeiträge x 100}}{\text{Gesamtdeckungsbeitrag}}$ oder $\dfrac{\text{Produktdeckungsbeitrag x 100}}{\text{Produktumsatz}}$ oder $\dfrac{\text{Deckungsbeitrag eines Artikels x 100}}{\text{Gesamtdeckungsbeitrag}}$	Beitrag der Produkte zum Gesamtdeckungsbeitrag
Ermittlungs- intervall	✓ jährlich quartalsweise monatlich	

1.4   Kostenstrukturen

1.4.1   Proportionaler Satz

Kennzahlensysteme Definition / Formel	Aussagekraft / Kommentierung / Sollwert
$\dfrac{\text{variable Kosten x 100}}{\text{Netto-Betriebsleistung}}$	
Ermittlungs- intervall	✓ jährlich quartalsweise monatlich	

1.4.2   Fixkostenstruktur / Fixkostenintensität / Fixkostenflexibilität

Kennzahlensysteme Definition / Formel	Aussagekraft / Kommentierung / Sollwert
$\dfrac{\text{fixe Kosten x 100}}{\text{Netto-Betriebsleistung}}$ oder $\dfrac{\text{fixe Kosten x 100}}{\text{gesamte Kosten}}$ Fixkostenflexibilität = $\dfrac{\text{kurzfristig abbaufähige Fixkosten x 100}}{\text{Gesamtfixkosten}}$	Der proportionale Satz misst das Verhältnis der variablen Kosten eines Produkts bzw. einer Produktgruppe zum Umsatz des Produkts bzw. der Produktgruppe. Mit abnehmendem proportionalem Satz steigt der Nutzen für das Produkt.

Ermittlungs-intervall   ✓ jährlich
                     quartalsweise
                     monatlich	

1.4.3   Gemeinkostenintensität

Kennzahlensysteme Definition / Formel	Aussagekraft / Kommentierung / Sollwert
$\dfrac{\text{Gemeinkosten x 100}}{\text{gesamte Kosten}}$	

Ermittlungs-intervall   ✓ jährlich
                     quartalsweise
                     monatlich	

1.4.4   Wirtschaftlichkeitsfaktor

Kennzahlensysteme Definition / Formel	Aussagekraft / Kommentierung / Sollwert
$\dfrac{\text{\%-Anteil des Produkts am Unternehmensdeckungsbeitrag}}{\text{\%-Anteil des Produkts an der Unternehmenskapazität}}$	Wirtschaftlichkeitsfaktor ist das Verhältnis von ergebnisorientierten und kapazitäts-orientierten Größen. Die ergebnisorientierte Größe misst das Verhältnis des Deckungs-beitrags eines Produkts zum gesamten Deckungsbeitrag des Unternehmens. Die kapazitätsorientierte Größe misst das Ver-hältnis der Kapazitätsbeanspruchung eines Produkts zur gesamten Kapazität des Unternehmens.

Kennzahlensysteme Definition / Formel		Aussagekraft / Kommentierung / Sollwert
		Sollwert:
		Nimmt der Wirtschaftlichkeitsfaktor einen Wert kleiner 1 an, liegt ein negatives Verhältnis zwischen ergebnis- und kapazitätsorientierter Größe vor.
Ermittlungs-intervall	✓ jährlich quartalsweise monatlich	Ein Wirtschaftlichkeitsfaktor größer bzw. gleich 1 deutet auf eine positive Ergebnis-Kapazitäts-Relation hin.

1.4.5 Variator / Grenzkostenkoeffizient

Kennzahlensysteme Definition / Formel		Aussagekraft / Kommentierung / Sollwert
$\dfrac{\text{variable Kosten} \times 100}{\text{Gesamtkosten}}$ Grenzkosten = $\dfrac{\text{Kostenzuwachs}}{\text{Mengenzuwachs}}$		Der Variator stellt das Ergebnis der Auflösung einer Kostenart in ihre fixen und variablen Bestandteile dar. Zum einen gibt der Variator den Anteil der proportionalen Kostenbestandteile an einer Kostenart an, zum anderen beschreibt der Variator die prozentuale Änderung einer Kostenart bei einer Beschäftigungsänderung. Der Variator kann Werte von 0 bis 1 annehmen. Es entspricht ein Variator von 0 einer rein fixen Kostenart, ein Variator von 1 einer rein variablen Kostenart. Ein Variator zwischen 0 und 1 entspricht einer Mischkostenart. Zu beachten ist, dass der Variator nur für einen bestimmten Ausgangsbeschäftigungsgrad Gültigkeit hat.
		Sollwert: Variator: hohe Fixkosten – geringe Flexibilität
Ermittlungs-intervall	✓ jährlich quartalsweise monatlich	Grenzkosten: hohe variable Kosten – hohe Flexibilität

1.4.6 Reagibilitätsgrad / Kostenelastizität

Kennzahlensysteme Definition / Formel	Aussagekraft / Kommentierung / Sollwert
$\dfrac{\text{relative Kostenänderung}}{\text{relative Beschäftigungsänderung}}$	Zeigt das Verhalten der Kosten an bei Beschäftigungsgradänderungen

Kennzahlensysteme Definition / Formel		Aussagekraft / Kommentierung / Sollwert
oder $$\frac{\text{Kostenzuwachs}}{\text{Beschäftigungszuwachs}}$$ oder $$\frac{\dfrac{\text{Kosten}_2 - \text{Kosten}_1}{\text{Kosten}_1}}{\dfrac{\text{Beschäftigung}_2 - \text{Beschäftigung}_1}{\text{Beschäftigung}_1}}$$ Leerkosten = fixe Kosten – Nutzkosten oder $$\left(1 - \frac{\text{Ist-Beschäftigung}}{\text{geplante Beschäftigung}}\right) \text{x fixe Kosten}$$ bei einer Beschäftigung von 100 % sind die Leerkosten = 0 Nutzkosten = fixe Kosten – Leerkosten $$\frac{\text{Ist-Beschäftigung}}{\text{gesamte Beschäftigung}} - \text{fixe Kosten}$$		
Ermittlungs-intervall	✓ jährlich quartalsweise monatlich	

1.4.7 Kostenindex

Kennzahlensysteme Definition / Formel		Aussagekraft / Kommentierung / Sollwert
$$100 + \frac{\text{Kosten}_{neu} - \text{Kosten}_{alt}}{\text{Kosten}_{alt}} \text{ x } 100$$		
Ermittlungs-intervall	✓ jährlich quartalsweise monatlich	

1.5 Break-Even-Point (BEP) Mindestumsatz / Gewinnschwellenpunkt / Kritischer Punkt / Gerade-noch-Punkt / Break-Even-Point gibt Hinweise über Gewinnzielvorgaben

1.5.1 Out-of-pocket-point / Cash flow-point

Kennzahlensysteme Definition / Formel	Aussagekraft / Kommentierung / Sollwert
$$\frac{\text{Ausgabewirksame fixe Kosten x 100}}{\text{Deckungsbeitrag in \% des Umsatzes}}$$	Unterster BEP darf nie unterschritten werden. Hier werden nur die ausgabewirksamen Kosten erwirtschaftet.
Ermittlungsintervall	✓ jährlich quartalsweise monatlich	

1.5.2 Mindestumsatz der Substanzerhaltung / wertmäßiger BEP

Kennzahlensysteme Definition / Formel	Aussagekraft / Kommentierung / Sollwert
$$\frac{\text{Fixe Kosten x 100}}{\text{Deckungsbeitrag in \% des Umsatzes}}$$ oder $$\frac{\text{fixe Kosten}}{1 - \frac{\text{variable Kosten}}{\text{Umsatzerlöse}}}$$	Aussage welcher wertmäßige Umsatz zur Deckung aller Kosten (fixe und variable Kosten) erforderlich ist, wobei weder Gewinn noch Verlust entsteht.
Ermittlungsintervall	✓ jährlich quartalsweise monatlich	Sollwert: mindestens < 100 %, weil sonst Mindestumsatz nicht erreicht wird.

1.5.3 Mindestumsatz der Plangewinnerzielung / Zielumsatz bei Plangewinn

Kennzahlensysteme Definition / Formel	Aussagekraft / Kommentierung / Sollwert
$$\frac{\text{(Fixe Kosten + Plangewinn) x 100}}{\text{Deckungsbeitrag in \% des Umsatzes}}$$	Aussage welcher wertmäßige Umsatz zur Deckung aller Kosten (fixe und variable Kosten) zuzüglich der Erreichung des Plangewinns erforderlich ist.
Ermittlungsintervall	✓ jährlich quartalsweise monatlich	

1.5.4   Mindeststückzahl / mengenmäßiger BEP

Kennzahlensysteme Definition / Formel	Aussagekraft / Kommentierung / Sollwert
$$\frac{\text{Fixkosten}}{\text{Deckungsbeitrag je Stück}}$$ oder $$\frac{\text{fixe Kosten}}{\text{Umsatzerlöse - variable Kosten}}$$	Aussage welcher mengenmäßiger Umsatz zur Deckung aller Kosten (fixe und variable Kosten) erforderlich ist, wobei weder Gewinn noch Verlust entsteht.
Ermittlungs-intervall ✓ jährlich quartalsweise monatlich	

1.5.5   Zielumsatz bei Planumsatzrendite

Kennzahlensysteme Definition / Formel	Aussagekraft / Kommentierung / Sollwert
$$\frac{\text{Fixkosten}}{\dfrac{\text{DBU}}{100} \ \text{x} \ \dfrac{\text{Umsatzrendite}}{100}}$$	Zeigt, ob Planumsatzrendite erreicht wird
Ermittlungs-intervall ✓ jährlich quartalsweise monatlich	

1.5.6   Sicherheitsgrad(-faktor)

Kennzahlensysteme Definition / Formel	Aussagekraft / Kommentierung / Sollwert
$$\frac{(\text{Umsatz - Break-Even-Umsatz}) \ \text{x} \ 100}{\text{Umsatz}}$$ Sicherheitskoeffizient = $$\frac{(\text{Plan})\text{Betriebsergebnis x 100}}{(\text{Plan})\text{Deckungsbeitrag}}$$ oder $$100 - \frac{\text{Break-Even-Point x 100}}{\text{Netto-Betriebsleistung}}$$	Der Sicherheitsgrad gibt an, wie weit der Umsatz zurückgehen kann, bevor der Break-Even-Point der Substanzerhaltung erreicht wird,[1] d. h. bis zu welchem Umsatzrückgang noch Gewinn erzielt wird bzw. die Verlustzone erreicht ist. Eine Verbesserung des Sicherheitsgrades ist durch eine Umsatzsteigerung oder eine Senkung des Break-Even-Punktes (Kostensenkung) möglich.

---

[1]   Vgl. Groll, K., Erfolgssicherung durch Kennzahlensysteme, 1991. S. 76

Kennzahlensysteme Definition / Formel	Aussagekraft / Kommentierung / Sollwert
oder $$\left(1 - \dfrac{\text{fixe Kosten}}{\dfrac{\text{Deckungsbeitrag je Stück}}{\text{x Menge}}}\right) \times 100$$	Der Sicherheitswert sollte permanent beobachtet und beachtet werden, denn er sagt um wie viel Umsatz sinken bzw. steigen muss bevor (bis) Gewinnschwelle erreicht wird.

Ermittlungs-intervall	✓ jährlich quartalsweise monatlich	Sollwert: sollte größer als 10 % sein

1.5.7   Margin of Safety

Kennzahlensysteme Definition / Formel	Aussagekraft / Kommentierung / Sollwert
$$\dfrac{\text{Absoluter Deckungsbeitrag des Planumsatzes} \times 100}{\text{Fixkosten}}$$	Um wie viel darf der geplante Umsatz höchstens zurückgehen, ohne dass ein Verlust eintritt?

Ermittlungs-intervall	✓ jährlich quartalsweise monatlich	

1.5.8   Preisanspannung

Kennzahlensysteme Definition / Formel	Aussagekraft / Kommentierung / Sollwert
$$\dfrac{\text{Verkaufspreis} \times 100}{\text{kalkulierter Preis}}$$	Mit Verkaufspreis ist hier der Preis gemeint, der beim Verkauf des Produktes tatsächlich erzielt wurde. Der kalkulierte Preis ist der Preis, der bei einem geplanten Absatz erreicht werden muss, um die Selbstkosten und einen Plangewinn des Produkts zu erwirtschaften. In der Praxis kommt es häufig vor, dass der kalkulierte Preis eines Produktes nicht mit dem tatsächlichen erzielten Marktpreis übereinstimmt. Die Preisanspannung gibt Auskunft darüber, inwieweit der kalkulierte Preis erreicht wurde. Eine Quote über 100 % kann jedoch auch die Folge einer falschen Kalkulation der Produkte sein, wenn z. B. zu niedrige Einzelkosten (z. B. falsche Materialpreise oder

Kennzahlensysteme Definition / Formel		Aussagekraft / Kommentierung / Sollwert
		falsche Gemeinkostenzuschläge) verrechnet wurden.
		Liegt die Quote unter 100 % und es liegen keine Kalkulationsfehler vor, bedeutet dies, dass der kalkulierte Preis nicht voll erzielt wurde und die Erreichung des geplanten Gewinnziels gefährdet ist. Das Produkt muss dann im Rahmen der Deckungsbeitragsrechnung auf Kostendeckung hin überprüft werden und das Produkt auf Kostensenkungspotentiale untersucht werden. Es ist auch zu analysieren, ob das Produkt am Markt überhaupt noch nachgefragt wird und ob es überhaupt konkurrenzfähig ist.
		Die Kennzahl ist gleichzeitig ein Indikator für die Stellung (Wertschätzung) des Produktes am Markt, dem Verhandlungsgeschick des Verkäufers und der Effizienz der Produktion eines Unternehmens. Sie ist auch das Resultat einer kostengünstigeren Produktion, eines Technologie- oder eines Innovationsvorsprungs gegenüber Konkurrenzunternehmen.
		Sollwert:
Ermittlungs- intervall	✓ jährlich ✓ quartalsweise monatlich	über 100 % gibt Sicherheit über die geplante Gewinnerreichung und kann evtl. Preisanspannungen unter 100 % anderer Produkte ausgleichen

1.6 Auftragsstruktur

1.6.1 Auftragseingang in % des Umsatzes

Kennzahlensysteme Definition / Formel	Aussagekraft / Kommentierung / Sollwert
$= \dfrac{\text{Auftragseingang x 100}}{\text{Umsatz}}$	Die Höhe des Auftragseingangs bestimmt die Absatzmenge der betrieblichen Leistung und ist deshalb Indikator für den Erfolg am Markt und für die Kapazitätsauslastung. Großaufträge führen zu Verzerrungen des Auftragseinganges.

Kennzahlensysteme Definition / Formel	Aussagekraft / Kommentierung / Sollwert
Der Auftragseingang[1] setzt sich zusammen aus: Auftragsbestand am Ende der Periode + Umsatz der Periode + Auftragsannullierungen ./. Auftragsbestand am Anfang der Periode = Auftragseingang der Periode	Bei der Interpretation der Auftragseingangsquote muss beachtet werden, welcher Wert als Auftragseingang und welcher als Umsatz angesetzt wird. Es könnte sich, z. B. um den Jahresumsatz und den Auftragseingang bis dato handeln. Klarer wird die Interpretation, wenn sich Umsatz und Auftragseingang jeweils auf das gleiche Intervall beziehen, also z. B. Auftragseingang pro Monat und Umsatz pro Monat. Nur so lässt die Auftragseingangsquote Aussagen über die Nachfrageentwicklung nach den Produkten eines Unternehmens zu. Bei einem Wert von eins bleibt die Nachfrage konstant. Ist der Wert größer als eins, so steigt die zukünftige Nachfrage und das Unternehmen muss überprüfen, ob die bestehende Kapazität ausreicht, um diesen Nachfrageanstieg zu befriedigen. Ein Wert kleiner als eins bedeutet Rückgang der Nachfrage. Dies muss immer als Alarmzeichen gewertet werden, da künftig die Kapazitätsauslastung abnimmt. Es müssen rechtzeitig Gegensteuerungsmaßnahmen ergriffen werden, wenn das Sinken der Quote nicht auf unregelmäßig eintreffende Großaufträge zurückzuführen ist oder auf saisonal bedingte Rückgänge (z. B. bei Christbaumschmuck).
Ermittlungs- intervall	✓ jährlich ✓ quartalsweise ✓ monatlich	Sollwert: mindestens 1

---

[1]   Vgl. Radke, M., Betriebswirtschaftliche Formelsammlung, 3. Auflage, München 1969, S. 765, hier: Ermittlung des neuen Auftragsbestandes

1.6.2   Auftragsreichweite (in Tagen)

Kennzahlensysteme Definition / Formel	Aussagekraft / Kommentierung / Sollwert
$\dfrac{\text{Auftragsbestand x 360}}{\text{Umsatz der letzten 12 Monate}}$	Zeigt, wie lange die Beschäftigung durch bereits eingegangene Aufträge gesichert ist.
Ermittlungs-intervall ✓ jährlich ✓ quartalsweise ✓ monatlich	Verschlechterung = Risikoerhöhung. Ein kritischer Vorgabewert ist für das Unternehmen festzulegen.

1.6.3   Auftragsmangelanteil in %

Kennzahlensysteme Definition / Formel	Aussagekraft / Kommentierung / Sollwert
$\dfrac{\text{Stillstandstunden durch Auftragsmangel x 100}}{\text{Planstunden}}$	
Ermittlungs-intervall ✓ jährlich ✓ quartalsweise ✓ monatlich	

1.6.4   Auftragsentwicklung

Kennzahlensysteme Definition / Formel	Aussagekraft / Kommentierung / Sollwert
$\dfrac{\text{Auftragseingang einer Periode}}{\text{Umsatz der gleichen Periode}}$	
Ermittlungs-intervall ✓ jährlich ✓ quartalsweise ✓ monatlich	Sollwert: < 1 Geschäftsumfang geschrumpft

1.7   Innovationsfähigkeit

1.7.1   Innovationsrate[1]

Kennzahlensysteme Definition / Formel	Aussagekraft / Kommentierung / Sollwert
Umsatz mit in den letzten n-Jahren neu eingeführten Produkten x 100 / Gesamtumsatz oder Anzahl bzw. Wert selbstentwickelter Produkte x 100 / Gesamtanzahl bzw. Gesamtwert der Produkte	Sowohl mengenmäßige und wertmäßige Betrachtung ist möglich. Vernachlässigt man die Produkterneuerung und -bereinigung (rechtzeitig veraltete, in der Degenerationsphase befindliche Produkte durch neue innovative Leistungen ersetzen), werden die Produkte des Unternehmens für die Abnehmer immer uninteressanter.
Ermittlungs-intervall	✓ jährlich quartalsweise monatlich	Ein Indikator, der die Produktentwicklung widerspiegelt[2].

1.7.2   Produktinnovationen

Kennzahlensysteme Definition / Formel	Aussagekraft / Kommentierung / Sollwert
Neuprodukte x 100 / Unverwirklichte Produkte Innovationsgrad von Produkten / Neuproduktanteil = Wie viel % aller Umsätze oder DB werden mit wie viel % aller Produkte erzielt, die nicht älter als z. B. 5 Jahre sind oder	Zeigt, ob und in welchen Umfang neue Produkte erfolgreich eingeführt wurden
Umsätze mit Produkten bis zwei Jahre alt / Gesamtumsatz oder	Risikoindikator: Überalterung des Produktportfolios
Gesamtdeckungsbeiträge aller Produkte z. B. älter als 3 Jahre verglichen mit den Gesamtdeckungsbeiträgen aller Produkte jünger als 3 Jahre.	Diese Kennzahl zeigt die Innovationsfähig-keit des Unternehmens.

---

[1]   Vgl. Ziegenbein, K., Controlling, 5. Auflage, Ludwigshafen 1995, S. 124
[2]   Vgl. Ziegenbein, K., Controlling, 5. Auflage, Ludwigshafen 1995, S. 124

Kennzahlensysteme Definition / Formel		Aussagekraft / Kommentierung / Sollwert
Neuproduktanteil = $\dfrac{\text{Umsatz mit neuen Produkten x 100}}{\text{Gesamtumsatz}}$		
Ermittlungs-intervall	✓ jährlich quartalsweise monatlich	Sollwert: Abhängig von Produktlebenszyklen bzw. Innovationsgeschwindigkeit der Branche

1.7.3 Umsatzkonzentration

Kennzahlensysteme Definition / Formel		Aussagekraft / Kommentierung / Sollwert
Wie viel % aller Produkte erzielen wie viel % des Umsatzes		Risikoindikator: Abhängigkeit des Umsatzes von Produkten / Kunden
Ermittlungs-intervall	✓ jährlich quartalsweise monatlich	

1.7.4 Deckungsbeitragskonzentration

Kennzahlensysteme Definition / Formel		Aussagekraft / Kommentierung / Sollwert
Wie viel % aller Produkte erzielen wie viel % des Umsatzes		Risikoindikator: Abhängigkeit der Deckungsbeiträge von Produkten / Kunden
Ermittlungs-intervall	✓ jährlich quartalsweise monatlich	

1.7.5 Informationsdeckungsziffer (Information Coverage Ratio) in %

Kennzahlensysteme Definition / Formel		Aussagekraft / Kommentierung / Sollwert
$\dfrac{\text{erhältliche Informationen}}{\text{angenommener Informationsbedarf}}$		Dient zur Beurteilung, ob der Informationsbedarf hinreichend durch die Informationssysteme abgedeckt ist.
Ermittlungs-intervall	✓ jährlich quartalsweise monatlich	

1.8   Forschung und Entwicklung

1.8.1   Forschungs- und Entwicklungskostenquote / Entwicklung
Forschungsintensität oder F & E-Kostenanteil (Forschungsrate)

Kennzahlensysteme Definition / Formel	Aussagekraft / Kommentierung / Sollwert
$$\frac{\text{Kosten für Forschung und Entwicklung} \times 100}{\text{Jahresumsatz}}$$ oder $$\frac{\text{Kosten für Forschung und Entwicklung} \times 100}{\text{Gesamtkosten}}$$	Die Forschungs- und Entwicklungsintensität eines Unternehmens zeigt die Relation Kosten zu Umsatz. Die Forschungsintensität ist insbesondere in schnelllebigen Branchen mit kurzen Produktlebenszyklen ein wichtiges Merkmal zur Beurteilung der Zukunftsfähigkeit eines Unternehmens. Die F & E-Kosten können einmal auf den Umsatz bezogen bzw. auch als Teil der Gesamtkosten ausgewiesen werden – eine Darstellung des Mitarbeiter-Anteils im F & E-Bereich bezogen auf die Anzahl aller Mitarbeiter des Unternehmens ist auch üblich. Sie ist ein Ausdruck der Innovationstätigkeit des Unternehmen. Die Forschungs- und Entwicklungstätigkeiten eines Unternehmens können durch diese Kennzahl quantifiziert werden. Diese Quote erfasst neben der Entwicklung von Produkten auch die Forschungs- und Entwicklungstätigkeiten im Bereich Verfahrensverbesserung, die zu Rationalisierungsmaßnahmen und damit verbunden zu Kosteneinsparungen führen kann. Gibt es keine eigene Forschungs- und Entwicklungseinrichtungen, sollten neue Entwicklungs- und Forschungsergebnisse externer Einrichtungen erworben werden, um die Erhaltung der Wettbewerbsfähigkeit sicher zu stellen. Diese Kosten sollen dann in der Entwicklungsquote erfasst werden. Die Aussagefähigkeit wird durch Zeitreihen erhöht, da man die Innovationsbemühungen der Unternehmen im Zeitablauf besser beurteilen kann.
Ermittlungs- intervall ✓ jährlich quartalsweise monatlich	

1.8.2   Struktur der Entwicklungskosten

Kennzahlensysteme Definition / Formel	Aussagekraft / Kommentierung / Sollwert
$$\frac{\text{Kosten für konkretisierte Forschungs-}}{\text{und Entwicklungskosten x 100}}$$ Gesamtkosten für Forschung- und Entwicklung Indikator für die Bedeutung von F & E im Unternehmen = $$\frac{\text{Beschäftigte in}}{\text{Forschung- und Entwicklung x 100}}$$ Gesamtbelegschaft Forschungsqualität in % = $$\frac{\text{Anzahl fehlerfreier Eigenprodukte}}{\text{gesamte Produktionsmenge}}$$	Schon in der Vorentwicklungsphase eines Produktes wird ein großer Teil der späteren Kosten festgelegt. Diese Kennzahl zielt auf einen aufgrund guter Entwicklung reibungslosen Produktionsprozess (Ausschuss) ab. Es müssen jedoch fehlerhafte Produkte, die nicht durch die Entwicklung verursacht wurden, berücksichtigt werden.
Ermittlungs- intervall	✓ jährlich quartalsweise monatlich	

1.8.3   Forschungs- und Entwicklungszeit

Kennzahlensysteme Definition / Formel	Aussagekraft / Kommentierung / Sollwert
$$\frac{\text{Entwicklungszeit x 100}}{\text{Gesamte Projektdauer}}$$	
Ermittlungs- intervall	✓ jährlich quartalsweise monatlich	

1.8.4   Forschungs- und Entwicklungskosten je Stunde

Kennzahlensysteme Definition / Formel	Aussagekraft / Kommentierung / Sollwert
$$\frac{\text{Forschungs- und Entwicklungskosten}}{\text{Forschungs- und Entwicklungsstunden}}$$	
Ermittlungs- intervall	✓ jährlich quartalsweise monatlich	

1.8.5   Break-Even-Time (BET) in Monaten

Kennzahlensysteme Definition / Formel	Aussagekraft / Kommentierung / Sollwert
Zeitspanne zwischen Beginn der Marktuntersuchung bis zum Erreichen der Gewinnschwelle (Break-Even-Point) des neuen Produktes	Zeigt den Produktentwicklungsprozess

| Ermittlungsintervall | ✓ jährlich
quartalsweise
monatlich | |

1.8.6   Time to Market (TM)

Kennzahlensysteme Definition / Formel	Aussagekraft / Kommentierung / Sollwert
Beginn Produktion oder Markteintritt − Beginn Produktentwicklung Wie lässt sich diese Kennzahl berechnen?	Zeigt den Produktentwicklungsprozess; Zeitspanne zwischen Abschluss der Marktuntersuchung bzw. Beginn der Entwicklung bis zur Markteinführung des neuen Produktes.

| Ermittlungsintervall | ✓ jährlich
quartalsweise
monatlich | |

2 Erfolgskennzahlen

2.1 Netto-Betriebsleistung

Kennzahlensysteme Definition / Formel	Aussagekraft / Kommentierung / Sollwert
Fakturierte Umsätze ./. Erlösschmälerungen +/– Bestandsveränderungen an Halb- und Fertigfabrikaten + Eigenleistung	Höherer Aussagewert als Umsatz, weil tatsächliche Periodenleistung betrachtet wird.

**Ermittlungs-
intervall**   ✓ jährlich
   ✓ quartalsweise
   ✓ monatlich	

2.2 Betriebsergebnis

Kennzahlensysteme Definition / Formel	Aussagekraft / Kommentierung / Sollwert
Gesamtleistung – Kosten	Das Betriebsergebnis wird international z. T. völlig unterschiedlich dargestellt.

**Ermittlungs-
intervall**   ✓ jährlich
   ✓ quartalsweise
   ✓ monatlich	

2.2.1 Ergebnis der gewöhnlichen Geschäftstätigkeit (EGT)

Kennzahlensysteme Definition / Formel	Aussagekraft / Kommentierung / Sollwert
Jahresüberschuss (Gewinn vor Steuern) $\text{EGT Quote} = \dfrac{\text{EGT x 100}}{\text{Umsatz}}$	

**Ermittlungs-
intervall**   ✓ jährlich
     quartalsweise
     monatlich	

2.2.2   EBIT

Kennzahlensysteme Definition / Formel	Aussagekraft / Kommentierung / Sollwert
Earnings before interests and taxes (Betriebsergebnis vor Zinsen und Steuern) $$EBIT\ Margin = \frac{EBIT \times 100}{Umsatz}$$ Earnings per share (EPS) = $$\frac{Jahrensüberschuss}{Anzahl\ der\ Aktien}$$	In Deutschland wird häufig der Gewinn vor Steuern und Zinsen ermittelt.
Ermittlungs-intervall	✓ jährlich ✓ quartalsweise ✓ monatlich

2.2.3   EBITA

Kennzahlensysteme Definition / Formel	Aussagekraft / Kommentierung / Sollwert
Earnings Before Interests, Taxes and Amortisation (Betriebsergebnis vor Zinsen, Steuern, Wertberichtigungen)	International übliche Kennzahl
Ermittlungs-intervall	✓ jährlich quartalsweise monatlich

2.2.4   EBITDA

= Earnings Before Interest, Taxes, Depreciation and Amortisation of goodwill (Betriebsergebnis vor Zinsen, Steuern, Abschreibungen und Wertberichtigungen)

2.3   Operatives Ergebnis

= Betriebsergebnis – Zinsergebnis

2.4   NOPA

Kennzahlensysteme Definition / Formel	Aussagekraft / Kommentierung / Sollwert
= Net Operating Profit after Tax (Betriebsergebnis nach Steuern)	
Ermittlungs-intervall	✓ jährlich quartalsweise monatlich

2.5   Umsatzrentabilität / Return on Sales (RoS)

Kennzahlensysteme Definition / Formel	Aussagekraft / Kommentierung / Sollwert
$\dfrac{\text{Betriebsergebnis x 100}}{\text{Netto-Betriebsleistung oder Umsatz}}$	

Ermittlungs-
intervall   ✓ jährlich
      quartalsweise
      monatlich
	Sollwert:
	
	> 5 %

2.6   Eigenkapitalrentabilität

Kennzahlensysteme Definition / Formel	Aussagekraft / Kommentierung / Sollwert
$\dfrac{\text{Betriebsergebnis x 100}}{\text{Eigenkapital}}$ oder $\dfrac{(\text{Betriebsergebnis + Eigenkapitalzinsen}) \times 100}{\text{Eigenkapital}}$	Empfohlen wird mit dem effektiven Eigenkapital zu arbeiten, da in den Vermögensgegenständen häufig hohe stille Reserven enthalten sind. Wurden bei der Ergebnisermittlung kalkulatorische Eigenkapitalzinsen abgezogen, so müssen diese wieder hinzuaddiert werden.
	Sollwert: ≥ 12 % Industrie
oder	
$\dfrac{\text{Ergebnis der gewöhnlichen Geschäftstätigkeit x 100}}{\text{Eigenkapital}}$	Die Eigenkapitalrentabilität gibt in Prozent an, wie sich für den Eigenkapitalgeber sein eingesetztes Kapital verzinst. Sie ist Beurteilungsmaßstab für die Vorteilhaftigkeit einer Investition in einem Unternehmen im Vergleich zu anderen Anlagemöglichkeiten (z. B. Festgeld, Anleihen usw.) und eine wichtige Entscheidungsgrundlage für Investitionen oder Desinvestitionen in einer Unternehmung.
	Sollwert: ≥ 25 % guter Wert

Kennzahlensysteme Definition / Formel	Aussagekraft / Kommentierung / Sollwert
Eigenkapitalrentabilität / ROE (Return on Equity) / RONA (Return on Net Assets) = $$\frac{\text{Gewinn} \times 100}{\text{Eigenkapital} + \text{eigenkapitalähnliche Mittel}}$$	Das Verhältnis des Gewinns zum Eigenkapital zuzüglich der eigenkapitalähnlichen Mittel (z. B. Rücklagen) wird dargestellt. Ersetzt ein Unternehmen Eigen- durch Fremdkapital, so hat dies zur Folge, dass die Eigenkapitalrentabilität auch bei gleichbleibenden Ergebnissen steigt! (Leverage-Effekt) Durch den höheren Fremdkapitalanteil erhöht sich allerdings die Abhängigkeit von den Fremdkapitalgebern!
Ermittlungs-intervall ✓ jährlich quartalsweise monatlich	

2.7 Gesamtkapitalrentabilität / Return on Capital Employed capital employed = eingesetztes Kapital

Kennzahlensysteme Definition / Formel	Aussagekraft / Kommentierung / Sollwert
$$\frac{(\text{Betriebsergebnis} + \text{Kalk. Zinsen}) \times 100}{\text{betriebsnotwendiges Kapital}}$$ oder	Unter Gesamtzinsen sind kalkulatorische Eigenkapitalzinsen und Fremdkapitalzinsen zu verstehen. Wurden diese bei der Ermittlung des Betriebsergebnisses abgezogen, müssen sie zur Berechnung der Gesamtkapitalrentabilität wieder hinzuaddiert werden. In der Praxis werden häufig nur die Fremdkapitalzinsen berücksichtigt.
	Sollwert: < 6 schlechter Wert 7–8 mittlerer Wert 10–12 guter Wert
$$\frac{(\text{Gewinn} + \text{Fremdkapitalzinsen}) \times 100}{\text{Gesamtkapital}}$$ oder $$\frac{\text{Ergebnis der gewöhnlichen}}{(\text{Geschäftstätigkeit} + \text{kalk. Zinsen}) \times 100}{\text{durchschnittlich gebundenes Kapital}}$$ oder $$\frac{(\text{Betriebsergebnis} + \text{Fremdkapitalzinsen}) \times 100}{\text{Bilanzsumme}}$$	Mit der Gesamtkapitalrentabilität kann festgestellt werden, wie effizient das eingesetzte Kapital, also Eigen- und Fremdkapital, unabhängig von seiner Finanzierungsform genutzt wird. Sie verdeutlicht die Erfolgskraft eines Unternehmens losgelöst von der jeweiligen Kapitalstruktur und welche Rendite für die Kapitalgeber (Eigen- und Fremdkapitalgeber) insgesamt erwirtschaftet wurde, d. h. wie ein Unternehmen insgesamt mit dem Kapital arbeitet.

Kennzahlensysteme Definition / Formel		Aussagekraft / Kommentierung / Sollwert
		Sollwert: > 13 sehr guter Wert Branchenunterschiedlich gute Werte Industrie > 12
Ermittlungs- intervall	✓ jährlich quartalsweise monatlich	Bei schlechter Quote keine Ausschüttungen möglich bzw. nicht empfehlenswert.

2.8 Return on Capital employed (ROCE)

Kennzahlensysteme Definition / Formel		Aussagekraft / Kommentierung / Sollwert
$$\frac{\text{Gewinn} \times 100}{\text{betriebsnotwendiges Kapital}}$$ oder $$\frac{\text{Gewinn vor Zinsen und Steuern} \times 100}{\text{Capital employed (eingesetztes Kapital)}}$$ oder $$\frac{(\text{Betriebsergebnis} + \text{Fremdkapitalzinsen}) \times 100}{\text{Bilanzsumme}}$$ oder $$\frac{\text{operatives Ergebnis / Ergebnis vor Steuern und vor Finanzierung} \times 100}{\text{zinstragendes Kapital exklusive Finanzanlagen}}$$ oder $$\frac{(\text{Net operationg Profit after Tax}) \times 100}{\text{capital employed}}$$ $$\frac{\text{Betriebsergebnis nach Steuern} \times 100}{\text{eingesetztes Kapital}}$$		ROCE ist eine sinnvolle Variante der Darstellung der Kapitalrendite, zeigt die Rendite auf, die durch den eigentlichen Leistungserstellungsprozess erzielt wird. Nicht zur Renditeerzielung erforderliche Größen, z. B. das nicht betriebsnotwendige Vermögen, (Wertpapiere oder stillgelegte Anlagen) sind vom Gesamtkapital abzuziehen. Der ROCE ist eine mögliche Variante der Gesamtkapitalrentabilität. Ob der ROCE befriedigend ist, kann vor allem durch den Vergleich mit den Kapitalkosten beurteilt werden. Zeigt den Erfolg des Unternehmens nach Steuern.
Ermittlungs- intervall	✓ jährlich quartalsweise monatlich	Sollwert: > 20 in der Automobilbranche

2.9   Return on average Capital employed (ROACE)

Kennzahlensysteme Definition / Formel	Aussagekraft / Kommentierung / Sollwert
$$\frac{\text{NOPAT (Net operating Profit after Taxes) x 100}}{\text{capital employed}}$$	Im Unterschied zum ROCE zeigt er die Verwendung des versteuerten operativen Ergebnisses

Ermittlungs-intervall	✓ jährlich quartalsweise monatlich	

2.10   Return on fixed Assets (RofA)

Kennzahlensysteme Definition / Formel	Aussagekraft / Kommentierung / Sollwert
$$\frac{\text{Earning before interest and taxes (EBIT) x 100}}{\text{durchschnittliches immaterielles Sach-anlagevermögen}}$$	Eigentlich nur eine Variante der Gesamt-kapitalrentabilität, wobei der RofA die Rentabilität angibt, die sich ergeben hätte, wenn langfristiges Kapital nur in Höhe des Anlagevermögens erforderlich gewesen wäre.

Ermittlungs-intervall	✓ jährlich quartalsweise monatlich	

2.11   Leverage-Faktor / Leverage-Effekt

Kennzahlensysteme Definition / Formel	Aussagekraft / Kommentierung / Sollwert
$$\frac{\text{Eigenkapitalrendite x 100}}{\text{Gesamtkapitalrendite}}$$	Das Verhältnis von Eigenkapitalrendite zu Gesamtkapitalrendite wird als Leverage-Effekt bezeichnet. Der Leverage-Effekt zeigt, dass zwischen Eigenkapital- und Ge-samtkapitalrentabilität eine Hebelwirkung besteht. Solange der Fremdkapitalzinssatz niedriger als die Gesamtkapitalrentabilität ist, steigt die Eigenkapitalrentabilität bei Zuführung von Fremdkapital (= positiver Leverage-Effekt).
	Wenn die Gesamtkapitalrentabilität niedri-ger als der Fremdkapitalzinssatz ist, dann sinkt die Eigenkapitalrendite mit zu-nehmender Verschuldung (= negativer Leverage-Effekt).

Kennzahlensysteme Definition / Formel	Aussagekraft / Kommentierung / Sollwert
Betriebskapitalrentabilität = $$\frac{\text{Erträge aus Beteiligungen x 100}}{\text{Beteiligungen}}$$	Dieser Effekt bewirkt, dass bei einer bestimmten Eigenkapitalrentabilität die Verzinsung des Eigenkapitals durch die Aufnahme von Fremdkapital erhöht werden kann, vorausgesetzt, die Kosten für das zusätzliche Fremdkapital sind niedriger als die erzielte Gesamtkapitalrentabilität. Im umgekehrten Fall kommt es zu einer Niedrig- oder Negativverzinsung, die als Leverage Risk bezeichnet wird. Dieses Risiko (Vernichtung von Eigenkapital) kann bereits bei einer kurzfristigen Aufhebung der Voraussetzung Gesamtrentabilität > Fremdkapitalzins eintreten.
	Der Leverage-Faktor zeigt im Zeitvergleich, ob eine Veränderung der Eigenkapitalrendite auf rein finanzwirtschaftliche Einflussgrößen, insbesondere auf eine Veränderung der Relation von Eigen- zu Fremdkapital zurückzuführen ist.
Ermittlungs-intervall	✓ jährlich quartalsweise monatlich	

2.12   Grenzrentabilität[1]

Kennzahlensysteme Definition / Formel	Aussagekraft / Kommentierung / Sollwert
$$\frac{\text{Zunahme der Gewinne x 100}}{\text{Zunahme des investierten Kapitals}}$$	Es lassen sich Aussagen darüber treffen, wie sich die Kapitalaufnahme auf die Gewinne auswirkt, d. h. um wie viel die Gewinne also dann pro zusätzlicher Einheit Kapitalaufnahme steigen. Es wird die Rentabilität der Kapitalaufnahme aufgezeigt.
	Diese Kennzahl wird sehr stark von den Investitionen beeinflusst. Sie zeigt deshalb, wie lohnend durchgeführte oder geplante Investitionen sind. Dabei ist allerdings zu beachten, dass die Effizienz oft erst nach einer gewissen Anlaufzeit erkennbar ist. Zunächst kann es zu hohen Anlaufkosten

---

[1]   Vgl. Radke, M., Betriebswirtschaftliche Formelsammlung, 1969, S. 229

Kennzahlensysteme Definition / Formel		Aussagekraft / Kommentierung / Sollwert
Ermittlungs-intervall	✓ jährlich quartalsweise monatlich	kommen (z. B. durch erhöhten Ausschuss in der Anlaufphase) und die Grenzrentabilität erscheint zu niedrig. Die korrekte Grenz-rentabilität ergibt sich aber erst nach der Anlaufphase.

2.13   Return on Investment (RoI)

Kennzahlensysteme Definition / Formel		Aussagekraft / Kommentierung / Sollwert
Die Grundformel des RoI-Konzepts lautet: Umsatzrendite × Kapitalumschlag Ausgehend von der Grundformel wurde die Pyramide (Dupont-Pyramide) entwickelt.		Die Kennzahlen „Eigen- und Gesamtkapi-talrentabilität" können besonders bei Unter-kapitalisierung zu falschen Aussagen führen. Dieser Nachteil wird durch den RoI ausgeglichen, da neben der finanzpoliti-schen Analyse auch die betriebliche Leistungsfähigkeit beurteilt wird. Der RoI ist im Ergebnis identisch mit der Gesamtkapitalrentabilität und ist ein Kenn-zahlensystem, das auf wenigen Global-größen aufbaut und trotzdem einen sehr hohen Aussagewert besitzt. Vorteil, dass neben finanzpolitischen Ana-lysen auch die Beurteilung der betriebliche Leistungsfähigkeit möglich ist. Der RoI zeigt die Entwicklung der Umsatz-rentabilität und des Kapitalumschlags, d. h. wie intensiv das eingesetzte Kapital genutzt wird. Der RoI erhöht sich also entweder durch Reduzierung der Kosten und / oder Erhöhung des Kapitalumschlages, d. h. kann den RoI beeinflussen durch: – Umsatzsteigerungen / Preiserhöhungen – Reduktion des eingesetzten Kapitals oder Erhöhung der Umschlagsgeschwindigkeit des Kapitals – vor allem aber durch Kostensenkungen
		Sollwert: Industrie > 8 % Handel > 12 % Großhandel > 8 % Einzelhandel > 10 %
Ermittlungs-intervall	✓ jährlich quartalsweise monatlich	

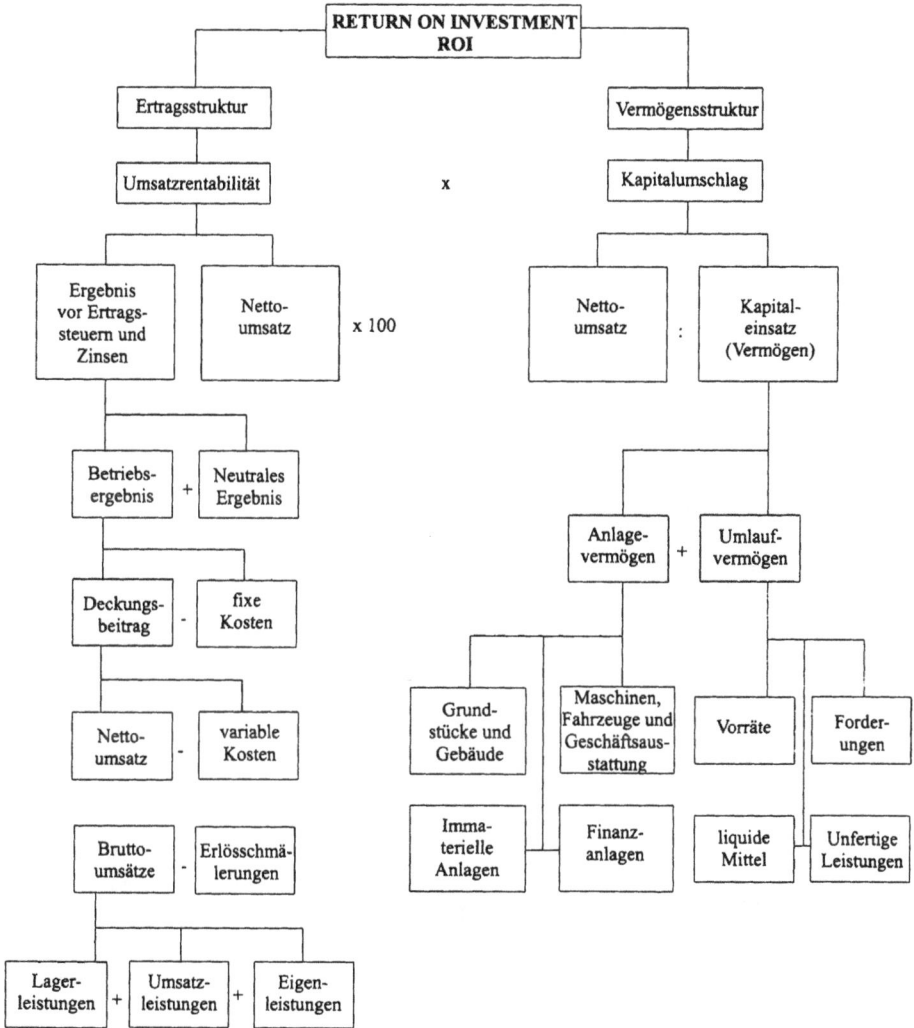

```
                          ┌─────────────────────────┐
                          │   RETURN ON INVESTMENT   │
                          │           ROI            │
                          └─────────────────────────┘
            ┌──────────────────────┐        ┌──────────────────────┐
            │   Ertragsstruktur    │        │  Vermögensstruktur   │
            └──────────────────────┘        └──────────────────────┘

            ┌──────────────────────┐   x    ┌──────────────────────┐
            │  Umsatzrentabilität  │        │   Kapitalumschlag    │
            └──────────────────────┘        └──────────────────────┘
```

| Ergebnis vor Ertragssteuern und Zinsen | Netto-umsatz | x 100 | | Netto-umsatz | : | Kapital-einsatz (Vermögen) |

| Betriebs-ergebnis | + | Neutrales Ergebnis |

| Anlage-vermögen | + | Umlauf-vermögen |

| Deckungs-beitrag | - | fixe Kosten |

| Netto-umsatz | - | variable Kosten |

| Grund-stücke und Gebäude | Maschinen, Fahrzeuge und Geschäftsausstattung | | Vorräte | Forder-ungen |

| Brutto-umsätze | - | Erlösschmälerungen |

| Imma-terielle Anlagen | Finanz-anlagen | | liquide Mittel | Unfertige Leistungen |

| Lager-leistungen | + | Umsatz-leistungen | + | Eigen-leistungen |

2.14   Return on Assets

Kennzahlensysteme Definition / Formel	Aussagekraft / Kommentierung / Sollwert
$$\dfrac{\text{Betriebsergebnis} \times 100}{\text{Netto-Umsatzerlöse}}$$ $$\text{X}$$ $$\dfrac{\text{Netto-Umsatzerlöse} \times 100}{\text{Gesamtkapital}}$$	
Ermittlungs-intervall ✓ jährlich quartalsweise monatlich	

2.15   Kapitalumschlag / Umschlagshäufigkeit des Gesamtkapitals

Kennzahlensysteme Definition / Formel	Aussagekraft / Kommentierung / Sollwert
$$\dfrac{\text{Netto-Betriebsleistung} \times 100}{\text{Gesamtkapital}}$$ oder $$\dfrac{\text{Umsatz} \times 100}{\text{Gesamtkapital}}$$ oder $$\dfrac{\text{Jahresumsatz} \times 100}{\text{Bilanzsumme}}$$ oder $$\dfrac{\text{Umsatz} \times 100}{\text{betriebsnotwendiges Vermögen}}$$	Indikator für den Gesamtkapitalkoeffizienten. Zeigt an, wie häufig sich das Gesamtkapital während einer Periode bezogen auf den Umsatz umgeschlagen hat und auch wie intensiv das Vermögen der Unternehmung genutzt wird. Je öfter sich das Kapital umschlägt, desto geringer ist das betriebsnotwendige Vermögen und eine umso positivere Auswirkung hat es auf Rentabilität und Liquidität. Da eine Komponente der Berechnung der RoI ist, hat diese Kennzahl hohen Einfluss auf die Gesamtrentabilität des Unternehmens. Meistens ist es jedoch nicht möglich, aus dieser doch sehr globalen Zahl konkrete Steuerungsmaßnahmen bei Soll-Ist-Abweichungen einzuleiten. Daher sollte sie in Teilumschlagshäufigkeit zerlegt werden. Eine hohe Bedeutung haben hierbei die Umschlagshäufigkeit der Vorräte (oder alternativ Lagerdauer in Tagen) und die Umschlagshäufigkeit der Debitoren (alternativ Debitorenziel). Wenn unbefriedigend, sollten Anlagenintensität, Debitorenziele, Lagerdauer, Kapitalverwendung überprüft werden.

Kennzahlensysteme Definition / Formel		Aussagekraft / Kommentierung / Sollwert
		Sollwert: Industrie < 1,2 schlechter Wert > 1,5 mittlerer Wert > 2 guter Wert Branchenabhängig! In Handel und Dienstleistung wesentlich höher!
oder $\dfrac{\text{Nutzungsdauer}}{\text{Amortisationsdauer}}$		Zeigt für einzelne Vermögensgegenstände, wie oft sich das eingesetzte Kapital während der Nutzungsdauer umgeschlagen hat
Ermittlungs- intervall	✓ jährlich quartalsweise monatlich	Sollwert: < 2 bei Großhandel und Einzelhandel < 1,5 bei Gewerbebetrieben

2.16   Tilgungsbereitschaft

Kennzahlensysteme Definition / Formel		Aussagekraft / Kommentierung / Sollwert
$\dfrac{\text{Cash flow}}{\text{langfristiges Fremdkapital}}$		Die Tilgungsbereitschaft ist das Verhältnis des Cash flows zum langfristigen Fremdkapital.
Ermittlungs- intervall	✓ jährlich quartalsweise monatlich	

2.17   Zinsdeckung

Kennzahlensysteme Definition / Formel		Aussagekraft / Kommentierung / Sollwert
$\dfrac{\text{Ergebnis vor Steuern} + \text{Zinsaufwand}}{\text{Zinsaufwand}}$		Die Zinsdeckung ist das Verhältnis zwischen dem Ergebnis vor Steuern zuzüglich des Zinsaufwandes und dem Zinsaufwand.
Ermittlungs- intervall	✓ jährlich quartalsweise monatlich	

3 Wertorientierte Kennzahlen

3.1 Shareholder Value[1]

Kennzahlensysteme Definition / Formel	Aussagekraft / Kommentierung / Sollwert
= Bruttounternehmenswert abzüglich Marktwert des Fremdkapitals Bruttounternehmenswert = Summe des mit dem Gesamtkapitalkostensatz diskontierten „freien Cash flows vor Zinsen" Freier Cash flow = Cash flow minus Investitionen Shareholder Value nach Rappaport = Beispiel:	Ein sehr theoretisches Instrument der strategischen Unternehmensführung, das ein Unternehmen nicht unter buchhalterischen, sondern nach dem Aspekt seiner wirtschaftlichen Wertschöpfung sieht. Der quantifizierbare Erfolg der Unternehmensstrategie soll aus Sicht der Eigentümer mess- und beurteilbar gemacht werden.
Vorjahresumsatz × (1 + Umsatzwachstum)	Eine Strategie ist dann vorteilhaft, wenn die Summe der abgezinsten Cash flows größer als der aktuelle Marktwert des Fremdkapitals ist, d. h. eine Wertsteigerung für die Eigentümer eintritt.
= Jahresumsatz × Umsatzrendite (vor Zinsen)	Bei der Shareholder Value-Analyse unterscheidet man folgende Ansätze:
= Cash flow (Gewinn) – Körperschaftssteuer	– Berechnung des Shareholder Value nach der EVA-Methode (Stern/Stewart)
= Cash flow (Gewinn) nach Körperschaftssteuer	– Berechnung des Shareholder Value meist nach der DFCF-Methode Rappaports, der mit 5 Wertgeneratoren arbeitet.
– Investitionen ins Net working capital – Erweiterungsinvestitionen ins Anlagevermögen	
= Free Cash flow WACC	
= Bruttounternehmenswert – Marktwert des Fremdkapitals	
= Shareholder Value	
Ermittlungsintervall	✓ jährlich quartalsweise monatlich

---

[1]   Vgl. http:/www.roehrenbacher.at, S. 17

3.1.1   EVA-Methode / Economic Value Added-Methode
         (Stern/Stewart)

Kennzahlensysteme Definition / Formel	Aussagekraft / Kommentierung / Sollwert
Economic Value Added = investiertes Kapital × Differenz aus Stewart's Rentabilitätsmaß und gewichteten Gesamtkapitalkostensatz	Der EVA (Economic Value Added) ist ein absoluter Wert. Er multipliziert die Differenz zwischen dem Geschäftsergebnis und den Kapitalkosten eines Unternehmens (= Spread) mit dem betriebsnotwendigen Kapital. Spread ist Differenz zwischen ROCE und die Kapitalkosten (WACC). Ein positiver Spread bedeutet, dass sich der Kapitaleinsatz gelohnt hat. Der EVA zeigt, wie hoch die Wertsteigerung einer Sparte, einer Investition, eines Projekts oder eines Geschäftsbereichs tatsächlich ist. Ein Wert entsteht nur, wenn der EVA positiv ist. Ein negativer EVA ist wertvernichtend. Häufig wird er zu leistungsabhängigen Bezahlung von Führungskräften verwendet.

Wertänderung = GK × (R − WACC)

Das investierte Kapital ist gleich dem (geringfügig) modifizierten buchmäßigen Gesamtkapital.

Stewart's R, das Cash flow-orientierte Rentabiltitätsmaß, stellt die Rendite des Gesamtkapitals dar, die wie folgt berechnet wird:

R = „Cash flow" (Basis: Net working capital) nach Steuern und vor Zinsen durch investiertes Gesamtkapital

	= eingesetztes Kapital × Spread
Spread	= erreichte Rendite − geforderte Rendite in %

oder

	= ROCE − WACC
erreichte Rendite	= RoI oder ROE
geforderte Rendite	= WACC oder CAPM

oder

$$\text{investiertes Kapital} \times \left(\begin{array}{c} \text{Differenz aus Stewart's} \\ \text{Rentabilitätsmaß} \\ \text{mit gewichtetem} \\ \text{Gesamtkapitalkostensatz} \end{array} \right)$$

oder

GK x (R-WACC)

oder

EVA = Gewinn (NOPAT) minus Kapitalkosten (WACC × Capital Employed)

NOPAT − WACC × Capital Employed

Hilfreich bei der Ermittlung der Mindestrendite (Kapitalkosten) sind folgende Ansätze (vgl. Abschnitt 3.1.3 und 3.1.2).

WACC = Weighted average costs of capital (= Fremdkapitalanteil x Fremdkapitalzinsen + Eigenkapitalanteil x Eigenkapitalzinsen)

CAPM = Capital Asset Pricing Model

Kennzahlensysteme Definition / Formel	Aussagekraft / Kommentierung / Sollwert
NOPAT = Net operating Profit after Tax = Betriebsergebnis nach Steuern Capital Employed = eingesetztes Kapital WACC (gewichtete Kapitalkosten) = Anteil des Eigenkapitals × Eigenkapitalkosten + Anteil des Fremdkapitals × Fremdkapitalkosten EVA = NOPAT – NOA × c NOA = Net Operation Assets = Kapital das vom Unternehmen zur Durchführung der betrieblichen Tätigkeiten benötigt wird = betriebsnotwendiges Kapital zuzüglich dem Barwert der Leasingraten für nicht bilanzierte Vermögensgegenständen c = Kosten für das Kapital = Fremdkapitalzinsen × Opportunitätskosten für das Eigenkapital	Kennzahl zur Messung des von einem Unternehmen zusätzlich geschaffenen Wertes
Ermittlungs- intervall	✓ jährlich quartalsweise monatlich	Sollwert: EVA > 0 dann ist der Unternehmenserfolg größer als die mit dem eingesetzten Kapital am Kapitalmarkt alternativ erzielbare Verzinsung

3.1.2   MVA (Market Value Added)

Kennzahlensysteme Definition / Formel	Aussagekraft / Kommentierung / Sollwert
MVA = Marktwert eines Unternehmens – Geschäftswert eines Unternehmens	Der MVA ist die Differenz zwischen Marktwert und Geschäftsvermögen der Unternehmung. Mit Hilfe der MVA soll offengelegt werden, ob und wie ein Unternehmen seit seiner Gründung aktionärsorientiert gehandelt hat. Der MVA ist als Kennzahl nur für die gesamte Unternehmung und nicht für einzelne Projekte, Sparten und Unternehmensbereiche geeignet.
Ermittlungs- intervall	✓ jährlich quartalsweise monatlich	

3.1.3   CAPM (Capital Asset Pricing Model)

Kennzahlensysteme Definition / Formel	Aussagekraft / Kommentierung / Sollwert
EK – Kostensatz = $r_f + \beta \times r_p$ r_f = Risikofreier Zinssatz, der bei langfristiger Geldanlage erzielt werden kann. r_p = Risikoprämie, die sich aus der Differenz zwischen dem Ertrag einer risikofreien Anlage und der durchschnittlichen Rendite auf dem Aktienmarkt (r_m) ergibt ($= r_m - r_f$). β = Risikofaktor, der die Volatilität einer bestimmten Aktie im Vergleich zur Entwicklung des Gesamtmarkts misst.	Das CAPM ermöglicht die Ermittlung der Eigenkapitalkosten. Das Modell ist durch den fehlenden Marktbezug jedoch für kleinere Unternehmen oder Unternehmensteile ungeeignet oder zumindest in seiner Anwendung stark eingeschränkt.
Ermittlungs-intervall	✓ jährlich quartalsweise monatlich

3.1.4   DFCF-Methode = Discounted free Cash flow Methode (Rappaport)

Kennzahlensysteme Definition / Formel	Aussagekraft / Kommentierung / Sollwert
DFCF-Methode Barwert der freien Cash flows für die Planungsperiode(n) + Barwert des Fortführungswerts + Marktwert des nicht betriebsnotwendigen Vermögens = Bruttounternehmenswert (Marktwert des Gesamtkapitals) – Marktwert des Fremdkapitals = Nettounternehmenswert (Marktwert des Eigenkapitals / Shareholder Value)	Die DFCF-Methode bestimmt den ökonomischen Wert eines Unternehmens oder Geschäftsbereichs auf der Basis des periodenübergreifenden Cash flows. Zur Berechnung des Eigentümerwerts, werden die freien Cash flows prognostiziert und mit einem risikoadäquaten Kalkulationszinssatz auf den Bewertungsstichtag diskontiert. Der Diskontsatz entspricht dabei den unternehmensspezifischen Gesamtkapitalkosten.
Hierbei gilt: Vorjahresumsatz $\times$ (1 + Umsatzrate) $\times$ Cash flow-Rate $\times$ (1 – Cash Steuersatz) – Nettoinvestitionen ins Anlagevermögen – Nettoinvestitionen ins Umlaufvermögen	Die DFCF-Methode beurteilt ein Unternehmen oder einen Geschäftsbereich danach, ob die erwirtschaftete Barwertsumme der Cash flows größer Null und somit wertschaffend bzw. werterhöhend ist.

Kennzahlensysteme Definition / Formel	Aussagekraft / Kommentierung / Sollwert
+/– Veränderungen bei den langfristigen Rückstellungen	
= Freier Cash flow	
Fortführungswert als ewige, konstante Rente = $$\frac{\text{Freier Cash flow}}{\text{gewichteter Kapitalkostensatz}}$$	
Ermittlungs-intervall ✓ jährlich quartalsweise monatlich	

3.1.5 WACC (Weighted average cost of Capital)

Kennzahlensysteme Definition / Formel	Aussagekraft / Kommentierung / Sollwert
WACC = geforderte Gesamtkapitalrendite = Gesamtkapitalkosten r_{GK} geforderte Gesamtkapitalrendite = $r_{EK} \times \dfrac{EK}{GK} + i \times \dfrac{FK}{GK} \times (1\text{-}t)$	Der Zinssatz für die WACC (Weighted average cost of Capital) sind die gewichteten Gesamtkapitalkosten eines Unternehmens.
EK = Ziel-Eigenkapital FK = Ziel-Fremdkapital GK = Ziel-Gesamtkapital r_{EK} = Eigenkapitalkosten in % i = Fremdkapitalzinssatz $(1 - t)$ = Steuerschuld	
Ermittlungs-intervall ✓ jährlich quartalsweise monatlich	

3.1.6 Kurs-Gewinn-Verhältnis (KGV) / Price Earning Ratio

Kennzahlensysteme Definition / Formel	Aussagekraft / Kommentierung / Sollwert
$$\frac{\text{Aktienkurs}}{\text{ausgewiesener Gewinn je Aktie}}$$	Verwendung vor allem bei börsennotierten Unternehmen. Je kleiner das Kurs-Gewinn-Verhältnis (KGV) desto höher die Rentabilität des eingesetzten Kapitals für den Aktienpreis.
Ermittlungs-intervall ✓ jährlich quartalsweise monatlich	Bei niedrigem KGV besteht die Gefahr der feindlichen Übernahme.

3.1.7   Gewinn pro Aktie

Kennzahlensysteme Definition / Formel	Aussagekraft / Kommentierung / Sollwert
$\dfrac{\text{Gewinn}}{\text{Zahl der Aktien}}$	Soll die Ertragskraft einer Unternehmung verdeutlichen

Ermittlungs- intervall	✓ jährlich quartalsweise monatlich	

3.2   Wertschöpfung

Kennzahlensysteme Definition / Formel	Aussagekraft / Kommentierung / Sollwert
Produktionswert – Vorleistungen	Wertschöpfungs-Kennzahlen sind noch aussagefähiger als Erzeugungskennzahlen, da sie die Nettoleistung berücksichtigen und somit Verzerrungen durch betriebsindividuelle Produktionstiefen neutralisiert werden.

Ermittlungs- intervall	✓ jährlich quartalsweise monatlich	

3.2.1   Ermittlung der Wertschöpfung

Kennzahlensysteme Definition / Formel	Aussagekraft / Kommentierung / Sollwert
Bruttoproduktionswert (Nettoumsatz + aktivierte Eigenleistungen, Bestands- veränderungen und selbsterstellte Anlagen)	
– Erlösschmälerungen (Skonti/Rabatte/ Boni)	Die Wertschöpfung ist Maßstab der Leistungsfähigkeit eines Unternehmens und gibt gleichzeitig den Beitrag des Unternehmens zum Volkseinkommen an.
= Netto-Betriebsleistung	
– Verbrauch fremdbezogenes Material, fremdbezogene Teile, fremdbezogenes Zubehör (Handelswaren)	
– fremdvergebene Lohnarbeiten, fremd- vergebene Reparaturen und Transporte	Mittelständische Unternehmen haben meist eine niedrigere Vorleistungsintensität, d. h. eine höhere Wertschöpfung.
= Netto-Produktionswert	
– Abschreibungen und Wertberichtigun- gen auf Sachanlagen und immaterielle Werte	
– Kostensteuern	
= Wertschöpfung	

3.2.2   Wertschöpfungsverteilungsrechnung

Kennzahlensysteme Definition / Formel	Aussagekraft / Kommentierung / Sollwert

Arbeitseinkommen (Löhne, Gehälter usw.)
→   Anteil Mitarbeiter
+   Kapitaleinkommen (Fremdkapital-
     zinsen, Gewinn)
→   Anteil Kapitalgeber
+   Gemeineinkommen (Steuern, Zahlun-
     gen an die Öffentlichkeit)
→   Anteil Fiskus
+   Rücklagendotierung
→   Anteil des Unternehmens
<hr>=   Wertschöpfung
	Unter Umständen empfiehlt sich eine Verteilungsrechnung der Wertschöpfung:
	Die Verteilungsrechnung orientiert sich an der Verteilung der Einkommen der am Leistungsprozess Beteiligten oder Institutionen. Die Wertschöpfung ist ein wertmäßiger Leistungsmaßstab, der die "Leistungskräfte" des Unternehmens zeigt. Sie zeigt den Anteil des Unternehmens zur Erhöhung des Sozialproduktes.

3.2.3   Wertschöpfungsquote

Kennzahlensysteme Definition / Formel	Aussagekraft / Kommentierung / Sollwert
$$\frac{\text{Wertschöpfung x 100}}{\text{Gesamtleistung}}$$ oder $$\frac{\text{Wertschöpfung}}{\text{durchschnittliche Mitarbeiter}}$$	Zeigt das Verhältnis der Wertschöpfung zur Gesamtleistung, dient zur Messung der Leistungskraft und verdeutlicht, wie der Markt die im Unternehmen erstellten Leistungen bewertet. Bei Betrachtung über mehrere Perioden, lassen sich die Entwicklung, die Zusammenhänge beider Werte deutlich erkennen. Eine Steigerung der Wertschöpfungsquote drückt einen Wertezuwachs der im Produktionsprozess verwendeten Güter durch den Einsatz der Produktionsfaktoren aus.
Ermittlungs- intervall	✓ jährlich quartalsweise monatlich	Einflussgrößen sind u. a. erhöhte Arbeitsstunden, bessere Qualifikation der Mitarbeiter, Rationalisierungsmaßnahmen, Kostensenkungen, Preiserhöhungen.

3.2.4   Wertschöpfungs-Personalkosten-Koeffizient / WPK

Kennzahlensysteme Definition / Formel	Aussagekraft / Kommentierung / Sollwert
$$\frac{\text{Netto-Produktionswert}}{\text{Gesamte Personalkosten}}$$ Netto-Betriebsleistung (Brutto-Produktions-wert) − Materialeinsatz − Fremdleistungen = Netto-Produktionswert	
Ermittlungs-intervall ✓ jährlich quartalsweise monatlich	

3.2.5   Wertschöpfungs-Abschreibungs-Koeffizient (WAK)

Kennzahlensysteme Definition / Formel	Aussagekraft / Kommentierung / Sollwert
$$\frac{\text{Wertschöpfung}}{\text{Abschreibungen auf Sachanlagen}}$$	Der WAK ist für die Beurteilung eines Unternehmens von hoher Bedeutung, da AfA und Gewinn die wichtigsten Bestandteile des Cash flows sind und zwischen beiden Werten Wechselwirkungen bestehen. Ein sinkender WAK bei sinkender Wertschöpfung zeigt, dass neue Investitionen sich – noch nicht werterhöhend auswirkten.
Ermittlungs-intervall ✓ jährlich quartalsweise monatlich	Ein hoher WAK kann aber einfach dadurch zustandegekommen sein, dass das Anlagevermögen veraltet ist.

3.2.6   Pro-Kopf-Wertschöpfung

Kennzahlensysteme Definition / Formel	Aussagekraft / Kommentierung / Sollwert
Pro-Kopf-Leistung − Pro-Kopf-Vorleistungen = Pro-Kopf-Netto-Produktionswert oder $$\frac{\text{Wertschöpfung}}{\text{durchschnittliche Zahl der Mitarbeiter}}$$	

Kennzahlensysteme Definition / Formel	Aussagekraft / Kommentierung / Sollwert
Pro-Kopf-Leistung / Umsatz je Beschäftigten / Leistung je Beschäftigte / Personalproduktivität	
$\dfrac{\text{Netto-Betriebsleistung (Bruttoproduktion)}}{\text{Zahl der korrigierten Beschäftigten}}$	Zeigt Personaleffizienz
oder	
$\dfrac{\text{Umsatzerlöse oder Gesamtleistung je Zeiteinheit}}{\text{durchschnittliche Beschäftigte}}$	
oder	
$\dfrac{\text{Umsatz}}{\text{eingesetzte Mitarbeiter}}$	
Ermittlungs-intervall	✓ jährlich quartalsweise monatlich	

3.2.7   Betriebsergebnis pro Beschäftigten

Kennzahlensysteme Definition / Formel	Aussagekraft / Kommentierung / Sollwert
$= \dfrac{\text{Betriebsergebnis}}{\text{korrigierte Beschäftigte}}$ Netto-Betriebsleistung $-$ direkte Kosten $=$ Deckungsbeitrag $-$ nicht direkt zurechenbare Kosten $=$ Betriebsergebnis Gemeinkosten-Mitarbeiterquote $=$ $\dfrac{\text{unproduktive korrigierte Beschäftigte x 100}}{\text{produktive korrigierte Beschäftigte}}$ wobei: Korrigierte Beschäftigte $=$ $\dfrac{\Sigma \text{ geleistete Arbeitsstunden}}{\text{Jahresnormalarbeitszeit}}$	Betriebsergebnis ist das Ergebnis des betrieblichen Leistungsprozesses (Saldo betrieblicher Kosten und Leistungen). Produktives Personal ist die Summe aller direkt am Leistungserstellungsprozess Beteiligten. Unproduktives Personal ist jenes, welches nicht direkt mit der Produktivleistung in Zusammenhang steht (z. B. EDV, Vertrieb, Einkauf). Um Verzerrungen durch Überstunden, Krankheiten, Teilzeitkräfte u. a. zu vermeiden, empfiehlt es sich, mit der Zahl der korrigierten Beschäftigten zu rechnen. Die Gemeinkosten-Mitarbeiterquote gibt Aufschluss darüber, ob zwischen produktiver und unproduktiver Belegschaft ein ausgewogenes Verhältnis besteht. Es muss permanent untersucht werden, ob die Anzahl des unproduktiven Personals nicht zu hoch ist. Ursachen für ein Steigen der Quote können aber auch erfolgreich durchgeführte Rationalisierungsmaßnahmen sein, deren

Kennzahlensysteme Definition / Formel	Aussagekraft / Kommentierung / Sollwert
wobei z. B.: Jahresnormalarbeitszeit = Tage / Jahr – Tage Wochenenden – Tage Ø Feiertage – Tage Ø Urlaub – Tage Ø Krankheit = Ø Arbeitstage / Jahr × tarifliche Arbeitzeit / Tage = Jahresnormalarbeitszeit Stunden	Konsequenz ein Sinken des produktiven Personals ist. Das unproduktive Personal sinkt in solchen Fällen in der Regel nur unterproportional im Verhältnis zum produktiven Personal, was jedoch nicht immer negativ zu bewerten wäre. Findet sich hingegen keine rationale Begründung für ein Steigen der Quote (z. B. durch Rationalisierungsmaßnahmen, verstärkte Kundenbetreuung, u. ä.), so ist zu vermuten, dass zuviel unproduktives Personal beschäftigt ist. Die Höhe der Kennzahl hängt stark vom Produktionsverfahren und
Ermittlungs- intervall	✓ jährlich quartalsweise monatlich	der Technisierung des Produktionsprozesses ab. Dies erschwert zwischenbetriebliche Vergleiche.

3.2.8   Flächennutzungsgrad

Kennzahlensysteme Definition / Formel	Aussagekraft / Kommentierung / Sollwert
$$\frac{\text{Fläche für wertschöpfende Tätigkeit} \times 100}{\text{Gesamtfläche}}$$	
Ermittlungs- intervall	✓ jährlich quartalsweise monatlich	

3.2.9   Deckungsbeitrag I je produktiver Stunde

Kennzahlensysteme Definition / Formel	Aussagekraft / Kommentierung / Sollwert
= Netto-Betriebsleistung je produktiver Stunde – Personalkosten je produktiver Stunde = Deckungsbeitrag I je produktiver Stunde	
Ermittlungs- intervall	✓ jährlich quartalsweise monatlich	

3.2.10   Arbeitserlös je Fertigungsstunde

Kennzahlensysteme Definition / Formel	Aussagekraft / Kommentierung / Sollwert
Netto-Betriebsleistung – Ausgangsfrachten – Provisionen – Material/Fremdleistungen – anteilige Verwaltungs- und Vertriebs- kosten = Arbeitserlös je Fertigungsstunde	Die Kennzahl zeigt auf, wie viel Erlöse nach Bezahlung von Frachten, Provisionen, Material, Fremdleistungen und Vertriebs-kosten für die eigentliche „Eigenleistung" je Fertigungsstunde, erzielt wird. Bei der Analyse / Interpretation der Kenn-ziffer ist zu beachten, dass ein Sinken des Wertes auf eine mangelnde Bereitschaft des Kunden unangemessen hohe „Verwaltungs-kosten" oder gestiegene Einkaufspreise zu bezahlen, zurückzuführen sein kann, der eigentliche Arbeitserlös aber honoriert werden würden.
Ermittlungs- intervall ✓ jährlich quartalsweise monatlich	

3.2.11   Deckungsbeitrag je Fertigungsstunde

Kennzahlensysteme Definition / Formel	Aussagekraft / Kommentierung / Sollwert
Arbeitserlöse je Fertigungsstunde – Lohnkosten je Fertigungsstunde (inkl. Lohnnebenkosten) = Deckungsbeitrag je Fertigungsstunde	Ausgehend von den Arbeitserlösen je Ferti-gungsstunde wird nun nach Abzug der Personalkosten je Fertigungsstunde auf den Deckungsbeitrag geschlossen. Dabei ist zu beachten, dass nur eine eingeschränkte Aus-sage im Sinne einer klassischen Deckungs-beitrags-Rechnung zu machen ist, da Verwaltungs- und Vertriebsgemeinkosten anteilig bei der Ermittlung des Arbeits-erlöses abgezogen wurden.
Ermittlungs- intervall ✓ jährlich ✓ quartalsweise ✓ monatlich	

3.2.12   Fertigungstiefe

Kennzahlensysteme Definition / Formel	Aussagekraft / Kommentierung / Sollwert
$\dfrac{\text{Wertschöpfung} \times 100}{\text{Produktionswert}}$	Die Fertigungstiefe zeigt das Verhältnis der Wertschöpfung zum Produktionswert.
Ermittlungs- intervall ✓ jährlich quartalsweise monatlich	

3.2.13   Wertschöpfung je Maschinenstunde

Kennzahlensysteme Definition / Formel	Aussagekraft / Kommentierung / Sollwert
$\dfrac{\text{Wertschöpfung}}{\text{Anzahl der Maschinenstunden}}$	
Ermittlungs-intervall ✓ jährlich quartalsweise monatlich	

3.2.14   Kapitalproduktivität

Kennzahlensysteme Definition / Formel	Aussagekraft / Kommentierung / Sollwert
$\dfrac{\text{Wertschöpfung}}{\text{Sachanlagevermögen}}$	
Ermittlungs-intervall ✓ jährlich quartalsweise monatlich	

3.2.15   Substanzwert

Kennzahlensysteme Definition / Formel	Aussagekraft / Kommentierung / Sollwert
Wiederbeschaffungswert aller Vermögens-gegenstände − Schulden = Substanzwert	
Ermittlungs-intervall ✓ jährlich quartalsweise monatlich	

3.2.16   Unternehmenswert

Kennzahlensysteme Definition / Formel	Aussagekraft / Kommentierung / Sollwert
$\dfrac{\text{Ertragswert} + \text{Substanzwert}}{2}$	Eine einfache Methode zur Errechnung des Unternehmenswertes
Ermittlungs-intervall ✓ jährlich quartalsweise monatlich	

4 Investitionskennzahlen

4.1 Investitionsquote / Investitionsintensität / Investitionsneigung

Kennzahlensysteme Definition / Formel	Aussagekraft / Kommentierung / Sollwert
$$\frac{\text{Nettoinvestition bei Sachanlagen x 100}}{\text{Anfangsbestand der Sachanlagen}}$$ oder $$\frac{\text{Sachanlagenzugang x 100}}{\text{Anfangsbestand der Sachanlagen}}$$	Die Investitionsquote zeigt das Verhältnis zwischen den Nettoinvestitionen des Anlagevermögens und dem Buchwert des Anlagevermögens. Im Zeitvergleich spiegelt sich die Bereitschaft zur Erweiterung oder Erhaltung des Vermögens wider. Man unterscheidet Brutto- und Netto-Investition.
	Sollwert: keine externen Vergleichswerte, sie kann nur intern verglichen werden
$$\frac{\text{Bruttoinvestitionen x 100}}{\text{Netto-Betriebsleistung}}$$ oder $$\frac{\text{Investitionen x 100}}{\text{Umsätze}}$$ oder $$\frac{\text{Sachanlagenzugänge x 100}}{\text{Umsätze}}$$	Bruttoinvestition = alle Investitionen, die während einer Abrechnungsperiode getätigt werden. Die Investitionsquote zeigt, welcher Anteil an der Netto-Betriebsleistung wieder ins Unternehmen investiert wird und wie die Investitionsaktivitäten des Unternehmens sind (potentielles Wachstum und Risiko-bereitschaft des Unternehmens).
	Sollwert: 5–7
	Sie gibt auch Aufschluss, ob die Investitionen im Produktivvermögen (z. B. Maschinen) oder unproduktives Vermögen (z. B. Grundstücke, Gebäude) erfolgen.

Kennzahlensysteme Definition / Formel	Aussagekraft / Kommentierung / Sollwert
$$\frac{\text{Investitionen x 100}}{\text{Anlagevermögen}}$$ oder $$\frac{\text{(Netto-)Investitionen in Sachanlagen} \times 100}{\text{(Netto)abschreibungen}}$$ oder (Netto-)Investitionen in Sachanlagevermögen	Diese Kennzahl sagt viel über den zukünftigen Erfolg eines Unternehmens aus, da Investitionen für zukünftige Existenzsicherung eines Unternehmens unerlässlich sind. (Maß für den technologischen Fortschritt).
Buchwerte der Sachanlagen am Jahresanfang	Sollwert:
Ermittlungs-intervall ✓ jährlich quartalsweise monatlich	unter 100 % Gefahr der Anlagenveraltung / Wertminderung der Sachanlagen >= 100 zeigt, dass die nötigen Ersatzinvestitionen durchgeführt wurden

4.2   Investitionsdeckungsgrad / Nettoinvestitionsdeckung

Kennzahlensysteme Definition / Formel	Aussagekraft / Kommentierung / Sollwert
$$\frac{\text{Abschreibungen (auf Sachanlagevermögen) x 100}}{\text{(Netto-)Investitionen (in Sachanlagen)}}$$ oder $$\frac{\text{Abschreibungen x 100}}{\text{Netto-Betriebsleistung}}$$	Der Nettoinvestitionsdeckungsgrad sagt, in welchem Ausmaß die Investitionen aus Abschreibungen finanziert werden konnten und ob neben den notwendigen Ersatzinvestitionen auch Neuinvestitionen getätigt wurden (Wachstumsstrategie des Unternehmens).
	Sollwert: Wenn Nettoinvestitionsgrad < 1, dann echter Anlagenzuwachs (Substanz wird erhalten und / oder gesteigert).
	Die Investitionen werden hierbei unter dem Aspekt der Substanzerhaltung betrachtet. Nur wenn mittel- und langfristig über die Abschreibungen hinaus investiert wird, ist die Steigerung des Unternehmenspotentials sichergestellt.
Ermittlungs-intervall ✓ jährlich quartalsweise monatlich	Sollwert: Wenn Nettoinvestitionsgrad > 1, dann nur Ersatzinvestition (Substanz allenfalls erhalten aber nicht erhöht).

4.3 Stand der Jahresinvestitionen

Kennzahlensysteme Definition / Formel	Aussagekraft / Kommentierung / Sollwert
$$\frac{\text{Investitionen des laufenden Jahres (kumuliert)} \times 100}{\text{geplante Bruttoinvestitionen des Jahres}}$$	Es wird der Grad der Realisation geplanter Investitionen gemessen. Eine weitere Unterteilung dieser Kennzahl nach unbedingt erforderlichen Investitionen und solchen, die auch später durchgeführt werden können, erscheint sinnvoll. Hieraus lässt sich erkennen, ob die unbedingt notwendigen Investitionen bereits getätigt wurden. Diese Investitionen haben gegenüber den aufschiebbaren absolute Priorität.
Ermittlungs-intervall ✓ jährlich quartalsweise monatlich	Sollwert: < 1

4.4 Reinvestitionsquote[1]

Kennzahlensysteme Definition / Formel	Aussagekraft / Kommentierung / Sollwert
$$\frac{\text{Investitionen in das abnutzbare Anlagevermögen} \times 100}{\text{Kalk. Abschreibungen auf das Sachanlagevermögen}}$$	Die Reinvestitionsquote zeigt, inwieweit die kalkulatorischen Abschreibungen wieder in abnutzbares Sachanlagevermögen reinvestiert wurden. Die durchschnittliche Reinvestitionsquote für einen Zeitraum von mehreren Jahren sollte > 1 sein, da eine Durchschnittsquote von genau eins nur die gegenwärtige Substanz erhält, was meist nicht ausreichen wird, die Wettbewerbs-fähigkeit des Unternehmens zu sichern (vgl. auch Investitionsdeckungsgrad, Abschnitt 4.2). Liegt die Investitionsquote über einen längeren Zeitraum < 1, ist dies ein Alarm-zeichen. Eine Investitionsquote kleiner eins kann allerdings auch z. B. darauf beruhen, dass in der Vorperiode eine außerordentlich hohe Investition erfolgte, wodurch die Höhe der

---

[1] Vgl. Groll, K., Erfolgssicherung durch Kennzahlensysteme, 1991, S. 91

Kennzahlensysteme Definition / Formel		Aussagekraft / Kommentierung / Sollwert
		kalkulatorischen Abschreibungen in den folgenden Jahren zwangsläufig ansteigt. Im Folgejahr sind dann vielleicht nur noch geringere Investitionen erforderlich, wodurch sich die Investitionsquote verringert und evtl. unter den Wert eins sinkt, was in diesem Fall nicht negativ sein muss.
Ermittlungs-intervall	✓ jährlich quartalsweise monatlich	

4.5 Abschreibungsquote[1] / Abschreibungsintensität / Abschreibungsgrad / Anlagenabnutzungswert

Kennzahlensysteme Definition / Formel	Aussagekraft / Kommentierung / Sollwert
$$\frac{\text{Abschreibungen auf Sachanlagen eines Jahres} \times 100}{\text{Endbestand (Buchwerte) der Sachanlagen am Jahresende}}$$ oder $$\frac{\text{Abschreibungsaufwand(kosten)} \times 100}{\text{Gesamtaufwand(kosten)}}$$ oder $$\frac{\text{kumulierte Abschreibungen auf Sachanlagevermögen} \times 100}{\text{Anschaffungs- / Herstellungskosten des Sachanlagevermögens}}$$ oder $$\frac{\text{Abschreibungen auf Sachanlagen} \times 100}{\text{Sachanlagen Anfangsbestand} + \text{Zugänge an Sachanlagen}}$$	Zeigt die Veralterung der Sachanlagen Mit dieser Kennzahl kann gezeigt werden, ob die Abschreibungen in einem veränderten Verhältnis zum Sachanlagevermögen stehen. Die Abschreibungsquote gibt oft Hinweise auf die tatsächliche Gewinnsituation. Eine sehr niedrige Abschreibungsquote kann einen zu hohen Gewinn bedeuten bzw. eine sehr hohe AfA oder einen zu niedrigen Gewinn. Sollwert: Hier gibt es keine allgemeingültigen Vergleichswerte. Man muss intern selbst Sollwerte definieren. Keine Vergleichswerte man sollte aber interne Richtwerte festlegen.

---

[1]   Vgl. Coenenberg, A., Jahresabschluss und Jahresabschlussanalyse, 4. Auflage, München 1979, S. 375

Kennzahlensysteme Definition / Formel		Aussagekraft / Kommentierung / Sollwert
oder $$\frac{\text{Abschreibungen auf Sachanlagevermögen}}{\text{Buchwerte der Sachanlagen am Jahresende}}$$ oder $$\frac{\text{Zugänge beim Anlagevermögen} \times 100}{\text{Gesamte Abschreibungen auf das Anlagevermögen}}$$		Lässt eine Beurteilung der Altersstruktur der Sachanlagen zu.
Ermittlungs-intervall	✓ jährlich quartalsweise monatlich	Sollwert: Positiv ist eine hohe Quote, sie zeigt die Reinvestition von Abschreibungen.

4.6 Investition je Beschäftigten

Kennzahlensysteme Definition / Formel		Aussagekraft / Kommentierung / Sollwert
$$\frac{\text{Investitionen}}{\text{Beschäftigte}}$$		Die Leistungsfähigkeit einer Unternehmung soll durch die Investitionen erhalten und erhöht werden.
Ermittlungs-intervall	✓ jährlich quartalsweise monatlich	

4.7 Finanzierung der Investitionen durch den Cash flow

Kennzahlensysteme Definition / Formel		Aussagekraft / Kommentierung / Sollwert
$$\frac{\text{Cash flow} \times 100}{\text{Investitionen}}$$		Der Wert sollte über 100 % sein, um alle Investitionen aus dem Cash flow finanzieren zu können (bei unter 100 % andere Finanzierung notwendig)
Ermittlungs-intervall	✓ jährlich quartalsweise monatlich	

4.8   Investitionen in Personalaus- und -weiterbildung

Kennzahlensysteme Definition / Formel		Aussagekraft / Kommentierung / Sollwert
$\dfrac{\text{Investitionen in Personalaus-}}{\text{Netto-Betriebsleistung}}$ und -weiterbildung x 100		Der Produktionsfaktor Mensch ist ein wesentlicher Erfolgsfaktor. Investitionen in die Aus- und Weiterbildung sind unerlässlich.
		Diese Kennzahl liefert Aussagen darüber, welcher Anteil der Investitionen in die Personalentwicklung fließt und ist ein wesentlicher Indikator für den Grad der Bedeutung gut ausgebildeter Mitarbeiter in einem Unternehmen.
Ermittlungs-intervall	✓ jährlich quartalsweise monatlich	Die angemessene Höhe dieser Kennzahl ist sehr stark von der Art der Tätigkeit eines Unternehmens abhängig. So wird ein Unternehmen, dessen Tätigkeitsmerkmale ein niedrigeres Anspruchsniveau haben, evtl. bewusst weniger in die Weiterbildung investierten.

5 Finanzierungs- und Liquiditätskennzahlen

Die folgenden „pragmatischen Grundsätze" für die Praxis der Finanz- und Liquiditätssteuerung sollten berücksichtigt werden:

Anlagevermögen
- Die Investitionsmittel so wirtschaftlich wie möglich einsetzen!
- Das Investitionsprogramm vor Überraschungen bewahren!
- Das Investitionsprogramm den Finanzierungsmöglichkeiten anpassen!

Umlaufvermögen
- Das Umlaufvermögen so niedrig wie möglich planen!
- Umlaufvermögen mit Blick auf einen gesicherten Geschäftsablauf planen!

Eigenkapital
- Eine klare Zielsetzung für die Eigenkapitalquote fixieren! Mit der Hausbank abgestimmt.
- Selbstfinanzierung „mit Reserven" planen!
- Nur eine „gesicherte Kapitalerhöhung" verplanen!

Dispositionskredit
- Saisonschwankungen müssen finanziert werden!
- Besonderheiten dürfen keine Panik verursachen!

Den folgenden Kennzahlen wird immer noch bei der Betrachtung von Krediten von Kreditinstituten Bedeutung beigemessen, weil sie meist unter diesen Gesichtspunkten Bilanzen auswerten. Wenn es auch richtig ist, dass diese Kennzahlen allein nicht ausreichend sind, so gilt der Grundsatz: Wenn diese Kennzahlen von den aus der Erfahrung gewonnenen Normen abweichen, so leuchten nicht nur bei Kreditsachbearbeitern Warnleuchten auf!

5.1 Eigenkapitalquote / Eigenkapitalanteil / Eigenkapitalintensität / Eigenkapitalausstattung

Kennzahlensysteme Definition / Formel	Aussagekraft / Kommentierung / Sollwert
$$\frac{\text{korrigiertes Eigenkapital} \times 100}{\text{Gesamtkapital}}$$	Die Eigenkapitalquote (Eigenkapitalintensität, Eigenkapitalausstattung) zeigt das Verhältnis des Eigenkapitals zum Gesamtkapital, zeigt also den Anteil des Eigenkapitals am Gesamtkapital. je geringer sie ist, desto größer ist das Risiko des Unternehmens, da die Finanzierung verstärkt über Fremdkapital erfolgt. Fremdkapital ist im Gegensatz

Kennzahlensysteme Definition / Formel	Aussagekraft / Kommentierung / Sollwert
oder	zum Eigenkapital kündbar! Außerdem steigt mit abnehmender Eigenkapitalquote der Fremdeinfluss.
$$\frac{\text{Eigenkapital} \times 100}{\text{Bilanzsumme}}$$ (Korrigiert heißt hier inklusive stiller Reserven)	Sollwert: < 5 % Insolvenzgefahr (allerdings branchenabhängig) < 10 % Sanierungsbedarf unter 20 % bedenklich
	Diese Kennzahl ist problematisch, da sich das Eigenkapital nicht nur aus den in der Bilanz ausgewiesenen Positionen, sondern auch aus stillen Reserven zusammensetzt. Eine falsche Bewertung des Vermögens kann das ausgewiesene Eigenkapital verzerren. Im allgemeinen können bei einer 20%igen Eigenkapitalquote mindestens drei Verlustjahre aufgefangen werden.
	Sollwert: > 30 % gut 50 % EK ist ideal Industrie (Erzeugung) > 20 %
	Hilfsrechnung: Anzahl der Verlustjahre × durchschnittlicher Jahresverlust in % vom Umsatz = kumulierter Verlust in % vom Umsatz × Kapitalumschlag = notwendige Eigenkapitalquote
Ermittlungs-intervall ✓ jährlich quartalsweise monatlich	Sollwert: Handwerk > 15 % Großhandel > 15 % Einzelhandel > 10 %

5.2   Fremdkapitalquote / Anspannungskoeffizient

Kennzahlensysteme Definition / Formel	Aussagekraft / Kommentierung / Sollwert
$$\frac{\text{Fremdkapital} \times 100}{\text{Bilanzsumme}}$$	

Ermittlungs-intervall	✓ jährlich quartalsweise monatlich	

5.3   Anlagenintensität / Anlagevermögen in Prozent des Gesamtvermögens

Kennzahlensysteme Definition / Formel	Aussagekraft / Kommentierung / Sollwert
$$\frac{\text{Anlagevermögen} \times 100}{\text{Bilanzsumme}}$$ oder $$\frac{\text{Anlagevermögen} \times 100}{\text{Gesamtvermögen}}$$	Bei der Berechnung dieser Kennzahl muss die Ermittlung des Anlagevermögens analog zur Berechnung des Gesamtvermögens erfolgen, z. B. wenn mit betriebsnotwendigem Anlagevermögen gearbeitet wird, muss die entsprechende Bezugszahl ebenfalls das „betriebsnotwendige" Gesamtvermögen sein, nur so können die Werte miteinander verglichen werden. **Sollwert:** Zwischen 30 und 60 % Je niedriger das Anlagevermögen im Vergleich zum Gesamtvermögen und je geringer deshalb die Anlagenintensität ist, desto flexibler ist ein Unternehmen bei der Anpassung an verschiedene Beschäftigungsgrade, da sich bei Unterbeschäftigung die Leerkosten nicht so stark auswirken wie bei einer hohen Anlagenintensität (Leerkosten entstehen durch nicht ausgenutzte Kapazitäten). Entstand das niedrige Anlagevermögen jedoch durch einen Investitionsstau und nicht durch Rationalisierungen, so ist dies negativ

Kennzahlensysteme Definition / Formel	Aussagekraft / Kommentierung / Sollwert
	zu bewerten. Für die zukünftige Aufrechterhaltung der Wettbewerbsfähigkeit werden dann später evtl. höhere Investitionsausgaben notwendig sein. Ein Absinken der Anlagenintensität ist eventuell auch auf erhöhtes Leasing zurückzuführen. Ein Ansteigen der Anlagenintensität kann auch die Folge von Fehlinvestitionen sein. Positiv ist ein Ansteigen der Quote dann zu bewerten, wenn sie auf erfolgreiche Rationalisierung zurückzuführen ist.
Ermittlungs-intervall ✓ jährlich ✓ quartalsweise ✓ monatlich	Sollwert: Je nach Branche zwischen 18 und 35 %

5.4   Working Capital / arbeitendes Kapital / freies Betriebskapital / Nettoumlaufvermögen

Kennzahlensysteme Definition / Formel	Aussagekraft / Kommentierung / Sollwert
Umlaufvermögen – kurzfristige Verbindlichkeiten (innerhalb 90 Tagen fällig) = Working Capital / Nettoumlauf-vermögen oder kurzfristiges Umlaufvermögen (innerhalb eines Jahres abbaubar) – (kurzfristiges) Fremdkapital (innerhalb eines Jahres rückzahlbar) = Working Capital / Nettoumlauf-vermögen	Das Working Capital ist eine absolute Kennzahl zur Liquiditätsbetrachtung, ermöglicht Aussagen über die Liquiditätsentwicklung und entspricht weitgehend der Liquidität 3. Grades (vgl. Kennzahlen Liquidität). Diese absolute Kennzahl kann positiv oder auch negativ sein. Sollwert: Es sollte immer positiv sein (außer das Unternehmen verfügt über erhebliche offene Kreditlinien). Da Gläubiger unabhängig von unternehmensinternen Finanzplänen eine Rückzahlung der kurzfristigen Verbindlichkeiten verlangen könnten, ist es unerlässlich, sich durch geldnahes Vermögen abzusichern. Diese Absicherung kann mit Hilfe des Working Capitals gesteuert und gelenkt werden.

Kennzahlensysteme Definition / Formel		Aussagekraft / Kommentierung / Sollwert
		Positives Working Capital bedeutet, dass die gesamten kurzfristigen Verbindlich-keiten durch Vermögen, welches in etwa gleichen Zeiträumen liquidierbar ist, abgesichert ist.
		Sollwert: Je höher das Working Capital ist, desto höher ist die Liquidität.
		Ein hohes Umlaufvermögen ist häufig auf überhöhte Bestände zurückzuführen, was wegen der Kapitalbindung unter Umständen negativ wäre.
Ermittlungs-intervall	✓ jährlich quartalsweise monatlich	Eine negative Zahl sagt, dass auch das Anlagevermögen teilweise mit kurzfristigen Verbindlichkeiten bezahlt wurde, was dem Grundsatz der Fristenkongruenzen widerspricht.

5.4.1 Working Capital Ratio

Kennzahlensysteme Definition / Formel	Aussagekraft / Kommentierung / Sollwert
$$\frac{\text{Umlaufvermögen} \times 100}{\text{Kurzfristige Verbindlichkeiten}}$$	Wünschenswert für Working Capital Werte von über 133,3 %, d. h. kurzfristige Ver-bindlichkeiten dürften nur höchstens 75 % des Umlaufvermögens betragen

5.4.2 Current Ratio (Bankers Rule)

Kennzahlensysteme Definition / Formel		Aussagekraft / Kommentierung / Sollwert
$$\frac{\text{Umlaufvermögen} \times 100}{\text{Laufende Verbindlichkeiten}}$$ oder $$\frac{\text{Umlaufvermögen} \times 100}{\text{Kurzfristiges Fremdkapital}}$$		Häufig wird gefordert, dass das besonders liquiditätsgefährdende Fremdkapital (kurz-fristige Bankkredite, Lieferantenkredite) doppelt durch das liquidierbare Umlaufver-mögen gedeckt sein sollte oder dass kurzfristiges Umlaufvermögen höher ist als das kurzfristige Fremdkapital
Ermittlungs-intervall	✓ jährlich quartalsweise monatlich	Sollwert: 2 : 1

5.4.3   Quick Ratio / Acid Test

Kennzahlensysteme Definition / Formel	Aussagekraft / Kommentierung / Sollwert
$\dfrac{\text{Umlaufvermögen} - \text{Vorräte} \times 100}{\text{Kurzfristiges Fremdkapital}}$ oder $\dfrac{\text{Kurzfristiges Umlaufvermögen} \times 100}{\text{Fremdkapital}}$	
Ermittlungs- intervall	✓ jährlich quartalsweise ✓ monatlich	

5.5   Anlagendeckung

Meist werden zwei Deckungsgrade ermittelt: Anlagendeckung A und B.

Sollwert:

je nach Branche zwischen 50 und 80 %.

5.5.1   Anlagendeckung A / Anlagendeckung 1 / Anlagendeckungsgrad

Kennzahlensysteme Definition / Formel	Aussagekraft / Kommentierung / Sollwert
$\dfrac{\text{Eigenkapital} \times 100}{\text{Anlagevermögen}}$ oder $\left(\dfrac{\text{Eigenkapital} + \text{Pensionsrückstellungen}}{\text{Anlagevermögen}}\right) \times 100$	Die Anlagendeckung A zeigt, wie weit das Anlagevermögen durch Eigenkapital finanziert wird. Je höher der Deckungswert desto besser ist die Liquidität. Sie zeigt, ob Risikokongruenz gegeben ist, d. h. ob das Anlagevermögen mit risikotragendem, also unkündbarem, nicht zurückforderbarem Kapital, finanziert ist. Dieser Forderung kommt im allgemeinen das Eigenkapital nach (Goldene Bankregel, die besagt, dass das Anlagevermögen vollständig durch Eigenkapital finanziert sein sollte – in der Praxis häufig nicht eingehalten). Grundsätzlich lässt sich feststellen, dass mit sinkender Anlagendeckung A das Finanzierungsrisiko steigt, da Anlagevermögen zusätzlich mit (kündbarem) Fremdkapital finanziert wird. Das Anlagevermögen muss

Kennzahlensysteme Definition / Formel		Aussagekraft / Kommentierung / Sollwert
		aber dem Unternehmen länger dienen. Wird das dadurch gebundene Kapital unerwartet zurückgefordert und stehen keine anderen Finanzierungsmöglichkeiten zur Verfügung, so kann das schwerwiegende Konsequenzen haben. Dieser nicht eingeplante Kapital- bedarf zur Rückzahlung des Fremdkapitals kann zu Liquiditätsengpässen und zu einem Investitionsstopp (auch geplanter Investitionen) führen.
Ermittlungs- intervall	✓ jährlich quartalsweise monatlich	Sollwert: EK = 20 FK = 80 AV = 30 UV = 70 gutes Verhältnis Industrie (Erzeugung) > 60 % Handwerk > 50 % Großhandel > 100 % Einzelhandel > 80 %

5.5.2 Anlagendeckung B / Anlagendeckung 2

Kennzahlensysteme Definition / Formel	Aussagekraft / Kommentierung / Sollwert
$\dfrac{\text{(Eigenkapital + langfr. Fremdkapital) x 100}}{\text{Anlagevermögen + nicht durch Eigen-kapital gedeckter Fehlbetrag (Unterbilanz)}}$ oder $\dfrac{\text{(Eigenkapital + lang-fristiges Fremdkapital) x 100}}{\text{Anlagevermögen + langfristiges Umlaufvermögen}}$	Die Anlagendeckung B sagt, zu wieviel Prozent das Anlagevermögen durch Eigen- kapital und langfristiges Fremdkapital finanziert wird. Es wird hierbei also die Fristenkongruenz zwischen Vermögen und Kapital untersucht. Weil das gesamte Anlagevermögen und auch ein Teil des Umlaufvermögens langfristig finanziert sein sollte, müsste die Anlagendeckung B > 100 % sein. Bei gut finanzierten Unternehmungen ist dies auch der Fall. Liegt der Wert dieser Kennzahl unter 100 % so bedeutet dies, dass Teile des Anlagever- mögens mit kurzfristigem Kapital finanziert sind.

Kennzahlensysteme Definition / Formel		Aussagekraft / Kommentierung / Sollwert
		Bei einem unerwarteten Rückruf kurzfristiger Kredite durch die Kapitalgeber oder auch deren Nicht-Verlängerung kann es zu Liquiditätsengpässen und damit zu einem ernsthaften Problem für das Unternehmen kommen.
		Sollwert: über 100 % Industrie (Erzeugung) > 130 % Handwerk > 120 % Großhandel > 200 % Einzelhandel > 150 % Strategieabhängig. Bei Wachstumsstrategie (Verdrängungswettbewert) kurzfristig z. B. < 1. Langfristig guter Wert deutlich > 1, damit aus dem Cash flow auch Kapitaldienste, Steuern und Gewinnausschüttungen bestritten werden können.
Ermittlungsintervall	✓ jährlich quartalsweise monatlich	

5.5.3   Goldene Bilanzregel / Fristenkongruenz / Fristenentsprechung

Kennzahlensysteme Definition / Formel		Aussagekraft / Kommentierung / Sollwert
Im weiteren Sinne: $$\frac{\text{Langfristiges Kapital}}{\text{Langfristiges Vermögen}}$$ oder $$\frac{\text{Anlagevermögen}}{\text{Eigenkapital} + \text{langfristiges Fremdkapital}}$$ Im engeren Sinne: $$\frac{\text{Anlagevermögen}}{\text{Eigenkapital}}$$		Langfristig gebundenes Vermögen sollte durch langfristiges zur Verfügung stehendes Kapital finanziert werden Anlagevermögen soll durch Eigenkapital gedeckt sein.
		Sollwert: ≤ 1 Goldene Finanzierungsregel = langfristiges gebundenes Vermögen soll mit langfristigen Mitteln finanziert werden, kurzfristiges Vermögen darf mit kurzfristigen Mitteln finanziert werden
Ermittlungsintervall	✓ jährlich ✓ quartalsweise ✓ monatlich	Sollwert: ≤ 1

5.5.4   Goldene Finanzierungsregel

Kennzahlensysteme Definition / Formel		Aussagekraft / Kommentierung / Sollwert
$$\frac{\text{Kurzfristiges Vermögen}}{\text{Kurzfristiges Kapital}}$$ oder $$\frac{\text{Umlaufvermögen}}{\text{Kurzfristige Verbindlichkeiten}}$$ oder $$\frac{\text{Langfristiges Vermögen}}{\text{Langfristiges Kapital}}$$		Als Faustregel ist die „Goldene Bilanzregel" durchaus brauchbar, denn aus ihr folgt, dass langfristige Investitionen grundsätzlich nicht mit kurzfristigem Fremdkapital finanziert werden sollten. Allgemein allerdings befriedigt die „Goldene Finanzregel" nicht. Denn Anlagevermögen und langfristig verfügbares Kapital einerseits, sowie Umlaufvermögen und kurzfristige Verpflichtungen andererseits werden nur global einander gegenübergestellt. Dabei wird nicht berücksichtigt, dass einzelne Vermögensteile eine sehr unterschiedliche Umschlagsdauer und die einzelnen Verbindlichkeiten ganz verschieden lange Fristigkeiten haben könnten. Es ist ein erheblicher Unterschied, ob das AV eine Umschlagsdauer von ein, zwei, drei Jahren hat, oder ein langfristiger Kredit nach vier, fünf oder nach acht Jahren zurückzuzahlen ist. Moderne Finanzierungsform wie Leasing oder Factoring passen übrigens nicht in die Vorstellung, die man mit der Goldenen Finanzregel verbindet.
Ermittlungs-intervall	✓ jährlich ✓ quartalsweise ✓ monatlich	Sollwert: ≥ 1 ≤ 1

5.6   Innenfinanzierungsgrad

Kennzahlensysteme Definition / Formel		Aussagekraft / Kommentierung / Sollwert
$$\frac{\text{Cash flow}}{\text{Nettoinvestitionen (Sachanlagenzugänge - Sachanlagenabgänge)}}$$		Misst das Verhältnis des Cash flows zu Nettoinvestitionen und zeigt an, wieweit die Finanzierung der Nettoinvestitionen aus eigenen Mitteln erfolgen kann.
Ermittlungs-intervall	✓ jährlich quartalsweise monatlich	

5.7 Umschlagshäufigkeit der Vermögensgegenstände / Umlaufsintensität

Kennzahlensysteme Definition / Formel	Aussagekraft / Kommentierung / Sollwert
$$\frac{\text{Umsatz}}{\text{Gesamtvermögen}}$$ oder $$\frac{\text{Umsatz}}{\text{durchschn. Bestand des Anlagevermögens}}$$ oder $$\frac{\text{Umlaufvermögen x 100}}{\text{Bilanzsumme}}$$	Die Umschlagshäufigkeit der Vermögens-gegenstände zeigt das Verhältnis des Umsatzes zum Gesamtvermögen und damit den Grad der Kapitalbindung im Leistungs-erstellungs- und -verwertungsprozess auf. Je höher die Quote desto mehr Kapital ist kurzfristig gebunden.
Ermittlungs-intervall ✓ jährlich quartalsweise monatlich	

5.8 Verschuldung

5.8.1 Entschuldungsgrad

Kennzahlensysteme Definition / Formel	Aussagekraft / Kommentierung / Sollwert
$$\frac{\text{Verfügbarer Cash flow x 100}}{\text{Netto-Verschuldung}}$$ manchmal auch definiert: $$\frac{\text{(Betriebsergebnis + AfA + Veränderungen an langfr. Rückstellungen) x 100}}{\text{Fremdkapital - liquide Mittel}}$$ Nettoverschuldung = Fremdkapital – liquide Mittel	Die Verschuldung wird meist mit dem Ent-schuldungswert oder Verschuldungswert / Verschuldungskoeffizient gemessen.
Ermittlungs-intervall ✓ jährlich quartalsweise monatlich	

5.8.2   Statischer Verschuldungsgrad / Verschuldungskoeffizient

Kennzahlensysteme Definition / Formel		Aussagekraft / Kommentierung / Sollwert
$$\frac{\text{Fremdkapital} \times 100}{\text{Gesamtkapital}}$$		Der Verschuldungskoeffizient zeigt das Verhältnis von Fremdkapital zu Eigenkapital. Hohe Bedeutung, weil sichtbar gemacht wird, in welchem Verhältnis die Finanzierung des Unternehmens durch Außenstehende zur Finanzierung durch die Eigentümer steht.
		Die **vertikale Kapitalstruktur** plädiert für EK : FK = 1 : 1, d. h. der Anteil des Eigenkapitals am Gesamtkapital sollte 50 % betragen. Dieser – verglichen mit der deutschen Realität – hohe Anteil des Eigenkapitals wird aus Sicherheitsgesichtspunkten zur Erschließung und Erhaltung von Fremdkapitalquellen allgemein als zweckmäßig angesehen. Allerdings erbringt ein hoher Eigenkapitalanteil einen niedrigen „Leverage-Effekt". Leverage und Sicherheit sollten eigentlich in einem ausgewogenen Verhältnis stehen.
Ermittlungs-intervall	✓ jährlich quartalsweise monatlich	

5.8.3   Dynamischer Verschuldungsgrad

Kennzahlensysteme Definition / Formel		Aussagekraft / Kommentierung / Sollwert
$$\frac{\text{Effektivverschuldung}}{\text{Cash flow}}$$ oder $$\frac{\text{Fremdkapital}}{\text{Cash flow}}$$ Effektivverschuldung = Gesamte Verbindlichkeiten – monetäres Umlaufvermögen		Misst das Verhältnis der Effektivverschuldung zum Cash flow. Er zeigt die Zeit, die zur Tilgung der Effektivverschuldung durch den Cash flow notwendig ist. Die Effektivverschuldung setzt sich aus den gesamten Verbindlichkeiten abzüglich des monetären Umlaufvermögens zusammen.
		Sollwert: 2–5 Jahre guter Wert über 10 Jahre problematisch über 15 Jahre – Sanierungsbedürftigkeit liegt vor
Ermittlungs-intervall	✓ jährlich quartalsweise monatlich	

5.8.4   Kurzfristige Verschuldungsintensität

Kennzahlensysteme Definition / Formel	Aussagekraft / Kommentierung / Sollwert
$\dfrac{\text{Kurzfristiges Fremdkapital} \times 100}{\text{Gesamtes Fremdkapital}}$	Die kurzfristige Verschuldungsintensität ist das Verhältnis des kurzfristigen Fremdkapitals zum gesamten Fremdkapital. Sie gibt das Kapitalentzugsrisiko an.

| Ermittlungs-
intervall | ✓ jährlich
quartalsweise
monatlich | |

5.9   Kreditorenkennzahl / Kreditorenziel in Tagen / Verweildauer / Kreditoren / Lieferantenkreditdauer

Kennzahlensysteme Definition / Formel	Aussagekraft / Kommentierung / Sollwert
$\dfrac{(\text{Lieferantenschulden} + \text{Wechselschulden}) \times 365\,(360)}{\text{Materialeinsatz bzw. Wareneinsatz pro Jahr}}$ oder $\dfrac{\text{Lieferantenverbindlichkeiten} \times 365\,(360)}{\text{Materialeinsatz} + \text{Wareneinsatz} + \text{Fremdleistungen}}$ oder $\dfrac{\text{durchschnittlicher Bestand an Lieferantenschuldenverbindlichkeiten} \times 365\,(360)}{\text{Gesamteinkaufsvolumen pro Jahr}}$ oder umgeformt: $\dfrac{365\,(360)}{\text{Kreditorenumschlag}}$ oder $\dfrac{\text{durchschnittlicher Kreditorenbestand} \times 365\,(360)}{\text{Wareneingang}}$	Nach wie viel Tagen werden im Durchschnitt die Lieferantenverbindlichkeiten bezahlt? Die Höhe der Skontoerträge beeinflusst diese Zahl. Attraktiv sind Skontoerträge, wenn die Skontobezugsspanne kurz ist und der Prozentsatz des Skontos hoch ist. Liegt der Jahreszinssatz des Lieferantenkredits über dem von Kreditinstituten ist es vorteilhafter, die Skontoerträge auszunutzen und auf den Lieferantenkredit zu verzichten, selbst wenn hierfür ein zusätzlicher Kredit aufgenommen werden müsste. Natürlich muss hier aber immer die aktuelle Liquiditätslage des Unternehmens berücksichtigt werden. Diese Kennzahl zeigt, wie hoch die Inanspruchnahme bei Lieferanten ist, bzw. welches Zahlungsziel einem Unternehmen durchschnittlich von den Lieferanten eingeräumt wird und wie lange es durchschnittlich dauert, bis Verbindlichkeiten aus Lieferungen und Leistungen beglichen werden. Sie spiegelt aber auch die Liquiditätslage des eigenen Unternehmens wider, da Zahlungsziele ja häufig nicht aus Zahlungsunwilligkeit, sondern aus Zahlungsschwierigkeiten ausgenutzt oder überschritten werden.

Kennzahlensysteme Definition / Formel		Aussagekraft / Kommentierung / Sollwert
Ermittlungs-intervall	✓ jährlich ✓ quartalsweise ✓ monatlich	Sollwert: < 30 Tage guter Wert Industrie (Erzeugung) ≤ 80 Tage Handwerk ≤ 70 Tage Großhandel ≤ 50 Tage Einzelhandel ≤ 50 Tage

Wechselkreditdauer

Kennzahlensysteme Definition / Formel		Aussagekraft / Kommentierung / Sollwert
$$\frac{\text{durchschnittlicher Schuldwechselbestand x 365 (360)}}{\text{Wareneingang}}$$ Bankkreditdauer = $$\frac{\text{durchschnittlicher Geschäftskontenbestand x 365 (360)}}{\text{Wareneingang}}$$		Diese Kennzahl zeigt auch, wie teuer eine Zahlungszielinanspruchnahme kommt. Es lässt sich somit der Zinssatz errechnen, den die Lieferanten für die Kreditgewährung ansetzen.
Ermittlungs-intervall	✓ jährlich quartalsweise monatlich	

Kreditanspannung

Kennzahlensysteme Definition / Formel		Aussagekraft / Kommentierung / Sollwert
$$\frac{\text{Wechselverbindlichkeiten x 365 (360)}}{\text{Warenschulden}}$$ Kreditorendeckung = $$\frac{\text{Debitorenbestand x 100}}{\text{Kreditorenbestand}}$$		Die Kreditorendeckung zeigt das Verhältnis Debitoren- zu Kreditorenbeständen, also inwieweit die bei den Lieferanten in Anspruch genommene Kredite an die Kunden weitergegeben werden. Die Quote sollte mindestens 100 % betragen, da sonst andere Vermögensgegenstände mit kurzfristigen und mit teuren Lieferantenkrediten finanziert werden müssen.
Ermittlungs-intervall	✓ jährlich quartalsweise monatlich	

Fremdkapitalzinsen in % der Netto-Betriebsleistung

Kennzahlensysteme Definition / Formel	Aussagekraft / Kommentierung / Sollwert
$$\frac{\text{Fremdkapitalzinsen} \times 100}{\text{Netto-Betriebsleistung}}$$ oder $$\frac{\text{Fremdkapitalzinsen} \times 100}{\text{Betriebsleistung}}$$	Wenn im Vergleich zu hoch, dann Überprüfung der Konditionen
Ermittlungs-intervall ✓ jährlich quartalsweise monatlich	Sollwert: < 2,4

5.10 Lagerdauer in Tagen / Grad der Lagerhaltung / Erzeugnisumschlagszeit / Lagerreichweite / Verweildauer Vorräte

Kennzahlensysteme Definition / Formel	Aussagekraft / Kommentierung / Sollwert
$$\frac{\text{durchschnittlicher Lagerbestand} \times 360\ (365)}{\text{Gesamtmaterialkosten pro Jahr}}$$ oder $$\frac{360\ (365)}{\text{Lagerumschlag}}$$ in Industrie und Handwerk: $$\frac{\text{Vorräte} \times 360\ (365)}{\text{Materialeinsatz}}$$ im Handel: $$\frac{\text{Vorräte} \times 360\ (365)}{\text{Wareneinsatz}}$$	Bei der Beurteilung der Lagerhöhen gibt es keine allgemeingültigen Normen, da die spezifischen Gegebenheiten, wie z. B. Bestellmengen oder Wiederbeschaffungs-zeiten, mit berücksichtigt werden müssen. Deshalb gibt es auch keine allgemeingültige Aussage über die optimale Lagerdauer. Ge-nerell gilt: die Lagerhaltung bindet Kapital und verursacht somit Zinskosten und Miet-kosten. Lagerkosten belasten zwar Liquidi-tät und Rentabilität, Mindestlagerbestände sind aber unvermeidbar! Die optimale Lagerdauer sollte in Industrieunternehmen zumindest für Roh-, Hilfs- und Betriebs-stoffe und die Fertigwaren ermittelt werden, beim Handel, für das Warenlager. Ob eine weitere Einteilung, z. B. nach ABC-Artikel notwendig ist, hängt von der tatsächlichen Kapitalbindung in den Lagern ab.
	Sollwert: Industrie (Erzeugung) < 100 Tage Handwerk < 40 Tage

Kennzahlensysteme Definition / Formel	Aussagekraft / Kommentierung / Sollwert
	Generell gilt, je geringer die durchschnittliche Lagerdauer ist, desto vorteilhafter, da sich der Tauschprozess Waren gegen Geld schneller vollzieht. Die Reduzierung der Lagerdauer darf allerdings nie zu Problemen im Produktions- und Absatzprozess führen.
	Die Lagerdauer ist von folgenden Faktoren abhängig:
	– Länge der Wiederbeschaffungszeit
	– Schwankungen der Nachfrage
	– Gewünschter Servicegrad
	Aufgrund dieser betriebsindividuellen Informationen sollte für jedes Unternehmen eine individuelle Soll-Lagerdauer aus folgenden Größen errechnet werden:
	– Schwankungen der Nachfrage
	– Wiederbeschaffungszeiten
	– Günstige Bestellmengen
	Häufig wird diese Kennzahl in der Praxis falsch ermittelt, wobei sich der durchschnittliche Lagerbestand aus folgenden Größen zusammensetzt: Roh-, Hilfs- und Betriebsstoffen, unfertigen Erzeugnissen, Fertigerzeugnissen, Handelswaren. Diese heterogenen Lagerbestände werden dem Materialeinsatz gegenübergestellt, obwohl der Lagerbestand zum einen zu Einstandspreisen (Rohstoffe) und zum anderen zu Herstellungskosten (unfertige und fertige Erzeugnisse) bewertet ist.
	Deshalb muss die Lagerdauer getrennt nach den Lagerkategorien ermittelt werden. Dem Materialeinsatz dürfen nur die Bestände aus Roh-, Hilfs- und Betriebsstoffen gegenübergestellt werden, nicht die Bestände aus unfertigen Erzeugnissen und Fertigerzeugnissen. Wenn Handelswaren vorhanden sind, muss der Materialeinsatz in Rohstoffe und Handelwaren unterteilt und den beiden entsprechenden Positionen gegenübergestellt werden.

Kennzahlensysteme Definition / Formel		Aussagekraft / Kommentierung / Sollwert
Ermittlungs-intervall	✓ jährlich ✓ quartalsweise ✓ monatlich	Sollwert: Großhandel < 60 Tage Einzelhandel < 110 Tage

5.11 Debitorenziel in Tagen / Außenstandsdauer / Forderungsumschlagszeit, Kundenkreditdauer in Tagen / Verweildauer / Geldeingangsdauer / Zahlungsmoral der Kunden / Debitorenlaufzeit

Kennzahlensysteme Definition / Formel	Aussagekraft / Kommentierung / Sollwert
$$\frac{\text{Durchschnittlicher Bestand an Kundenforderungen x 365 (360)}}{\text{Jahresumsatz}}$$ oder	Das Debitorenziel ist das durchschnittliche Zahlungsziel, das die Kunden in Anspruch nehmen. Eine Reduktion des Debitorenzie-les bedeutet eine Erhöhung des Debitoren-umschlages und umgekehrt. Diese Kennzahl wird weitgehend vom Forderungsmanage-ment beeinflusst!
$$\frac{\text{Außenstände}}{\text{Nettoumsätze}}$$ oder umgeformt[1]	Sollwert: Industrie (Erzeugung) < 45 Tage Handwerk < 40 Tage
$$\frac{365\ (360)}{\text{Forderungsumschlag}}$$ oder	Außenstände sind Kosten- und Risikofaktor zugleich und wirken sich auf die Liquidität aus. Steigende Außenstandsdauern weist auf Liquiditätsproblem der Kunden hin.
$$\frac{\text{Forderungen aus Lieferungen und Leistungen x 365}}{\text{Umsatzerlöse}}$$	Sollwert: Großhandel < 40 Tage Einzelhandel < 10 Tage
	Eine weitere Unterteilung, z. B. in Debito-renziele je Kunde, kann je nach Bedarf sinnvoll sein. Die Kennzahl zeigt dann die Zahlungsmoral einzelner Kunden und hat

---

[1] Vgl. Vollmuth, H., Gewinnorientierte Unternehmensführung, 1987, S. 210

Kennzahlensysteme Definition / Formel	Aussagekraft / Kommentierung / Sollwert
Zusätzlich sollte ermittelt werden überfällige Forderungen / Overdue Rate = $$\frac{\text{Überfällige Forderungen}}{\text{Gesamtforderungsbestand}}$$ Forderungsausfälle / Bad Debt Rate = $$\frac{\text{Forderungsausfall} \times 100}{\text{Umsatz}}$$	damit eine Frühwarnfunktion für die Liquidität des Kunden (z. B. keine Skontoausnutzung, häufige Reklamationen, usw.). Das Debitorenziel in Tagen ist unter drei Gesichtspunkten zu betrachten:[1] Die Kreditfristen verursachen umso mehr Kosten, je länger sie sind. Durch die Kapitalbindung entstehen Zinskosten, da zur Finanzierung der eingeräumten Kreditfristen zusätzliches Fremdkapital benötigt wird, bzw. Eigenkapital nicht anderweitig zinsbringend angelegt werden kann. Hinzu kommt, dass mit steigendem Zahlungsziel auch das Kreditrisiko steigt. Je länger das eingeräumte Zahlungsziel ist, desto größer ist die Gefahr, dass die Forderung z. B. wegen Insolvenz nicht mehr beglichen wird. Die Kreditfristen Bestandteil des absatzpolitischen Instrumentariums sind, ist zu überprüfen, ob Veränderungen der Zahlungsziele nicht zu unerwünschten Absatzreaktionen führen. Werden die Kunden gezwungen, ihre Rechnungen früher als bisher zu begleichen (Verkürzung des Zahlungsziels), so kann dies eventuell den Wechsel zur Konkurrenz bewirken. Grundsätzlich gilt: Das Debitorenziel muss grundsätzlich möglichst gering gehalten werden, Kundenreaktionen müssen aber mitberücksichtigt werden. Überhöhte Kundenskonti sollten nicht als Anreiz für niedrige Debitorenziele gewährt werden, denn Zinskosten für Bankkredite sind meist günstiger als Überhöhe Kundenskonti.

Ermittlungs-
intervall   ✓ jährlich
           ✓ quartalsweise
           ✓ monatlich
	Sollwert:
	< 30 Tage Sollwert

---

[1]   Vgl. im folgenden Reichmann, Th., Controlling mit Kennzahlen, 1990, S. 63

5.12   Grad der Finanzierung durch erhaltene Anzahlungen

Kennzahlensysteme Definition / Formel	Aussagekraft / Kommentierung / Sollwert
$$\frac{\text{Erhaltene Anzahlungen} \times 100}{\text{Vorräte und Erzeugnisse}}$$ Stille Reserven: $$\frac{\text{Grundkapital (AG) x (Börsenkurs : Bilanzkurs)}}{100}$$ Bilanzkurs: $$\frac{\text{Eigenkapital x 100}}{\text{Grundkapital der AG}}$$ Börsenkurs: $$\frac{\text{Kurs der Aktie x 100}}{\text{Grundkapital}}$$ Selbstfinanzierungsgrad: $$\frac{\text{Gewinnrücklagen}}{\text{Eigenkapital}}$$	Erhaltene Anzahlungen sind bereits geleistete Zahlungen von Kunden, bevor die vollständige Leistungserbringung durch das Unternehmen erfolgt. Sie werden vom Kunden kostenlos (ohne Zinsen) gewährt und sind eine zusätzliche Finanzierungsmöglichkeit für jedes Unternehmen. Diese Kennzahl zeigt, ob die für die Kunden bestimmten Güter oder für den Leistungserstellungsprozess benötigten Güter vom Kunden selbst im Voraus finanziert werden. Je höher die Quote ist, desto günstiger die Finanzierung. Die Differenz zwischen dem Börsenkurs, der den Marktwert (= objektivierter Ertragswert einer AG) wiedergibt und dem Bilanzkurs (substanzorientierte Größe) kann als originärer Firmenwert angesehen werden. Hier sind sowohl stille Ermessensreserven (selbst festgelegt) als auch stille Zwangsreserven (aufgrund des Niederstwertprinzips) enthalten. Verbesserungen der Quote sind auch durch eine Reduktion der Lagerhaltung möglich, wodurch sich die Bezugszahl verringt. Je größer der Anteil der Anzahlungen an der Gesamtsumme ist, desto geringer wird der Betrag eines möglichen Zahlungsausfallsrisikos der Kunden. Dies stellt einen zusätzlichen Sicherheitsfaktor für ein Unternehmen dar.
Ermittlungsintervall ✓ jährlich quartalsweise monatlich	

5.13   Liquidität

Kennzahlensysteme Definition / Formel	Aussagekraft / Kommentierung / Sollwert
Liquiditätsgrad = $$\frac{\text{Deckungsmittel x 100}}{\text{Zahlungsverpflichtungen}}$$	Die Liquidität ist die Fähigkeit und die Bereitschaft eines Unternehmens, seinen fälligen Zahlungsverpflichtungen termingerecht nachzukommen.

Kennzahlensysteme Definition / Formel	Aussagekraft / Kommentierung / Sollwert
	Liquiditäts-Kennzahlen zeigen das Verhältnis zwischen dem Bestand an flüssigen Mitteln und dem Bestand an kurzfristigen Verbindlichkeiten (Deckungsgrad) auf. Man unterscheidet statische und dynamische Liquiditäts-Kennzahlen.
	Das häufigste Argument gegen Bilanzanalysen, durch Kennzahlen und von Liquiditätskennzahlen, ist ihre rückblickende Stichtagsbetrachtung, denn eine Liquiditätskennzahl zum 31.12. eines Jahres sagt wenig über die Liquiditätssituation am 31.2. des nächsten Jahres aus.
	Liquiditätskennzahlen geben nur Auskunft über durchschnittliche, nicht aber über die tatsächlichen Deckungsrelationen.
Ermittlungs- intervall ✓ jährlich ✓ quartalsweise ✓ monatlich	Liquiditätsgleichgewicht ist dann gegeben, wenn den Zahlungsverpflichtungen ein ebenso hoher Bestand an Deckungsmitteln gegenübersteht.

5.13.1   Liquidität 1. Grades / Barliquidität / Liquiditätskoeffizient / Absolute liquidity ratio / Kassenliquidität

Kennzahlensysteme Definition / Formel	Aussagekraft / Kommentierung / Sollwert
$$\frac{\text{Flüssige (liquide) Mittel} \times 100}{\text{Kurzfristig fällige Verbindlichkeiten}}$$ oder $$\frac{\text{Flüssige (liquide) Mittel} \times 100}{\text{Kurzfristiges Fremdkapital}}$$ oder $$\frac{\text{Kurzfristige Forderungen} \times 100}{\text{Kurzfristige Verbindlichkeiten}}$$ oder $$\frac{\text{Zahlungsmittel} \times 100}{\text{Kurzfristige Verbindlichkeiten}}$$ Tagesliquidität = $$\frac{\text{Vorhandene flüssige Mittel} \times 100}{\text{Notwendige Auszahlungen}}$$	Als flüssige Mittel sind hier Bankguthaben, Kassenbestände, Schecks, Wertpapiere und Besitzwechsel zu verstehen. Als kurzfristige Verbindlichkeiten gelten Zahlungsverpflichtungen mit einer Laufzeit bis zu 90 Tagen. Die Liquidität gibt das Verhältnis der flüssigen Mittel zum kurzfristigen Fremdkapital an. Nicht vollständig ausgenützte Bankkredite sollten bei den flüssigen Mitteln nicht einbezogen werden. Sie stellen eine Liquiditätsreserve dar, die aber im Unternehmen noch nicht unmittelbar verfügbar ist (Sie könnten kurzfristig verweigert werden, wenn von den Banken erkannt wird, dass sich Liquiditätsengpässe abzeichnen.).

Kennzahlensysteme Definition / Formel	Aussagekraft / Kommentierung / Sollwert
	Je höher die Liquidität ersten Grades, desto besser ist die Liquidität.
	Ist der Liquiditätsgrad 100 %, so ist volle Deckung von Zahlungsverpflichtungen durch Zahlungsmittel gewährleistet. Ist der Liquiditätsgrad kleiner als 100 %, so wird eine Unterdeckung an liquiden Mitteln deutlich, ist er größer 100 %, so besteht eine Überdeckung.
Ermittlungs-intervall ✓ jährlich ✓ quartalsweise ✓ monatlich	Sollwert: 100 %

5.13.2   Liquidität 2. Grades / Liquidität auf kurze Sicht / Zahlungsbereitschaft / Quick Ratio / Acid Test

Kennzahlensysteme Definition / Formel	Aussagekraft / Kommentierung / Sollwert
$$\frac{(\text{Flüssige Mittel} + \text{kurzfristige Forderungen}) \times 100}{\text{Kurzfristige Verbindlichkeiten}}$$ oder $$\frac{(\text{Flüssige Mittel} + \text{Kundenforderungen}) \times 100}{\text{Kurz- und mittelfristige Verbindlichkeiten}}$$ oder $$\frac{\text{Kurzfristiges Umlaufvermögen} \times 100}{\text{Kurzfristiges Fremdkapital}}$$ oder $$\frac{(\text{Liquide Mittel} + \text{innerhalb}\ 3\ \text{Monaten fälliger Forderungen}) \times 100}{\text{Fällige} + \text{innerhalb von 3 Monaten fällig werdenden Schulden}}$$ oder $$\frac{\text{Zahlungsmittel} + \text{kurzfristige Forderungen} + \text{Warenbestände}}{\text{Kurzfristige Verbindlichkeiten}}$$ oder $$\frac{(\text{Kurzfristiges Umlaufvermögen} - \text{Vorräte} - \text{geleistete Anzahlungen}) \times 100}{\text{Kurzfristiges Fremdkapital}}$$	Die Deckungsmittel des ersten Liquiditäts-grades werden erweitert um die kurzfristi-gen Forderungen aus Lieferungen und Leis-tungen, die sonstigen kurzfristigen Forde-rungen, die diskontfähigen Besitzwechsel und Wertpapier des Umlaufvermögens + eigene Aktien. Den Barmitteln wird somit der gesamte kurzfristig in Barmittel umwandelbare Teil des Umlaufvermögens hinzugefügt. Quick Ratio oder auch Acid Test genannt ist dann gesichert, wenn das kurzfristige Um-laufvermögen höher ist als das kurzfristige Fremdkapital. Sollwert: > = 100 % Liquidität ist ausreichend < 100 % Liquidität ist angespannt Die Liquidität 2. Grades zeigt an, inwieweit die kurzfristigen Verbindlichkeiten durch Zahlungsmittel und kurzfristige Forderun-gen abgedeckt sind (deshalb auch „Liquidi-

Kennzahlensysteme Definition / Formel		Aussagekraft / Kommentierung / Sollwert
Ermittlungs-intervall	✓ jährlich ✓ quartalsweise ✓ monatlich	tät auf kurze Sicht", da die kurzfristigen Forderungen in der Regel nicht sofort liqui-dierbar und deshalb beim Zeitpunkt der Ermittlung dieser Kennzahl nicht flüssig verfügbar sind).

5.13.3 Liquidität 3. Grades / Liquidität auf mittlere Sicht / Zahlungsbereitschaft II / Current Ratio / Gesamtliquidität

Kennzahlensysteme Definition / Formel		Aussagekraft / Kommentierung / Sollwert
$\dfrac{\text{(Flüssige Mittel + kurzfristige Forderungen + Bestände)} \times 100}{\text{Kurzfristige Verbindlichkeiten}}$ oder $\dfrac{\text{Kurzfristiges Umlaufvermögen} \times 100}{\text{Kurzfristiges Fremdkapital}}$ oder $\dfrac{\text{(Liquide Mittel + kurzfristige Forderungen + Fertigfabrikate)} \times 100}{\text{innerhalb eines Jahres fällige Verbindlichkeiten}}$		Sie zeigt an, ob aus mittlerer Sicht die kurz-fristigen Verbindlichkeiten durch Zah-lungsmittel, kurzfristige Forderungen und Bestände abgesichert sind. Die Liquidier-barkeit der Bestände ist in der Regel aller-dings geringer als die der Forderungen. Somit dauert es länger, bis alle Werte im Zähler tatsächlich in flüssige Mittel um-gewandelt werden können.
Ermittlungs-intervall	✓ jährlich ✓ quartalsweise ✓ monatlich	Sollwert: > 150 % ausreichende Flexibilität < 150 % eingeschränkte Flexibilität

5.13.4 Kassenmittelintensität

Kennzahlensysteme Definition / Formel		Aussagekraft / Kommentierung / Sollwert
$\dfrac{\text{Liquide Mittel}}{\text{Gesamtvermögen}}$		Misst das Verhältnis der liquiden Mittel zum Gesamtvermögen und zeigt den Grad der Kapitalbindung in liquiden Mitteln an.
Ermittlungs-intervall	✓ jährlich ✓ quartalsweise ✓ monatlich	

6 Produktivitätskennzahlen

6.1 Wirtschaftlichkeit

Man unterscheidet:

Technische und wertmäßige Wirtschaftlichkeit (technische Wirtschaftlichkeit = Produktivität)

6.1.1 Maximalprinzip

Kennzahlensysteme Definition / Formel	Aussagekraft / Kommentierung / Sollwert
$\dfrac{\text{Maximale Leistung}}{\text{Vorgegebene Mittel}}$ oder $\dfrac{\text{Output}}{\text{Input}}$ oder $\dfrac{\text{Ausbringungsmenge}}{\text{Faktoreinsatzmenge}}$ oder Teilproduktivität = $\dfrac{\text{Ausbringungsmenge}}{\text{Teileinsatzmenge}}$	Mit definierten Mitteln wird größtmögliche Leistung angestrebt. Beide Ausprägungen des ökonomischen Prinzips werden im allgemeinen als Empfehlung für rationales Handeln angesehen. Allerdings ist diese globale Formulierung für eine praktische Anwendung völlig ungeeignet, da sie im Prinzip inhaltslos ist. So könnte jede Handlung als rational angesehen werden, wenn sie nur als Zweck- bzw. Mitteleinsatz definiert werden muss. Die Begriffe müssen ergänzt, bzw. ersetzt werden durch die Begriffe der Kosten- und Leistungsrechnung, (Kosten – Leistung) bzw. Aufwand und Ertrag (Finanzbuchhaltung). Teileinsatzmengen können Materialeinsatz, Personaleinsatz, Maschineneinsatz, etc. sein.
Ermittlungs- intervall	✓ jährlich quartalsweise monatlich	Sollwert: < 1

6.1.2   Minimalprinzip

Kennzahlensysteme Definition / Formel	Aussagekraft / Kommentierung / Sollwert
Definierte Leistungen 　Geringste Mittel	
Ermittlungs-　　✓ jährlich intervall　　　　quartalsweise 　　　　　　　　monatlich	

6.1.3   Wirtschaftlichkeit des Gesamtunternehmens

Kennzahlensysteme Definition / Formel	Aussagekraft / Kommentierung / Sollwert
Gesamterträge Gesamtaufwendungen oder Gesamtleistung Gesamtkosten	Definition aus der Finanzbuchhaltung; Definition in der Kosten- und Leistungsrechnung
Ermittlungs-　　✓ jährlich intervall　　　　quartalsweise 　　　　　　　　monatlich	

6.1.4   Wirtschaftlichkeit des Betriebs

Kennzahlensysteme Definition / Formel	Aussagekraft / Kommentierung / Sollwert
Betriebserträge Betriebsaufwand oder Betriebsleistung Kosten	Definition aus der Finanzbuchhaltung; Definition in der Kosten- und Leistungsrechnung
Ermittlungs-　　✓ jährlich intervall　　　　quartalsweise 　　　　　　　　monatlich	

6.1.5   „Bezahlte Wirtschaftlichkeit"

Kennzahlensysteme Definition / Formel	Aussagekraft / Kommentierung / Sollwert
$\dfrac{\text{Nettoerlöse der verkauften Erzeugnisse}}{\text{Kosten der verkauften Erzeugnisse}}$	
Ermittlungs-intervall · ✓ jährlich · quartalsweise · monatlich	

6.1.6   Vermögensproduktivität

Kennzahlensysteme Definition / Formel	Aussagekraft / Kommentierung / Sollwert
$\dfrac{\text{Wertschöpfung}}{\text{Vermögen}}$	Diese Kennzahl gibt Auskunft darüber, welche Wertschöpfung je EUR eingesetztes Vermögen erwirtschaftet wird, zeigt also die Intensität der Ausnutzung des Vermögens. Je höher der Wert ist, desto positiver. Allerdings würde sich der Kennzahlenwert auch durch einen Investitionsstopp erhöhen, was im allgemeinen negativ wäre, da zur Aufrechterhaltung der Wettbewerbsfähigkeit ein Mindestmaß an Investitionen notwendig ist. Folge wäre in späteren Jahren ein Sinken der Vermögensproduktivität.
Ermittlungs-intervall · ✓ jährlich · quartalsweise · monatlich	Die Vermögensproduktivität würde auch durch verstärktes Leasing verbessert werden, falls die geleasten Wirtschaftsgüter nicht in die Berechnung des Vermögens einfließen. Dies wäre jedoch keine tatsächliche Produktivitätserhöhung und müsste in der Berechnung neutralisiert werden.

6.2   Produktivität

6.2.1   Produktive / technische Wirtschaftlichkeit

Kennzahlensysteme Definition / Formel	Aussagekraft / Kommentierung / Sollwert
$\dfrac{\text{Ausbringungsmenge}}{\text{Faktoreinsatzmenge}}$	Technische Wirtschaftlichkeit = Produktivität

Kennzahlensysteme Definition / Formel	Aussagekraft / Kommentierung / Sollwert
oder $\dfrac{\text{Bewertete Ausbringung}}{\text{Bewerteter Faktoreinsatz}}$ oder $\dfrac{\text{(Mengenmäßiger) Output}}{\text{(Mengenmäßiger) Input}}$	
Ermittlungs- intervall ✓ jährlich quartalsweise monatlich	

6.2.2   Produktivitätsgrad

Kennzahlensysteme Definition / Formel	Aussagekraft / Kommentierung / Sollwert
$\dfrac{\text{Ist-Produktivität}}{\text{Soll-Produktivität}}$ Prozentuale Produktivitätssteigerung = $\dfrac{(\text{Produktivität der Periode -}\\ \text{Produktivität der Vorperiode}) \times 100}{\text{Produktivität der Vorperiode}}$ Ermittlungs- intervall ✓ jährlich quartalsweise monatlich	Der Produktivitätsgrad ermöglicht den Vergleich zwischen geplanter und tatsächlicher Produktivität. Produktivitätssteigerungen im Zeitablauf können auf dem technischem Fortschritt (beispielsweise durch Rationalisierungsinvestitionen) und auf Qualitätssteigerungen der Einsatzfaktoren (beispielsweise auch durch Weiterbildung der Beschäftigten) zurückzuführen sein.

6.2.3   Arbeitsproduktivität[1] / Zeitgrad

Kennzahlensysteme Definition / Formel	Aussagekraft / Kommentierung / Sollwert
$\dfrac{\text{Vorkalkulierte Arbeitszeit}}{\text{Ist-Arbeitszeit}}$ oder $\dfrac{\text{Vorgabezeit} \times 100}{\text{Verbrauchte Zeit}}$ oder $\dfrac{\text{Ausbringungsmenge}}{\text{Anzahl der Arbeitsstunden}}$	Diese Kennzahl ist, im Gegensatz zu anderen Kennzahlen, z. B. der Pro-Kopf-Leistung, nicht durch Rationalisierungsmaßnahmen beeinflussbar und deshalb sehr aussagefähig. Es lassen sich Aussagen über die Produktivität der Arbeitskräfte treffen. Eine Unterteilung nach Erzeugnissen, Aufträgen, Arbeitseingängen u. a. ist möglich.

---

[1]   Vgl. Radke, M., a. a. O., S. 536

Kennzahlensysteme Definition / Formel	Aussagekraft / Kommentierung / Sollwert
oder $$\frac{\text{Wertschöpfung}}{\text{Anzahl der Arbeitnehmer}}$$	Je höher diese Kennzahl ist, desto produktiver arbeitet das Personal. Eine hohe Quote kann allerdings auch die Folge einer zu hoch vorkalkulierten Arbeitszeit sein. Eine außerordentlich niedrige Quote kann die Folge von Störungen und Maschinenausfällen sein. Abweichungen müssen immer exakt analysiert werden, denn bei richtiger Vorkalkulation und ohne außergewöhnlicher Vorfälle (wie z. B. Streik, Maschinenausfälle) müsste der Wert immer ungefähr bei 1 liegen.

Ermittlungs-
intervall   ✓ jährlich
          quartalsweise
          monatlich
	Sollwert:
	> 1 hohe Arbeitsproduktivität
	< 1 niedrige Arbeitsproduktivität

6.2.4   Kostenproduktivität

Kennzahlensysteme Definition / Formel	Aussagekraft / Kommentierung / Sollwert
$$\frac{\text{Jahresleistung (in Stunden)}}{\text{Normalbudget}}$$	Die Kostenproduktivität zeigt die Relation von Leistungsveränderungen zu Kostenveränderungen. Die Leistung sollte in konstanten Planzeiten gemessen werden: Kosten sollten preis- und tarifbereinigt sein.

Ermittlungs-
intervall   ✓ jährlich
          quartalsweise
          monatlich	

6.2.5   Netto-Betriebsleistung je produktiver Stunde

Kennzahlensysteme Definition / Formel	Aussagekraft / Kommentierung / Sollwert
$$\frac{\text{Netto-Betriebsleistung}}{\text{Produktive Gesamtstunden}}$$	

Ermittlungs-
intervall   ✓ jährlich
          quartalsweise
          monatlich	

6.2.6   Leistungsgrad / Wirkungsgrad / Produktionsgrad

Kennzahlensysteme Definition / Formel	Aussagekraft / Kommentierung / Sollwert
$$\frac{\text{Ist-Menge pro Zeiteinheit x 100}}{\text{Soll-Menge pro Zeiteinheit}}$$ oder $$\frac{\text{Ist-Einsatzmenge eines Faktors pro Zeiteinheit x 100}}{\text{Plan-Einsatzmenge pro Zeiteinheit}}$$ oder $$\frac{\text{Ist-Leistung x 100}}{\text{Soll-Leistung}}$$	
Ermittlungs- intervall ✓ jährlich quartalsweise monatlich	

6.2.7   Mechanisierungsgrad

Kennzahlensysteme Definition / Formel	Aussagekraft / Kommentierung / Sollwert
$$\frac{\text{Zahl der automatisierten Arbeitsvorgänge}}{\text{Gesamtzahl aller Arbeitsvorgänge}}$$	Gibt Aufschluss über den Anteil der Produktionsleistung, der manuell bzw. mechanisch erstellt wird.
Ermittlungs- intervall ✓ jährlich quartalsweise monatlich	

6.2.8   Intensitätsgrad

Kennzahlensysteme Definition / Formel	Aussagekraft / Kommentierung / Sollwert
$$\frac{\text{Effektive Produktionsmenge je Maschinenstunde} \times 100}{\text{Mögliche Produktionsmenge je Maschinenstunde}}$$	
Ermittlungs- intervall ✓ jährlich quartalsweise monatlich	

6.2.9 Durchschnittliche Bearbeitungsdauer in Arbeitstagen

Kennzahlensysteme Definition / Formel	Aussagekraft / Kommentierung / Sollwert
Durchschnittlicher Bestand an Fertigungsmaterial in der Fertigung $\times$ Arbeitstage des Monats <hr> Fertigungsmaterialverbrauch des Monats	Die durchschnittliche Lagerdauer von Fertigungsmaterial (Kapitalbindung) im Produktionsprozess.
Ermittlungs-intervall	✓ jährlich quartalsweise monatlich	

6.2.10 Verbrauchsgrad

Kennzahlensysteme Definition / Formel	Aussagekraft / Kommentierung / Sollwert
$\dfrac{\text{Soll-Verbrauch} \times 100}{\text{Ist-Verbrauch}}$ Ersparnisgrad = $\dfrac{\text{Eingesparte Menge} \times 100}{\text{Eingabemenge}}$	
Ermittlungs-intervall	✓ jährlich quartalsweise monatlich	

6.2.11 Stoffausbeutegrad

Kennzahlensysteme Definition / Formel	Aussagekraft / Kommentierung / Sollwert
$\dfrac{\text{Ausbringungsmenge} \times 100}{\text{Eingabemenge}}$	
Ermittlungs-intervall	✓ jährlich quartalsweise monatlich	

6.2.12   Energieverbrauchsquote

Kennzahlensysteme Definition / Formel	Aussagekraft / Kommentierung / Sollwert
$$\frac{\text{Energieverbrauch}}{\text{Fertigungsstunden}}$$	
Ermittlungs-intervall ✓ jährlich quartalsweise monatlich	

6.2.13   Werkzeugverbrauchsquote

Kennzahlensysteme Definition / Formel	Aussagekraft / Kommentierung / Sollwert
$$\frac{\text{Werkzeugverbrauch}}{\text{Produktionsmenge}}$$	
Ermittlungs-intervall ✓ jährlich quartalsweise monatlich	

6.3   Nutzungsgrad

6.3.1   Kapazität

Kennzahlensysteme Definition / Formel	Aussagekraft / Kommentierung / Sollwert
Maximalauslastung – geplante Leerzeiten	
Ermittlungs-intervall ✓ jährlich quartalsweise monatlich	

6.3.2   Kapazitätsauslastungsgrad[1] / Engpassauslastungsgrad / Leistungsgrad

Kennzahlensysteme Definition / Formel	Aussagekraft / Kommentierung / Sollwert
$$\frac{\text{Effektive Ausbringungsmenge} \times 100}{\text{Bestmögliche Ausbringungsmenge}}$$	

---

[1]   Vgl. Radke, M., a. a. O., S. 508

Kennzahlensysteme Definition / Formel	Aussagekraft / Kommentierung / Sollwert
oder $$\frac{\text{Ist-Leistung x } 100}{\text{Kapazität}}$$ oder $$\frac{\text{Ist-Leistung x } 100}{\text{Soll-Leistung}}$$ oder $$\frac{\text{Beschäftigung x } 100}{\text{Gesamtkapazität}}$$ oder $$\frac{\text{(Plan)Beschäftigung x } 100}{\text{Kapazität}}$$ oder Engpassauslastungsgrad = $$\frac{\text{Benötigte Kapazität} \times 100}{\text{Verfügbare Kapazität}}$$	Die betriebliche Leistungserstellung wird durch die Kapazität (das betriebliche Leistungsvermögen) beschränkt. Ausgehend von einer Normalkapazität wird der Kapazitätsauslastungsgrad ermittelt, um herauszufinden, ob Kapazitäten ungenutzt oder überlastet sind. Für die Messung des Auslastungsgrades ist die Festlegung der bestmöglichen Ausbringungsmenge erforderlich. Sie sollte nicht bei der maximalen Kapazitätsgrenze liegen, denn auf Dauer ist es nicht vorteilhaft, die Produktionsmittel voll zu belasten (dies könnte zu erhöhtem Verschleiß, vermehrtem Ausschuss und steigendem Betriebsstoffverbrauch führen). Bei über längere Zeit ungenutzten Kapazitäten wäre zu überlegen, diese abzubauen, um unnötige Fixkosten zu vermeiden.
Ermittlungs-intervall	✓ jährlich ✓ quartalsweise ✓ monatlich

6.3.3   Beschäftigungsgrad

Kennzahlensysteme Definition / Formel	Aussagekraft / Kommentierung / Sollwert
$$\frac{\text{Effektive Produktionsstunden} \times 100}{\text{Maximal arbeitsrechtlich mögliche Kapazitätsstunden}}$$ oder $$\frac{\text{Tatsächliche Leistungsstunden} \times 100}{\text{Mögliche Leistungsstunden bei Vollbeschäftigung}}$$ oder $$\frac{\text{Ist-Beschäftigung x } 100}{\text{Plan-Beschäftigung}}$$	Der Beschäftigungsgrad ist ein Hilfsmittel bei der Planung des Produktionsbedarfes und der Planung der optimalen Auslastung und zeigt die Kapazitätsauslastung. Der Beschäftigungsgrad ergibt sich aus der tatsächlichen Ist-Beschäftigung im Vergleich zur Soll-Beschäftigung einer Periode. Beschäftigung = effektive Produktionsstunden pro Zeiteinheit.
Ermittlungs-intervall	✓ jährlich ✓ quartalsweise ✓ monatlich

6.3.4   Ausnutzungsgrad der Maschinen / Maschinenproduktivität

Kennzahlensysteme Definition / Formel	Aussagekraft / Kommentierung / Sollwert
$\dfrac{\text{Ist-Maschinenlaufstunden} \times 100}{\text{Mögliche Maschinenlaufstunden}}$ oder $\dfrac{\text{Netto-Betriebsleistung} \times 100}{\substack{\text{Zahl der Maschinen oder}\\ \text{Maschinenstunden}}}$	Zu wie viel % sind die vorhandenen Maschinen tatsächlich ausgelastet?
Ermittlungs- intervall	✓ jährlich ✓ quartalsweise ✓ monatlich

6.3.5   Leerzeitenquote

Kennzahlensysteme Definition / Formel	Aussagekraft / Kommentierung / Sollwert
$\dfrac{\text{Unproduktive Zeit} \times 100}{\text{Ist-Arbeitszeit}}$ oder $\dfrac{\text{Zeit am Arbeitsplatz ohne Arbeit} \times 100}{\text{Verfügbare Zeiten}}$	Verhältnis Ist-Arbeitszeit zur unproduktiver Zeit
Ermittlungs- intervall	✓ jährlich quartalsweise monatlich

6.3.6   Verfügbarkeitsquote

Kennzahlensysteme Definition / Formel	Aussagekraft / Kommentierung / Sollwert
$\dfrac{(\text{Verfügbare Zeit} - \text{betriebliche bzw. individuelle Ausfallzeiten}) \times 100}{\text{Verfügbare Zeit}}$	
Ermittlungs- intervall	✓ jährlich quartalsweise monatlich

6.3.7 Hauptnutzungsgrad

Kennzahlensysteme Definition / Formel		Aussagekraft / Kommentierung / Sollwert
Programmlaufzeit aller gefertigten Gut-Teile x 100 Betriebszeit (Schichtzeit)		
Ermittlungs- intervall	✓ jährlich quartalsweise monatlich	

6.3.8 Nutzungsgrad

Kennzahlensysteme Definition / Formel		Aussagekraft / Kommentierung / Sollwert
Soll-Zeit aller gefertigten Gut-Teile x 100 Betriebszeit (Schichtzeit)		
Ermittlungs- intervall	✓ jährlich quartalsweise monatlich	

6.3.9 Automatisierungsgrad in Prozent

Kennzahlensysteme Definition / Formel		Aussagekraft / Kommentierung / Sollwert
Wert der Maschinen für automatische Bearbeitung Bilanzsumme		
Ermittlungs- intervall	✓ jährlich quartalsweise monatlich	

6.3.10 Laufquote

Kennzahlensysteme Definition / Formel		Aussagekraft / Kommentierung / Sollwert
Tatsächliche Maschinenlaufzeit Mögliche Maschinenlaufzeit		
Ermittlungs- intervall	✓ jährlich ✓ quartalsweise ✓ monatlich	

6.3.11   Stillstandquote

Kennzahlensysteme Definition / Formel	Aussagekraft / Kommentierung / Sollwert
$\dfrac{\text{Stillstandszeiten}}{\text{Geplante Einsatzzeit}}$ oder $\dfrac{\text{Stillstandzeit in Stunden x 100}}{\text{Planbeschäftigung in Stunden}}$ Ermittlungs-intervall ✓ jährlich ✓ quartalsweise ✓ monatlich	

6.3.12   Termineinhaltung

Kennzahlensysteme Definition / Formel	Aussagekraft / Kommentierung / Sollwert
$\dfrac{\text{Terminüberschreitung}}{\text{Terminunterschreitung}}$ Ermittlungs-intervall ✓ jährlich ✓ quartalsweise ✓ monatlich	

6.3.13   Transportzeiten

Kennzahlensysteme Definition / Formel	Aussagekraft / Kommentierung / Sollwert
$\dfrac{\text{Transportzeiten}}{\text{Durchlaufzeiten}}$ Ermittlungs-intervall ✓ jährlich ✓ quartalsweise ✓ monatlich	

6.3.14   Wartezeitenauswertung

Kennzahlensysteme Definition / Formel	Aussagekraft / Kommentierung / Sollwert
$$\frac{\text{Wartezeiten}}{\text{Durchlaufzeiten}}$$	
Ermittlungs-intervall ✓ jährlich ✓ quartalsweise ✓ monatlich	

6.3.15   Maschinenausfallquote

Kennzahlensysteme Definition / Formel	Aussagekraft / Kommentierung / Sollwert
$$\frac{\text{Ausfallbedingter Maschinenstillstand in Stunden} \times 100}{\text{Mögliche Maschinenlaufzeit}}$$	Wenn eine hohe Maschinenausfallquote bei einer speziellen Maschine auftritt, die gleichzeitig mit einem hohen Intensitätsgrad betrieben wird, kann dies ein Hinweis auf Überbeanspruchung der Maschine sein.
Ermittlungs-intervall ✓ jährlich ✓ quartalsweise ✓ monatlich	

6.3.16   Anteil der Rüstzeit

Kennzahlensysteme Definition / Formel	Aussagekraft / Kommentierung / Sollwert
$$\frac{\text{Rüstzeit} \times 100}{\text{Gesamte Fertigungszeit}}$$	Interessant ist in diesem Zusammenhang auch die Aufteilung der Fertigungszeit (Beschäftigung) auf die tatsächlichen produktiven Zeiten und solche Zeiten, die der Fertigungsvorbereitung zuzuordnen sind (Rüstzeiten, Maschinenanlaufphasen, etc.).
Ermittlungs-intervall ✓ jährlich quartalsweise monatlich	Ein relativ hoher Anteil bei den Rüstzeiten kann darauf hinweisen, dass die Losgrößen zu klein gewählt wurden.

6.4   Ausschussquote / Abfallquote

6.4.1   Material-Abfallquote

Kennzahlensysteme Definition / Formel	Aussagekraft / Kommentierung / Sollwert
$$\frac{\text{Abfallmenge x 100}}{\text{Materialeinsatzmenge}}$$ oder $$\frac{\text{Abfallkosten x 100}}{\text{Materialeinsatz in €}}$$ oder $$\frac{\text{Abfall x 100}}{\text{Materialeinsatzmenge}}$$	Die Abfallquote gibt an, wie groß der Anteil Abfall am gesamten Material sein sollte. Wenn Ausschussanteile an der Gesamtleistung über einer bestimmten Toleranzgrenze liegen, wird signifikant, dass zusätzliche Störfaktoren den Fertigungsprozess beeinträchtigen, und dass nach den Ursachen des Ausschusses gesucht werden muss.

Ermittlungs-
intervall   ✓ jährlich
      ✓ quartalsweise
      ✓ monatlich	

6.4.2   Ausschussquote

Kennzahlensysteme Definition / Formel	Aussagekraft / Kommentierung / Sollwert
$$\frac{\text{Ausschusskosten oder -menge x 100}}{\substack{\text{Gesamte Herstellkosten oder gesamte} \\ \text{Produktionsmenge}}}$$ oder $$\frac{\text{Ausschussmenge} \times 100}{\text{Gesamte Produktionsmenge}}$$	Ausschussquoten beeinträchtigen nicht nur den Produktionsprozess, sondern verursachen auch Kosten durch den „ergebnislosen" Material- und Personaleinsatz, durch den Entsorgungsaufwand und durch die zusätzlichen Qualitätssicherungsmaßnahmen.

Ermittlungs-
intervall   ✓ jährlich
      ✓ quartalsweise
      ✓ monatlich
	Ein wesentliches Kennzeichen für die Effizienz der Fertigung ist der Anteil des Ausschusses, also der produzierten Leistungen, die wegen Fehlerhaftigkeit von vornherein nicht in den Verkauf gelangen.

6.4.3   Ausschussstruktur nach Ursache

Kennzahlensysteme Definition / Formel	Aussagekraft / Kommentierung / Sollwert
$$\frac{\text{Ausschuss durch Konstruktionsfehler x 100}}{\text{Gesamtausschuss}}$$	Aufschlussreich kann eine Analyse der Ausschussstruktur nach Ursachen sein, um mögliche Ansatzpunkte für eine Verringerung der Ausschussquote zu finden.

Kennzahlensysteme Definition / Formel	Aussagekraft / Kommentierung / Sollwert
oder $$\frac{\text{Ausschuss durch Materialfehler} \times 100}{\text{Gesamtausschuss}}$$ oder $$\frac{\text{Ausschuss durch Arbeitsfehler} \times 100}{\text{Gesamtausschuss}}$$	
Ermittlungs-intervall ✓ jährlich quartalsweise monatlich	

6.4.4   Ausschusskostensatz (EUR/Einheit)

Kennzahlensysteme Definition / Formel	Aussagekraft / Kommentierung / Sollwert
$$= \frac{\text{Ausschusskosten} \times 100}{\text{Produktionsmenge}}$$	
Ermittlungs-intervall ✓ jährlich quartalsweise monatlich	

6.4.5   Minderqualitätsgrad

Kennzahlensysteme Definition / Formel	Aussagekraft / Kommentierung / Sollwert
$$\frac{\text{Minderqualität} \times 100}{\text{Produktionsmenge}}$$	
Ermittlungs-intervall ✓ jährlich quartalsweise monatlich	

6.4.6   Ausschussgrad 1

Kennzahlensysteme Definition / Formel	Aussagekraft / Kommentierung / Sollwert
$$\frac{\text{Ausschussmenge} \times 100}{\text{Produktionsmenge}}$$	
Ermittlungs-intervall ✓ jährlich quartalsweise monatlich	

6.4.7   Ausschussgrad 2

Kennzahlensysteme Definition / Formel	Aussagekraft / Kommentierung / Sollwert
$$\frac{\text{Ausschussmenge x 100}}{\text{Eingabemenge}}$$	
Ermittlungs-intervall ✓ jährlich quartalsweise monatlich	

6.4.8   Materialausschussquote

Kennzahlensysteme Definition / Formel	Aussagekraft / Kommentierung / Sollwert
$$\frac{\text{Ausschuss in Mengeneinheiten x 100}}{\text{Mengeneinheiten, die in Ordnung sind}}$$ oder $$\frac{\text{Ausschuss x 100}}{\text{Materialeinsatzmenge}}$$	
Ermittlungs-intervall ✓ jährlich quartalsweise monatlich	

6.4.9   Fehlleistungskoeffizient

Kennzahlensysteme Definition / Formel	Aussagekraft / Kommentierung / Sollwert
$$\frac{\text{Fehlleistungen x 100}}{\text{Gesamtleistungen}}$$	
Ermittlungs-intervall ✓ jährlich quartalsweise monatlich	

6.4.10   Materialschwundquote[1]

Kennzahlensysteme Definition / Formel	Aussagekraft / Kommentierung / Sollwert
$\dfrac{\text{Schwund x 100}}{\text{Materialeinsatzmenge}}$	
Ermittlungs-intervall | ✓ jährlich quartalsweise monatlich	

6.5   Instandhaltungskosten

6.5.1   Umsatzbezogene IH-Quote

Kennzahlensysteme Definition / Formel	Aussagekraft / Kommentierung / Sollwert
$\dfrac{\text{Instandhaltungskosten pro Periode x 100}}{\text{Umsatz pro Periode}}$	
Ermittlungs-intervall | ✓ jährlich quartalsweise monatlich	

6.5.2   Investitionsbezogene IH-Quote

Kennzahlensysteme Definition / Formel	Aussagekraft / Kommentierung / Sollwert
$\dfrac{\text{Instandhaltungskosten pro Periode x 100}}{\substack{\text{Investitionssumme Anlageninvestitionen} \\ \text{pro Periode}}}$	
Ermittlungs-intervall | ✓ jährlich quartalsweise monatlich	

---

[1]   Vgl. Haberland, Revision, Controlling, Consulting, 67. Nachlieferung, 5/2000, S. 29 und 30

6.5.3   Planungsgrad

Kennzahlensysteme Definition / Formel	Aussagekraft / Kommentierung / Sollwert
IH-Kosten geplanter Aufträge pro Periode x 100 Summe IH-Kosten pro Periode	
Ermittlungs- intervall	✓ jährlich quartalsweise monatlich	

6.5.4   IH-Kostenrate / IH-Intensität

Kennzahlensysteme Definition / Formel	Aussagekraft / Kommentierung / Sollwert
Summe IH-Kosten pro Periode x 100 Wiederbeschaffungsneuwert (indizierten Anschaffungswert)	
Ermittlungs- intervall	✓ jährlich quartalsweise monatlich	

6.6   Reklamationen

6.6.1   Kostenanteil Reklamationen / Reklamationskosten

Kennzahlensysteme Definition / Formel	Aussagekraft / Kommentierung / Sollwert
Kosten der Reklamationen in EUR x 100 Projektumsatz in EUR oder Reklamationskosten x 100 Produktionseinheiten oder Reklamationskosten x 100 Arbeitszeit	Anzahl Reklamationen durch die Auftraggeber
Ermittlungs- intervall	✓ jährlich quartalsweise monatlich	

6.6.2   Reklamationsquote

Kennzahlensysteme Definition / Formel	Aussagekraft / Kommentierung / Sollwert
$\dfrac{\text{Anzahl der Reklamationen} \times 100}{\text{Anzahl der Auslieferungen}}$	Produkte, die in den Verkauf gelangten, aber vom Kunden beanstandet wurden.
Ermittlungs-intervall ✓ jährlich quartalsweise monatlich	

6.6.3   Fehlproduktionsquote

Kennzahlensysteme Definition / Formel	Aussagekraft / Kommentierung / Sollwert
$\dfrac{(\text{Ausschuss} + \text{Zahl der Reklamationen}) \times 100}{\text{Gesamte Produktionsmenge}}$	Ausschuss und Beanstandungen zusammen, ergeben den Anteil der fehlerhaften Produktion.
Ermittlungs-intervall ✓ jährlich quartalsweise monatlich	

6.6.4   Nachbearbeitungsgrad

Kennzahlensysteme Definition / Formel	Aussagekraft / Kommentierung / Sollwert
$\dfrac{\text{Nachbearbeitungszeit} \times 100}{\text{Produktionszeit}}$	
Ermittlungs-intervall ✓ jährlich quartalsweise monatlich	

6.6.5   Rücksendungsursachen

Kennzahlensysteme Definition / Formel	Aussagekraft / Kommentierung / Sollwert
% des Umsatzes je Rücksendungsursache	Zeigt Struktur der Rücksendungsursachen
Ermittlungs-intervall ✓ jährlich quartalsweise monatlich	

7 Materialbereich

7.1 Materialkostenstruktur

7.1.1 Material- bzw. Warenintensität / Materialanteil / Vorratsintensität

Kennzahlensysteme Definition / Formel	Aussagekraft / Kommentierung / Sollwert
$$\frac{\text{Aufwendungen für Roh-, Hilfs-}\text{und Betriebsstoffe} \times 100}{\text{Gesamtleistung}}$$ oder $$\frac{\text{Material- bzw. Wareneinsatz} \times 100}{\text{Betriebsleistung}}$$ oder $$\frac{\text{Materialkosten} \times 100}{\text{Netto-Betriebsleistung}}$$ oder $$\frac{\text{Materialkosten(aufwand)} \times 100}{\text{Gesamtkosten(aufwand)}}$$ oder $$\frac{\text{Vorräte}}{\text{Gesamtvermögen}}$$	Drückt den Material bzw. Warenkosteneinsatz in % zur Betriebsleistung aus. Eine der wenigen Kennzahlen, die stark branchenabhängig ist und selbst innerhalb der Branche stark schwankt, weil die Fertigungstiefe (Eigenfertigung oder Fremdbezug) unterschiedlich sein kann und bei Handelsbetrieben der Standort (z. B. exklusives Innenstadtgeschäft oder einfaches Geschäft am Stadtrand) sich entscheidend auswirken kann. Diese Kennzahl wird im Zeitvergleich besonders interessant. Sie ist insbesonders wichtig, weil der Material- bzw. Wareneinsatz meist die größte oder zweitgrößte Kostenposition ist. Die Richtigkeit des Material- bzw. Warenanteils ist stark von der Genauigkeit und Richtigkeit der Bestandsaufnahmen abhängig. Plausibilitätskontrollen sind zwingend erforderlich. Ursachen für Veränderungen könnten sein: – Veränderungen des Produktionsprogramms bzw. des Verkaufsmixes, um z. B. deckungsbeitragsstärkere Produkte bzw. Warengruppen zu forcieren. – Durchgeführte Wertanalysen – Günstigere Einkaufsquellen – Statt Fremdbezug nun Eigenfertigung
Ermittlungs-intervall ✓ jährlich ✓ quartalsweise ✓ monatlich	Sollwert: < 5

7.1.2   Pro-Kopf-Materialverbrauch / Materialeinsatz je Beschäftigten

Kennzahlensysteme Definition / Formel	Aussagekraft / Kommentierung / Sollwert
$$\frac{\text{Materialeinsatz}}{\text{Zahl der korrigierten Beschäftigten}}$$ oder $$\frac{\text{Materialeinsatz}}{\text{Beschäftigte im einzelnen Unternehmensbereich (z. B. Fertigung)}}$$	Materialeinsatz in einem bestimmten Zeitabschnitt pro Beschäftigtem. Der gesamte Materialeinsatz kann unterteilt werden, z. B. nach Arten, Kostenstellen, usw. Sind große Unterschiede zwischen einzelnen Beschäftigten, dann liegt u. U. Unwirtschaftlichkeit, Verschwendung oder gar Diebstahl vor. Oder der Einsatz von Material ist unwirtschaftlich.
Ermittlungs-intervall ✓ jährlich ✓ quartalsweise ✓ monatlich	

7.1.3   Materialgemeinkostensatz

Kennzahlensysteme Definition / Formel	Aussagekraft / Kommentierung / Sollwert
$$\frac{\text{Materialgemeinkosten x 100}}{\text{Fertigungsmaterial}}$$	
Ermittlungs-intervall ✓ jährlich quartalsweise monatlich	

7.1.4   Versorgungslage

Kennzahlensysteme Definition / Formel	Aussagekraft / Kommentierung / Sollwert
$$\frac{\text{Materialbestand x 100}}{\text{Materialbedarf}}$$	Drückt aus, wie der Materialbedarf durch den bereitgestellten Materiallagerbestand gedeckt, d. h. die Produktion sichergestellt ist. Ist zu wenig Material vorhanden, müssen dringend die Fehlmengen beschafft werden, da ein materialbedingter Ausfall der Produktion erhebliche Leerlaufkosten zur Folge haben kann.
Ermittlungs-intervall ✓ jährlich quartalsweise monatlich	

7.1.5 Monatliches Pro-Kopf-Einkommen im Einkauf

Kennzahlensysteme Definition / Formel		Aussagekraft / Kommentierung / Sollwert
$\dfrac{\text{Monatliche Personalkosten im Einkauf}}{\text{Korrigierte Beschäftigte im Einkauf}}$		
Ermittlungs-intervall	✓ jährlich quartalsweise monatlich	

7.1.6 Einkaufsvolumen pro Mitarbeiter

Kennzahlensysteme Definition / Formel		Aussagekraft / Kommentierung / Sollwert
$\dfrac{\text{Einkaufsvolumen}}{\text{Anzahl der Mitarbeiter im Einkauf}}$		
Ermittlungs-intervall	✓ jährlich quartalsweise monatlich	

7.2 Beschaffungsstruktur

Kennzahlensysteme Definition / Formel		Aussagekraft / Kommentierung / Sollwert
$\dfrac{\text{Materialeinkauf}}{\text{Gesamter Materialbedarf}}$		
Ermittlungs-intervall	✓ jährlich quartalsweise monatlich	

7.2.1 Anteile der Materialarten am Einkaufsvolumen

Kennzahlensysteme Definition / Formel	Aussagekraft / Kommentierung / Sollwert
$\dfrac{\text{Rohstoffeinkauf} \times 100}{\text{Gesamteinkauf}}$ oder $\dfrac{\text{Halbfertigfabrikate-Einkauf} \times 100}{\text{Gesamteinkauf}}$	Kann unterschiedlich transparent gemacht werden. Es soll aufgezeigt werden, welcher Bezugsweg am günstigsten ist. Zunächst sollte der Anteil der nicht selbstgefertigten Teile am gesamten Materialbedarf ermittelt

Kennzahlensysteme Definition / Formel	Aussagekraft / Kommentierung / Sollwert
oder $$\frac{\text{Einkaufsvolumen bei Großhändlern x 100}}{\text{Gesamteinkauf}}$$	werden und dann das Einkaufsvolumen weiter unterteilt werden. Je nach Informationsbedarf nach Materialarten und / oder Beschaffungswegen, um so die relativen Anteile am Gesamtvolumen zu ermitteln.
	Wesentlich für die Beurteilung des Beschaffungsbereiches ist ein Überblick über die Kostenstrukturen. Nur eine differenzierte

Ermittlungs-
intervall   ✓ jährlich
                 quartalsweise
                 monatlich
	Aufschlüsselung gibt Ansatzpunkte zur Strukturverbesserung.

7.2.2   Anteil der Beschaffungskosten in Prozent vom Einkaufsvolumen

Kennzahlensysteme Definition / Formel	Aussagekraft / Kommentierung / Sollwert
$$\frac{\text{Beschaffungskosten x 100}}{\text{Einkaufsvolumen}}$$	Der Beschaffungskostenanteil zeigt die Wirtschaftlichkeit der Beschaffung.
	Die Kennzahl kann sowohl für die einzelne Bestellung als auch für alle Aufträge einer Periode ermittelt werden. Beschaffungskosten sind die Kosten, die zusätzlich zu den Einkaufskosten der beschafften Güter anfallen (z. B. Bestellkosten, Frachtkosten, Porti, Löhne und Gehälter, etc.) Die Beschaffungskosten setzen sich aus den Kosten des Einkaufs und den mit Bestellungen verbundenen Verwaltungsarbeiten, den Kosten der Güterannahme und -überprüfung, sowie den Kosten der Lagertransporte und der eigentlichen Einlagerung zusammen. Da sie meist unabhängig von der Höhe der Bestellmenge anfallen, werden sie als bestellfixe Kosten bezeichnet, da sie bei

Ermittlungs-
intervall   ✓ jährlich
                 quartalsweise
                 monatlich
	jedem Auftrag entstehen. Die Kosten sind in der Kosten- und Leistungsrechnung ersichtlich.

7.3 Preis- und Rabattstrukturen

7.3.1 Preisindex

Kennzahlensysteme Definition / Formel	Aussagekraft / Kommentierung / Sollwert
$$\frac{\text{Preis in einem (Berichts-)Zeitpunkt}}{\text{Preis zum Basiszeitpunkt}}$$	Zeigt die prozentuale Preisveränderung zwischen Analysezeitpunkt und dem Vergleichszeitpunkt
Ermittlungs- intervall	✓ jährlich quartalsweise monatlich	

7.3.2 Preisobergrenzenbestimmung

Kennzahlensysteme Definition / Formel	Aussagekraft / Kommentierung / Sollwert
Kurzfristige Preisobergrenze = $$\frac{U - K_v}{M}$$ Langfristige Preisobergrenze = $$\frac{\text{Umsatz (U)} - \text{variable Kosten } (K_v) - \text{fixe Kosten } (K_f)}{\text{Langfristig benötigte Menge (M)}}$$	Man unterscheidet zwischen kurzfristigen und langfristigen Preisobergrenzen. Bei einer kurzfristigen Betrachtung werden nur die variablen (mengenabhängigen) Kosten einbezogen, während bei einer langfristigen Betrachtung zusätzlich die Fixkosten einbezogen werden.
	Sie ergibt sich aus dem erzielbaren Umsatz U und den variablen (leistungsabhängigen) Kosten K_v.
Ermittlungs- intervall	✓ jährlich quartalsweise monatlich	Erzielbarer Umsatz U abzüglich der variablen Kosten K_v und den zurechenbaren Fixkosten K_f, geteilt durch langfristig benötigte Menge M.

7.3.3 Rahmenvertragsquote

Kennzahlensysteme Definition / Formel	Aussagekraft / Kommentierung / Sollwert
$$\frac{\text{Rahmenvertragsvolumen}}{\text{Gesamtes Einkaufsvolumen}}$$	
Ermittlungs- intervall	✓ jährlich quartalsweise monatlich	

7.3.4   Durchschnittlicher Rabattsatz / Preisnachlassquote

Kennzahlensysteme Definition / Formel	Aussagekraft / Kommentierung / Sollwert
$$\frac{\text{Gesamter Rabatt} \times 100}{\text{Gesamtwert des Einkaufs vor Rabattabzug}}$$ oder $$\frac{\text{Erzielte Preisnachlässe} \times 100}{\text{Durchschnittseinkaufspreise}}$$ oder Durchschnittsrabatt = $$100 - \frac{(\text{Nettoeinkaufswert} \times 100)}{\text{Bruttoeinkaufswert}}$$	Misst das Verhältnis des Rabatts zum Einkaufswert.
Ermittlungs-intervall	✓ jährlich quartalsweise monatlich

7.3.5   Anteil der Einkäufe ohne Rabatt

Kennzahlensysteme Definition / Formel	Aussagekraft / Kommentierung / Sollwert
$$\frac{\text{Einkäufe ohne Rabatt}}{\text{Gesamtzahl der Einkäufe}}$$	Die Ermittlung der Einkäufe mit bzw. ohne Rabatt und der durchschnittlichen Rabatthöhe gibt Hinweise auf die Wirtschaftlichkeit der Mengen je Bestellvorgang. Eine geringe Zahl von Einkaufsvorgängen mit Rabattausnutzung bzw. ein niedriger Durchschnittsrabatt beruhen häufig auf zu kleinen Bestellmengen.
Ermittlungs-intervall	✓ jährlich quartalsweise monatlich

7.3.6   Skontoausnutzungsanteil

Kennzahlensysteme Definition / Formel	Aussagekraft / Kommentierung / Sollwert
$$\frac{\text{Zahl der Einkaufsvorgänge mit tatsächlicher Skontoausnutzung} \times 100}{\text{Zahl der Einkaufsvorgänge mit Skontogewährung}}$$	Das Zahlungsverhalten des eigenen Unternehmens lässt sich aus dem Anteil realisierter Skonti erkennen. Ein niedriger Anteil realisierter Skonti ist nicht unbedingt ein Zeichen für Unwirtschaftlichkeit. Es kann ganz bewusst die Inanspruchnahme des sogenannten Lieferantenkredites angestrebt werden, weil vielleicht die Liquiditätslage schlecht ist.
Ermittlungs-intervall	✓ jährlich quartalsweise monatlich

7.4 Lieferantenauswahl / Lieferantenbeurteilung Termin- / Mengen- / Qualitätstreue der Lieferanten / Lieferungsbeanstandungsquote / Fehllieferungsquote

7.4.1 Anzahl der beanstandeten Lieferungen

Kennzahlensysteme Definition / Formel		Aussagekraft / Kommentierung / Sollwert
$$\frac{\text{Anzahl der beanstandeten Lieferungen}}{\text{(Termin, Quantität, Qualität) x 100}}{\text{Zahl der Lieferungen}}$$ oder $$\frac{\text{Beanstandete Lieferungen x 100}}{\text{Gesamte Lieferungen}}$$ oder $$\frac{\text{Zahl der Fehllieferungen x 100}}{\text{Gesamtzahl der Lieferungen}}$$		Zeigt, welche Lieferungen mangelhaft waren, d. h. Fehllieferungen in Bezug auf Qualität, Quantität und Termintreue, die in der Qualitätssicherung aufgefallen und reklamiert wurden. Falschlieferungen wirken sich auf die eigene Leistungserstellung aus, da die mangelnde Qualität des Fremdmaterials in die eigenen Produkte mit einfließt und so die eigene Qualität verschlechtert, was zu erhöhtem Ausschuss oder zu Beanstandungen der eigenen Kunden führt. Erfolgen Lieferungen nicht mengen- und termingenau, wird der eigene Produktions- und Absatzprozess negativ verzögert. Sind Kunden Liefertermine vertraglich zugesichert, müssen bei Lieferverzögerungen – unverschuldet – Konventionalstrafen bezahlt werden, unabhängig vom Imageschaden. Hohe Beanstandungsquoten bei Lieferanten weisen auf die Notwendigkeit des Lieferantenwechsels hin.
Ermittlungs- intervall	✓ jährlich quartalsweise monatlich	

7.4.2 Lieferantenbetreuung

Kennzahlensysteme Definition / Formel		Aussagekraft / Kommentierung / Sollwert
$$\frac{\text{Anzahl Lieferanten}}{\text{Anzahl Mitarbeiter im Einkauf}}$$		
Ermittlungs- intervall	✓ jährlich quartalsweise monatlich	

7.4.3   Lieferservice

Kennzahlensysteme Definition / Formel	Aussagekraft / Kommentierung / Sollwert
$$\frac{\text{Zahl der termingerechten Lieferungen x 100}}{\text{Gesamtzahl der Lieferungen}}$$	Je geringer der Anteil der Fehllieferungen, desto höher ist die Qualität des Lieferanten.

Ermittlungs-intervall	✓ jährlich quartalsweise monatlich	

Kennzahlensysteme Definition / Formel	Aussagekraft / Kommentierung / Sollwert
$$\frac{\text{Zahl der termingerechten Lieferungen x 100}}{\text{Gesamtzahl der Lieferungen}}$$	Zeigt die prozentuale Über- bzw. Unter-schreitung der vereinbarten Lieferfristen an.

Ermittlungs-intervall	✓ jährlich quartalsweise monatlich	

Kennzahlensysteme Definition / Formel	Aussagekraft / Kommentierung / Sollwert
$$\frac{\text{Zahl der verspäteten Lieferungen x 100}}{\text{Gesamtzahl der Lieferungen}}$$	Die Lieferverzögerungsquote ist das Ver-hältnis der Zahl verspäteter Lieferungen zur Zahl der Gesamtlieferungen.

Ermittlungs-intervall	✓ jährlich quartalsweise monatlich	

7.4.6   Lieferantenanteil

Kennzahlensysteme Definition / Formel	Aussagekraft / Kommentierung / Sollwert
$$\frac{\text{Anzahl der tatsächlichen Lieferanten x 100}}{\text{Gesamtzahl möglicher Lieferanten}}$$	Zeigt die Lieferantenabhängigkeit bei einzelnen Artikeln. Sie ist abhängig von der absoluten Anzahl der tatsächlichen Lieferanten pro Artikel und von der Zahl möglicher Lieferanten. Ist die Zahl der möglichen Lieferanten groß, weist ein sehr geringer Lieferantenanteil

Kennzahlensysteme Definition / Formel		Aussagekraft / Kommentierung / Sollwert
		evtl. auf eine eigentlich nicht nötige Abhängigkeit hin. Die Gefahr von Lieferengpässen bei Ausfall eines Lieferanten ist dann groß. Ein hoher Lieferantenanteil kann allerdings bewirken, dass die Bestellmengen je Lieferant sehr klein sind. Mögliche bessere Einkaufskonditionen können dann nicht ausgenutzt werden.
Ermittlungs-intervall	✓ jährlich quartalsweise monatlich	

7.4.7   Lieferantenanteil pro Artikelgruppe[1]

Kennzahlensysteme Definition / Formel		Aussagekraft / Kommentierung / Sollwert
$\dfrac{\text{Bezugsmengen von einem Lieferanten} \times 100}{\text{Bezugsmengen von allen Lieferanten}}$		Mit Hilfe dieser Kennzahl wird eine Strukturierung der Lieferanten möglich, d. h. die Verteilung der benötigten Mengen auf Lieferanten nach Artikelgruppen.
Ermittlungs-intervall	✓ jährlich quartalsweise monatlich	

7.4.8   Lieferantenziel[2]

Kennzahlensysteme Definition / Formel		Aussagekraft / Kommentierung / Sollwert
$\dfrac{\text{Durchschnittlicher Bestand an Warenschulden} \times 365}{\text{Wareneingang}}$		Zeigt die eigene Zahlungsbereitschaft und Stellung gegenüber den Lieferanten. Verzögerung von Zahlungen bewirken eine (kurzfristige) Verbesserung der Liquidität. Ein Nachteil dieses „Lieferantenkredites" ist, dass er relativ teuer ist und meist nur für kurze Zeit in Anspruch genommen werden kann.
Ermittlungs-intervall	✓ jährlich quartalsweise monatlich	

---

[1]   Vgl. Vahlens Großes Controlling-Lexikon, München, 1993, S. 60

[2]   Vgl. Coenenberg, A., Jahresabschluss und Jahresabschlussanalyse, 4. Auflage, München, 1979

7.4.9   Lieferantenfluktuation

Kennzahlensysteme Definition / Formel		Aussagekraft / Kommentierung / Sollwert
$\dfrac{\text{Anzahl neuer und weggefallener Lieferanten}}{\text{Gesamtanzahl der Lieferanten}}$		Sollwert
Ermittlungs-intervall	✓ jährlich quartalsweise monatlich	$> 4\,\%$ unter 4 % teuere „Hauptlieferanten" haben Fuß gefasst

7.5   Bestellstruktur

Optimale Bestellmengen gehen von folgenden (vereinfachenden) Annahmen aus:

- Beschaffungsplanung erfolgt für ein Jahr.
- Jahresbedarf ist bekannt.
- Bedarf und damit auch Lagerabgänge unterliegen keinen zeitlichen Schwankungen.
- Beschaffungsgeschwindigkeit ist unendlich groß.
- Neue Lieferungen treffen erst ein, wenn das Lager restlos geräumt ist.
- Schwund und Verderb des Lagerguts werden ausgeschlossen.
- Es gibt keine Mengenrabatte.
- Alle Kosten (Einstandspreise, Lager- und Zinskosten, bestellfixe Kosten) sind während des Planungszeitraums konstant.
- Finanzielle und kapazitätsmäßige Restriktionen liegen nicht vor.

7.5.1   Optimale Bestellmenge[1]

Kennzahlensysteme Definition / Formel		Aussagekraft / Kommentierung / Sollwert
$\sqrt{\dfrac{200 \times \text{Jahresbedarf} + \text{fixe Kosten pro Bestellung}}{\text{Einstandspreis pro Einheit} \times (\text{Zinssatz} + \text{Lagerkostensatz})}}$		Diese Annahmen sind in der Praxis nicht gegeben! Sie sind aber erforderlich, um ein Grundmodell zur Ermittlung derjenigen Bestellmenge abzubilden, bei der die Beschaffungskosten durch Mengenrabatte und durch Reduzierung der Bestellkosten und der Lagerkosten (Raum- und Kapitaleinsparung) optimiert werden können.
		Der ermittelte Wert ist ein Annäherungswert für die Planung der Materialbestellmengen (Produktionsbetrieb) und der Warenbezugsmengen (Handelsunternehmen) zur Reduzierung der Beschaffungs- und Lagerkosten.
Ermittlungs-intervall	✓ jährlich quartalsweise monatlich	

---

[1]   Vgl. Radke, M., Betriebswirtschaftliche Formelsammlung, 3. Auflage, München, 1969, S. 272

7.5.2 Optimale Zahl der Bestellungen pro Periode

Kennzahlensysteme Definition / Formel	Aussagekraft / Kommentierung / Sollwert

$$\frac{\text{Bedarfsmenge pro Periode}}{\text{Optimale Bestellmenge}}$$
 	
 Ermittlungs-intervall   ✓ jährlich
              quartalsweise
              monatlich
	Verhältnis der Bedarfsmenge einer Periode zu der optimalen Bestellmenge.

7.5.3 Losgrößenplanung

Kennzahlensysteme Definition / Formel	Aussagekraft / Kommentierung / Sollwert

Optimale Losgröße = $$\sqrt{\frac{200 \times B + K_f}{K_L}}$$
 	
 Ermittlungs-intervall   ✓ jährlich
              quartalsweise
              monatlich
	Die optimale Losgröße (Auflagengröße) ist abhängig vom Gesamtbedarf (B), den Fixkosten der Produktionsumstellung (K_f) und den Kosten der Lagerung (K_L). Sie wird analog der optimalen Bestellmenge ermittelt.
	
	 B = Gesamtbedarf des Produkts pro Periode
	 K_f = Fixkosten der Produktionsumstellung
	 K_L = Lagerungskosten pro Zeiteinheit und Stück des Endprodukts

7.5.4 Mindestlosgröße

Kennzahlensysteme Definition / Formel	Aussagekraft / Kommentierung / Sollwert

$$\frac{\text{Fixkosten des Auftrages}}{\text{Preis pro Stück - Einzelkosten pro Stück}}$$
 	
 Ermittlungs-intervall   ✓ jährlich
              quartalsweise
              monatlich
	Mindestlosgröße ist die Menge, die ein Fertigungsauftrag nicht unterschreiten sollte, um gerade noch wirtschaftlich zu sein. Dies ist dann der Fall, wenn der Deckungsbeitrag der entsprechenden Menge die Fixkosten deckt.

7.5.5   Mindestbestellmenge

Kennzahlensysteme Definition / Formel	Aussagekraft / Kommentierung / Sollwert
Beschaffungszeit in Tagen × Verbrauchs-menge pro Tag	Das ist die Bestellmenge, die bei gegebener Beschaffungszeit und feststehendem Verbrauch mindestens erforderlich ist.
Ermittlungs-intervall ✓ jährlich quartalsweise monatlich	

7.5.6   Bestellwert / Bestellgröße

Kennzahlensysteme Definition / Formel	Aussagekraft / Kommentierung / Sollwert
$$\frac{\text{Wert der Bestellungen mit Bestellwert bis zu x-EUR x 100}}{\text{Gesamtzahl der Bestellungen}}$$ oder $$\frac{\text{Einkaufsvolumen}}{\text{Anzahl der Bestellungen}}$$	Das Verhältnis einer Bandbreite des Bestellwerts zum Gesamtwert der Bestellung
Ermittlungs-intervall ✓ jährlich quartalsweise monatlich	

7.5.7   Durchschnittlicher Bestellwert

Kennzahlensysteme Definition / Formel	Aussagekraft / Kommentierung / Sollwert
$$\frac{\text{Gesamtwert der Bestellungen x 100}}{\text{Gesamtzahl der Bestellungen}}$$	Misst das Verhältnis des Gesamtwerts der Bestellungen zur Gesamtzahl der Bestellungen.
Ermittlungs-intervall ✓ jährlich quartalsweise monatlich	

7.5.8 Durchschnittliche Kosten je Bestellung

Kennzahlensysteme Definition / Formel	Aussagekraft / Kommentierung / Sollwert
$\dfrac{\text{Gesamte Beschaffungskosten}}{\text{Gesamtzahl der Bestellungen}}$ oder $\dfrac{\text{Kosten des Einkaufsbereichs}}{\text{Anzahl der Bestellungen}}$	Verhältnis von Beschaffungskosten zur Anzahl der Bestellungen zeigt den durchschnittlichen Aufwand, der mit Durchführung und Abwicklung einer Bestellung anfällt.
Ermittlungs-intervall	✓ jährlich quartalsweise monatlich

7.5.9 Durchschnittliche Wiederbeschaffungszeit

Kennzahlensysteme Definition / Formel	Aussagekraft / Kommentierung / Sollwert
= durchschnittliche Zeit für Bestellauslösung und Bestellabwicklung + durchschnittliche Lieferzeit + durchschnittliche Prüf- und Einlagerungs-bzw. Bereitstellungszeit = Durchschnittliche Wiederbeschaffungszeit	Summe der durchschnittlichen Zeit für Bestellungen und Bestellabwicklung, der durchschnittlichen Lieferzeit und der durchschnittlichen Prüf- und Einlagerungs- bzw. Bereitstellungszeit, bezogen auf die durchschnittliche Wiederbeschaffung. Sie gibt die erforderliche Zeitspanne für die Bereitstellung / Bestellung notwendiger Materialien an.
Ermittlungs-intervall	✓ jährlich quartalsweise monatlich

7.5.10 Beschaffungshäufigkeit in Tagen

Kennzahlensysteme Definition / Formel	Aussagekraft / Kommentierung / Sollwert
$\dfrac{\text{Optimale Bestellmenge} \times 360}{\text{Bedarfsmenge pro Jahr}}$	Zeigt die Zeit in Tagen, nach denen jeweils eine erneute Bestellung erforderlich ist.
Ermittlungs-intervall	✓ jährlich quartalsweise monatlich

7.5.11   Bestellhäufigkeit

Kennzahlensysteme Definition / Formel	Aussagekraft / Kommentierung / Sollwert
$$\frac{\text{Periodengesamtbedarf}}{\text{Menge je Bestellung}}$$	
Ermittlungsintervall ✓ jährlich / quartalsweise / monatlich	

7.5.12   Zeitaufwand pro Bestellung

Kennzahlensysteme Definition / Formel	Aussagekraft / Kommentierung / Sollwert
$$\frac{\text{Anzahl der geleisteten Stunden für die Beschaffungstätigkeit}}{\text{Anzahl der Bestellungen}}$$	
Ermittlungsintervall ✓ jährlich / quartalsweise / monatlich	

7.6   Lagerstruktur

7.6.1   Durchschnittlicher Lagerbestand

Kennzahlensysteme Definition / Formel	Aussagekraft / Kommentierung / Sollwert
$$\frac{\text{Anfangsbestand} + \text{Endbestand}}{2}$$ oder $$\frac{\text{Jahresanfangsbestand} + 12 \text{ Monatsbestände}}{13}$$	**Allgemein gilt:** Je geringer die durchschnittliche Lagerdauer ist, desto schneller vollzieht sich der Tauschprozess Ware gegen Geld. Die Reduzierung der Lagerdauer darf aber nie zu echten Problemen im Produktions- und Absatzprozess führen. Der Lagerbestand setzt sich zusammen aus Material-, Zwischenfabrikaten-, Halbfertigfabrikaten-, Fertigwarenvorräten, die für die Produktion bzw. für den Verkauf gelagert werden. Zur Aufrechterhaltung der Versorgung ist ein gewisser Mindestbestand unerlässlich. Um die Höhe der vorgegebenen Mindestbestände nicht zu unterschreiten und die Höhe der festgelegten Obergrenze

Kennzahlensysteme Definition / Formel	Aussagekraft / Kommentierung / Sollwert
oder $$\frac{\text{Jahresanfangsbestand} + 52 \text{ Wochenbestände}}{53}$$ oder $$\frac{\text{Halber Anfangsbestand} + 12 \text{ Monats-}}{\text{bestände} + \text{halber Endbestand}}{13}$$ oder $$\frac{\text{Summe der 4-Quartals-Endbestände}}{4}$$ oder $$\frac{\text{Jahresanfangsbestand} + \text{Summe der}}{4\text{-Quartals-Endbestände}}{5}$$	nicht zu überschreiten, ist eine permanente Überwachung der Lagerbestände notwendig, um rechtzeitig reagieren zu können. Die Entwicklung z. B. des Fertigwarenbestandes kann frühzeitig Fehlentwicklungen aufzeigen, die sich oft erst viel später auf das Betriebsergebnis auswirken, und sollten deshalb als Frühwarnindikatoren gesehen werden. Ist der Durchschnitt des Anfangs- und des Endbestandes und zeigt die Höhe des durchschnittlich im Lager gebundenen Kapitals, d. h. Lagerhaltungs- und Kapitalbindungskosten. Um Zufallseinflüsse auszuschließen, sollte bei der Ermittlung des durchschnittlichen Lagerbestandes nicht einfach die Hälfte des Jahresanfangsbestandes und Jahresendbestandes genommen werden, sondern die Stichtage. Fehlen die monatlichen Endbestände der Läger, erhält man trotzdem vertretbare Annäherungswerte, wenn die Daten zu den jeweiligen Quartalsenden herangezogen werden.
Ermittlungs- intervall ✓ jährlich quartalsweise monatlich	

7.6.2   Durchschnittliche Lagerdauer

Kennzahlensysteme Definition / Formel	Aussagekraft / Kommentierung / Sollwert
$$\frac{\text{Anzahl der Einheiten der Periode}}{\text{Umschlagshäufigkeit}}$$	Zeigt das Verhältnis der Anzahl der Einheiten einer bestimmten Periode zur Umschlagshäufigkeit, d. h. gibt an, wie lange (Tage, Wochen, Monate) ein Produkt durchschnittlich auf Lager liegt. Die für die Lagerdauer zugrunde gelegte Periode muss mit der Periode, die bei der Ermittlung der Umschlagshäufigkeit verwendet wurde, identisch sein.
Ermittlungs- intervall ✓ jährlich quartalsweise monatlich	

7.6.3   Lagerkapazitätsauslastungsgrad

Kennzahlensysteme Definition / Formel	Aussagekraft / Kommentierung / Sollwert
$$\frac{\text{Belegte Lagerfläche} \times 100}{\text{Gesamte Lagerfläche}}$$ oder $$\frac{\text{Lagerauslastung in qm} \times 100}{\text{Lagerkapazität in qm}}$$	
Ermittlungs-intervall ✓ jährlich quartalsweise monatlich	

7.6.4   Lagerumschlag / Gesamtumschlagshäufigkeit

Kennzahlensysteme Definition / Formel	Aussagekraft / Kommentierung / Sollwert
	Gibt Hinweise, wie die Wirtschaftlichkeit gesteigert werden könnte, denn eine geringe Umschlagshäufigkeit bedeutet meist eine hohe Kapitalbindung.
$$\frac{\text{Umsatz}}{\text{Durchschnittlicher Lagerbestand}}$$	Diese Kennzahl zeigt außerdem die „Ergie-bigkeit" des in Halb- und Fertigerzeugnis-sen gebundenen Kapitals.
Umschlagshäufigkeit der Rohstoffe = $$\frac{\text{Abgänge an Rohstoffen}}{\varnothing \text{Lagerbestand Rohstoffe}}$$	Hier muss der Lagerbestand zu Einstands-preisen bewertet werden. (Einstandspreis = Einkaufspreise + Bezugskosten). Auch der Warenumsatz beim Handel muss zu Einstandspreisen (und nicht zu Verkaufs-preisen) bewertet werden.
Erzeugnisumschlag = $$\frac{\text{Abgänge Fertigprodukt A}}{\varnothing \text{Lagerbestand Fertigprodukt A}}$$ oder $$\frac{\text{Lagerbestand eines Artikels}}{\text{Umsatz mit diesem Artikel}}$$	Bei der Berechnung der Umschlagshäufig-keit ist zu beachten, dass sie immer für eine bestimmte Periode durchgeführt wird und Mengen- und/oder Wertbetrachtungen (bewertete Abgänge und Bestände) möglich sind. Beide Varianten führen zum selben Ergebnis!
Ermittlungs-intervall ✓ jährlich quartalsweise monatlich	Die Gesamtumschlagshäufigkeit ist evtl. weiter zu untergliedern in Umschlags-häufigkeit der Rohstoffe und der Fertigprodukte.

7.6.5   Lagerumschlagshäufigkeit[1]

Kennzahlensysteme Definition / Formel	Aussagekraft / Kommentierung / Sollwert
$\dfrac{\text{Lagerabgang (Monatsverbrauch)}}{\text{Durchschnittlicher Lagerbestand}}$ oder $\dfrac{\text{Verbrauch der Periode}}{\text{Durchschnittlicher Lagerbestand}}$ oder $\dfrac{\text{Wareneinsatz}}{\text{Durchschnittlicher Lagerbestand}}$	Der durchschnittliche Lagerbestand und der Lagerabgang sind Basis für die Ermittlung der Umschlagshäufigkeit und damit für die Beurteilung der Kapitalbindung des Lagers.
Ermittlungs- intervall	✓ jährlich quartalsweise monatlich

7.6.6   Durchschnittliche Lagerdauer[2] / Grad der Lagerhaltung / Lagerreichweite

Kennzahlensysteme Definition / Formel	Aussagekraft / Kommentierung / Sollwert
$\dfrac{\text{Durchschnittlicher Lagerbestand x 360 (365)}}{\text{Lagerabgänge}}$ oder $\dfrac{\text{Bestand} \times \text{Produktionstage}}{\text{Jährlicher Lagerumschlag}}$ oder $\dfrac{\text{Durchschnittlicher Lagerbestand x 360 (365)}}{\text{Gesamtmaterialkosten pro Jahr}}$ oder $\dfrac{360\ (365)}{\text{Lagerumschlagshäufigkeit}}$	Zeitraum, in dem der Lagerbestand sich einmal umschlägt. Ziel ist es, durch eine Umschlagshäufigkeit bzw. Durchlaufgeschwindigkeit die Wirtschaftlichkeit des Lagers zu erhöhen. Zeigt wie lange Produktion aus dem Lagerbestand aufrecht erhalten werden kann. Eine Differenzierung zwischen dem Material-, Halb- und Zwischenfabrikat- und Fertigfabrikatumschlag ist erforderlich, um die verschiedenen Ursachen der Durchlaufgeschwindigkeit besser analysieren zu können.[3]

---

[1]   Vgl. Radke, M., Betriebswirtschaftliche Formelsammlung, 3. Auflage, München, 1969, S. 303
[2]   Vgl. Radke, M., Betriebswirtschaftliche Formelsammlung, 3. Auflage, München, 1969, S. 305
[3]   Vgl. Groll, K., Erfolgssicherung durch Kennzahlensysteme, 4. Auflage, Freiburg i. Br., 1991, S. 129–130

Kennzahlensysteme Definition / Formel	Aussagekraft / Kommentierung / Sollwert
oder $\dfrac{\text{Durchschnittlicher Lagerbestand}}{\text{Durchschnittlicher Bedarf}}$ Lagerreichweite in Wochen = $\dfrac{\varnothing \text{ Lagerreichweite in Tagen x 52}}{360 \ (365)}$	Bei der Beurteilung der Lagerdauer gibt es keine allgemeingültigen Normen, da die spezifischen Gegebenheiten, wie z. B. übliche Bestellmengen oder Wiederbeschaffungszeiten, mit berücksichtigt werden müssen. Deshalb gibt es auch keine allgemeingültigen Aussagen über die günstigste Lagerdauer. Generell bindet Lagerhaltung Kapital und verursacht damit Zinskosten und benötigt Lagerfläche, was ebenfalls Kosten verursacht und somit Liquidität und Rentabilität bindet. Häufig wird es sich aber nicht vermeiden lassen, Mindestlagerbestände zu halten. Geschieht dies nicht, so könnten bei einer verspäteten Materialanlieferung Produktionsausfälle oder Lieferprobleme die Konsequenzen sein. Die Lagerdauer sollte ein Industrieunternehmen zumindest für das Fertigwarenlager und das Materiallager und der Handel für das Warenlager ermitteln. Die Kennzahl stellt dem durchschnittlichen Lagerbestand den durchschnittlichen Tagesbedarf gegenüber und ermittelt somit die Zahl der Tage, nach denen das Lager vollständig abgebaut sein wird. Eine Verbesserung der Materialumschlagshäufigkeit kann vor allem durch Verringerung der gelagerten Materialien (z. B. durch Just-in-Time-Lieferungen) erreicht werden. Empfehlenswert ist es, die Materialien anhand einer ABC-Analyse nach ihrem wertmäßigen Anteil zu gruppieren, um dann vor allem die Bestände der A-Güter, (die den größten Jahresverbrauchswert haben) bei gleichzeitiger niedrigst möglicher Mengenanzahl, durch häufigere Bestellvorgänge zu senken. Allerdings könnten sich dadurch die Beschaffungskosten erhöhen. Eine andere Möglichkeit, die Lagerwertbindung zu verringern, ist die verstärkte Normierung und Standardisierung von Teilen und Baugruppen.

Kennzahlensysteme Definition / Formel		Aussagekraft / Kommentierung / Sollwert
		Eine Reduktion der Lagerdauer führt zwar zur Kostensenkung, aber auch zur Verringerung der Lieferbereitschaft und der möglichen Folgen für die Kundenzufriedenheit!
Ermittlungs-intervall	✓ jährlich quartalsweise monatlich	Sollwert > 60

7.6.7 Lieferbereitschaftsgrad

Kennzahlensysteme Definition / Formel		Aussagekraft / Kommentierung / Sollwert
$\dfrac{\text{Anzahl termingerechter Auslieferungen} \times 100}{\text{Gesamtzahl Bedarfsanforderungen}}$		Ein Lieferbereitschaftsgrad von nahezu 100% kann in der Regel nur mit sehr hohen Durchschnittsbeständen erreicht werden. Je höher aber die Lagerbestände sind, desto größer sind auch Kapitalbindung und variable Lagerkosten.
Ermittlungs-intervall	✓ jährlich quartalsweise monatlich	

7.6.8 Lagerbestandsstruktur nach Warenarten

Kennzahlensysteme Definition / Formel		Aussagekraft / Kommentierung / Sollwert
$\dfrac{\text{Lagerbestand Ware A} \times 100}{\text{Lagerbestand gesamt}}$ nach Altersstruktur = $\dfrac{\text{Lagerbestand älter als 1 Monat} \times 100}{\text{Lagerbestand gesamt}}$ nach Verderblichkeit = $\dfrac{\text{Verderblicher Lagerbestand} \times 100}{\text{Lagerbestand gesamt}}$		
Ermittlungs-intervall	✓ jährlich quartalsweise monatlich	

7.7   Mindestbestand / Eiserner Bestand / Mindestbestand

Kennzahlensysteme Definition / Formel	Aussagekraft / Kommentierung / Sollwert
$\left(\begin{array}{c} \text{Mengenmäßiger Durchschnittsverbrauch} \\ \times \text{ Beschaffungsdauer in Tagen} \end{array} \right)$ $\times$ $\left(1 + \dfrac{\text{Prozentualer Sicherheitszuschlag}}{100} \right)$ Meldebestand = 2 × Mindestbestandsmengen	Der eiserne Bestand berücksichtigt den durchschnittlichen Verbrauch, die Beschaffungsdauer und einen Sicherheitszuschlag. Er ist der Bestand, der trotz möglicher Störungen die Leistungsbereitschaft des Unternehmens garantiert. Es ist der doppelte Mindestbestand – der Bestand, bei dem eine Ersatzbeschaffung notwendig ist, damit der eiserne Bestand unberührt bleibt.
Ermittlungs- intervall ✓ jährlich quartalsweise monatlich	

7.8   Lagerkapitaleffizienz

Kennzahlensysteme Definition / Formel	Aussagekraft / Kommentierung / Sollwert
$\dfrac{\text{Umsatz in Zeiteinheiten}}{\varnothing \text{ Kapitaleinsatz im Lager}}$	
Ermittlungs- intervall ✓ jährlich quartalsweise monatlich	

7.9   Lagerkapitalbindung / Lagerintensität

Kennzahlensysteme Definition / Formel	Aussagekraft / Kommentierung / Sollwert
$\dfrac{\text{In der Lagerhaltung gebundene Werte} \times 100}{\text{Gesamtkapital}}$	Zeigt den Werteverzehr, der durch die Kapitalbindung der gelagerten Güter entsteht. Hohe Lagerbestände bedeuten Kapitalbindung! Erhöht sich dieser Wert im Vergleich zu den Vorperioden, sollten die Ursachen analysiert werden. Liegen die Gründe bei einem zu hohen Lagerbestand, ist dieser soweit abzubauen, ohne allerdings Forderungen der Produktion nach Material oder des Vertriebes nach Verkaufsprodukten zu gefährden.
Ermittlungs- intervall ✓ jährlich quartalsweise monatlich	

7.10   Kapitalbindungskosten[1]

Kennzahlensysteme Definition / Formel	Aussagekraft / Kommentierung / Sollwert
$$\frac{(\text{Bestandswert} \times \text{Lagerzeit in Monaten}) \times \text{Zinssatz}}{12}$$	

Ermittlungs-
intervall   ✓ jährlich
     quartalsweise
     monatlich	

7.11   Lagerflächen

Kennzahlensysteme Definition / Formel	Aussagekraft / Kommentierung / Sollwert
$$\frac{\text{Lagerfläche} \times 100}{\text{Fertigungs- bzw. Gesamtfläche}}$$ oder $$\frac{\text{Gesamtumsatz}}{\text{Lagerkosten bzw. Gesamtraumkosten}}$$	Zeigt das Verhältnis der Lagerfläche zur Fertigungs- bzw. zur Gesamtfläche und ist Indikator für die Lagerintensität des betrieblichen Leistungserstellungs- und Verwertungsprozesses.

Ermittlungs-
intervall   ✓ jährlich
     quartalsweise
     monatlich	

7.12   Kapazitätsauslastung der Lagermittel

Kennzahlensysteme Definition / Formel	Aussagekraft / Kommentierung / Sollwert
$$\frac{\text{Durchschnittlich in Anspruch genommene Kapazität} \times 100}{\text{Vorhandene Kapazität}}$$	Zeigt das Verhältnis der durchschnittlich in Anspruch genommenen Kapazität zur tatsächlich vorhandenen Kapazität. Niedrige Auslastungsgrade der Lagermittel verlangen eine Überprüfung der Ablauf- und Aufbauorganisation und der insgesamt vorhandenen Lagerkapazitäten.

Ermittlungs-
intervall   ✓ jährlich
     quartalsweise
     monatlich	

---

[1]   Vgl. Schott, G., Kennzahlen - Instrumente der Unternehmensführung, 5. Auflage, Wiesbaden, 1988, S. 110

7.13 Rentabilität des Lagerbestandes / Return on Stock Investment (RoSTI)

Kennzahlensysteme Definition / Formel	Aussagekraft / Kommentierung / Sollwert
= Rohgewinn in % vom Wareneinsatz × Umschlagshäufigkeit des Lagers	Zeigt die Rentabilität des Lagerbestandes (stock), d. h. wie viel Rohgewinn pro eingesetzten Euro Lagerwert erzielt wurde. Nur im Handel ist diese Kennzahl sinnvoll.

| Ermittlungs-
intervall | ✓ jährlich
quartalsweise
monatlich | |

7.14 Fertigwarenlager

Kennzahlensysteme Definition / Formel	Aussagekraft / Kommentierung / Sollwert
Optimale Lagergröße = $\overline{X}$ + V [1] $\overline{X}$ = arithmetisches Mittel der Absatzmenge (abgeleitet aus den Erfahrungszahlen der Absatzzahlen innerhalb der betrieblichen Absatzperioden, z. B. monatlich oder aufgrund von Planungen) V = Mathematischer Ausdruck für die Abweichung vom Mittelwert im Punkt der optimalen Lagerhaltung (berücksichtigt die Kosten der Lagerhaltung) Struktur des Fertigwaren-Lagerbestandes = $\dfrac{\text{Bestand je Fertigwarengruppe x 100}}{\text{Gesamt Fertigwaren-Lagerbestand}}$ oder $\dfrac{\begin{array}{c}\text{1, 2, 3 usw. (Tage, Monate, Jahre)}\\ \text{lagernde Bestände x 100}\end{array}}{\text{Gesamt Fertigwaren-Lagerbestand}}$ oder $\dfrac{\begin{array}{c}\text{Bestände an Fertigwaren mit einer}\\ \text{Umschlagshäufigkeit von 1, 2, 3 usw. mal}\\ \text{(am Tag, im Monat, im Jahr) x 100}\end{array}}{\text{Gesamt Fertigwaren-Lagerbestand}}$	Auch bei der Fertigwarenlagerhaltung treffen zwei völlig konträre Zielvorstellungen aufeinander: Der Verkauf möchte hohe Lagerbestände, um eine hohe Lieferbereitschaft zu gewährleisten. Deshalb seine Forderung: einen Mindestbestand an Fertigwaren jederzeit abrufbereit auf Lager zu halten, um eine rasche, reibungslose Absatzdurchführung zu gewährleisten. Andererseits verursacht die Fertigwarenlagerhaltung, wie jede Lagerhaltung, Kosten. Es gilt also auch hier, ein Optimum zu finden, d. h. die optimale Lagergröße zu definieren. Die Kapitalbindung gilt es, so gering wie möglich zu halten, deshalb sollten aufgrund von Vergangenheitswerten, möglichst exakt die voraussichtlich zu erwartenden Absatzmengen ermittelt werden. Eine Reduktion der Lagerhaltung führt zwar zur Kostensenkung, aber auch zur Verringerung der Lieferbereitschaft, was die Kundenzufriedenheit nachhaltig beeinflussen könnte. Ergebnis eines optimalen Lagerbestandes und einer präzisen Fertigungssteuerung ist eine relativ hohe Lagerumschlagshäufigkeit.

---

[1]   vgl. Radke, M., Die große Betriebswirtschaftliche Formelsammlung, S. 790

Kennzahlensysteme Definition / Formel	Aussagekraft / Kommentierung / Sollwert
Umschlagshäufigkeit des Fertigwarenlager = $$\frac{\text{Umsatz (Abgänge zu Verkaufswerten)}}{\text{Durchschnittlicher Fertigwaren-Lagerbestand (zu Verkaufspreisen)}}$$ oder $$\frac{\text{Umsatz (Abgänge zu Selbst-, Herstellkosten)}}{\text{Durchschnittlicher Fertigwaren-Lagerbestand (zu Selbst-, Herstellkosten)}}$$ oder $$\frac{\text{AK oder HK der verkauften Waren}}{\text{Durchschnittlicher Lagerbestand zu Selbstkosten}}$$ oder $$\frac{\text{Verkäufe in Stückzahlen}}{\text{Durchschnittlicher Lagerbestand in Stückzahlen}}$$ Umschlagsdauer in Tagen = $$\frac{\text{Durchschnittlicher Fertigwaren-Lagerbestand} \times (365) \text{ Tage}}{\text{Umsatz (Abgänge) in 365 Tagen}}$$ Fertigwaren-Lagerbestand in Prozent des Umsatzes = $$\frac{\text{Durchschnittlicher Fertigwaren-Lagerbestand} \times 100}{\text{Umsatz}}$$ Reichweite Fertigwarenbestand = $$\frac{\text{Fertigwarenbestand zu Verkaufswerten}}{\text{Planumsatz (Monatsdurchschnitt)}}$$ Fertigwaren-Lagerbestand in Prozent des Auftragseinganges = $$\frac{\text{Durchschnittlicher Fertigwaren-Lagerbestand} \times 100}{\text{Auftragseingang}}$$	Die Lagerumschlagshäufigkeit kann auf Basis der Herstellkosten, der Selbstkosten, der Verkaufspreise und auf Stückpreisbasis ermittelt werden. Der Blickwinkel Lagerumschlagshäufigkeit darf die Lieferbereitschaft nicht vernachlässigen – ein hoher Lagerumschlag darf nicht zu Lasten der Lieferbereitschaft gehen! Die Fertigung muss in der Lage sein, die benötigten Fertigerzeugnisse ohne kostenintensiver Zwischenlagerung termingerecht der Auslieferung zur Verfügung zu stellen. Dieses Ziel kann durch eine gute Aufbau- und Ablauforganisation (Auftragsabwicklung und -organisation) und vor allem durch eine sorgfältige Auftragsvorbereitung erreicht werden. Die Umschlagshäufigkeit sollte unter Kostengesichtspunkten möglichst hoch sein, d. h. die Produkte sollten nicht länger als unbedingt erforderlich auf Lager liegen. Die rasche und zuverlässige Versorgung der Kunden muss jedoch gewährleistet sein. Um hier eine Entscheidungsfindung zu erleichtern, sollte der Bedarf für bestimmte Zeiträume exakt ermittelt werden. Umsatz (bzw. Abgänge) können auf Basis von Verkaufs-, Einstandswerten, Herstell- oder Selbstkosten bewertet werden. Aussage, ob zuverlässige Kundenbelieferung sichergestellt ist. Zeigt die Reichweite des Lagerbestandes in % bzw. je Bezugsgrößen in Monaten, Quartalen, Jahren.

Kennzahlensysteme Definition / Formel	Aussagekraft / Kommentierung / Sollwert
Fertigwaren-Lagerbestand in Prozent des Auftragsbestandes[1] = $$\frac{\text{Durchschnittlicher Fertigwaren-Lagerbestand} \times 100}{\text{Auftragsbestand}}$$	Durchschnittlicher Fertigwaren-Lagerbestand und Auftragsbestand an einem bestimmten Stichtag
Disponierter Lagerbestand in Prozent des Gesamt-Fertigwaren-Lagerbestandes = $$\frac{\text{Zur Auslieferung bereits disponierter Fertigwaren-Lagerbestand} \times 100}{\text{Gesamt-Fertigwaren-Lagerbestand}}$$	Die Ermittlung dieser Kennzahl sollte je nach Unternehmensstruktur relativ häufig erfolgen. Zusätzlich wäre eine Aufschlüsselung nach einzelnen Produkten oder Produktgruppen empfehlenswert.
Fertigwaren-Lagerbestand in Prozent des Umlaufvermögens = $$\frac{\text{Fertigwaren-Lagerbestand} \times 100}{\text{Umlaufvermögen}}$$	Erlaubt Rückschlüsse auf den Einsatz des (kurzfristig finanzierten) Umlaufvermögens und ermöglicht so die Angemessenheit der Lagerhaltung zu beurteilen.
Fertigwaren-Lagerbestand in Prozent Kundenforderungen = $$\frac{\text{Fertigwaren-Lagerbestand} \times 100}{\text{Bestand an Kundenforderungen}}$$	Der Wert sollte möglichst niedrig sein, weil Fertigwaren unter Kapitalbindungsgesichtspunkten schnell ausgeliefert und fakturiert werden sollten.
Ausnutzung der Lagerkapazität durch den Fertigwaren-Lagerbestand = $$\frac{\text{Durch den Fertigwaren-Lagerbestand belegte Lagerfläche (Lagerraum)} \times 100}{\text{Gesamte Lagerfläche (Lagerraum)}}$$	Die Forderung nach Lieferbereitschaft sollte die Optimierung der Fertigwarenlagerkosten nicht gefährden. Deshalb sollten die verschiedenen Fertigwarenlagerkostenarten einzeln erfasst werden. Hierzu gehören die
Fertigwarenlagerkosten	
Lagerkosten pro Umsatzeinheit = $$\frac{\text{Kosten der Lagerwirtschaft gesamt}}{\text{Umsatz}}$$	– Lagerhaltungskosten (Kosten für den Lagerraum), – Obsolenzkosten (Wertminderung der Fertigwaren), die während der Lagerzeit auftreten können (Schwund, Verderb, Beschädigung, technischer Fortschritt, u. a.),
Durchschnittliche Raumkosten je Einheit = $$\frac{\text{Raumkosten}}{\text{Durchschnittliche Bestandmenge}}$$ oder $$\frac{\text{Fertigwarenkosten}}{\text{qm Lagerfläche}}$$	– Die Kosten (das im Fertigwarenlager gebundene Kapital)

---

[1] vgl. Radke, M., a. a. O., S. 788

Kennzahlensysteme Definition / Formel	Aussagekraft / Kommentierung / Sollwert
Durchschnittliche Lagerkapazitätsauslastung = $$\frac{\text{Bestandsmenge}}{\text{Lagerkapazität}}$$ Raumkostenumschlag = $$\frac{\text{Gesamtumsatz}}{\text{Lagerkapazität}}$$	Die Lagerhaltungskosten können mit folgenden Kennzahlen im einzelnen untersucht werden: Bestände und Kapazitäten können entweder in Mengen- oder Geldeinheiten ausgedrückt werden. Ein hoher Wert lässt meist auf eine gute Lagernutzung schließen. Eine höhere Aussagekraft wird erreicht, wenn der Raumkostenumschlag nach Warengruppen und Verkaufsabteilungen unterteilt wird. Je höher dieser wird, desto optimaler wird die Lagerkapazität genutzt.
Ermittlungs-intervall ✓ jährlich quartalsweise monatlich	

7.15   Verpackungsmaterialstruktur / Verpackungsanteil

Kennzahlensysteme Definition / Formel	Aussagekraft / Kommentierung / Sollwert
$$\frac{\text{Verpackungsgewicht in kg}}{\text{Verkaufsgewicht in kg}}$$ Verpackungsmaterial-Verbrauch je 100 kg ausgehender Ware = $$\frac{\text{Verbrauch an Verpackungsmaterial in kg und in € } \times 100}{\text{Ausgebende Ware in kg (Nettogewicht)}}$$ Verpackungsmaterial-Verbrauch in Prozent des Umsatzes = $$\frac{\text{Verbrauch an Verpackungsmaterial in € x 100}}{\text{Umsatz in €}}$$ Verpackungsmaterial-Verbrauch in Prozent der weiterberechneten Verpackungskosten = $$\frac{\text{Verbrauch an Verpackungsmaterial in € } \times 100}{\text{Gesondert in Rechnung gestellte Verpackungsmaterialklassen}}$$ Verpackungsmaterial-Verbrauch je Transportart in kg und € je kg Versand-Nettogewicht = $$\frac{\text{Verpackungsmaterialverbrauch in kg und € für Bahntransporte}}{\text{Ausgehende Bahnsendungen (Nettogewicht)}}$$	Die folgenden Kennzahlen ermöglichen Analysen hinsichtlich der Angemessenheit der Verpackungsmaterialkosten (Bezugsgröße können wieder Mengen/Stückzahlen oder Umsatz bzw. Kosten sein). Zeigt, ob Verpackungsmaterial, welches oft als Einzelkostenmaterial einkalkuliert wird, tatsächlich konsequent den Kunden tatsächlich weiterberechnet wurde. Nachfolgende Kennzahlen erlauben einen Vergleich der „Verpackungsmaterialintensität" der verschiedenen Transportarten und strukturieren die Verpackungsmaterialkosten. Sie erlauben die Angemessenheit einzelner Kostenarten zu beurteilen, zu analysieren und die größten Kostentreiber zu erkennen.

Kennzahlensysteme Definition / Formel	Aussagekraft / Kommentierung / Sollwert
und $$\frac{\text{Verpackungsmaterialverbrauch in kg und € für Autotransporte}}{\text{Ausgehende Autosendungen (Nettogewicht)}}$$ und $$\frac{\text{Verpackungsmaterialverbrauch in kg und € für Schiffstransporte}}{\text{Ausgehende Schiffssendungen (Nettogewicht)}}$$ und $$\frac{\text{Verpackungsmaterialverbrauch in kg und € für Lufttransporte}}{\text{Ausgehende Luftsendungen (Nettogewicht)}}$$ Verpackungsmaterial-Verbrauchsstruktur = $$\frac{\text{Kistenverbrauch in € und kg x 100}}{\text{Gesamt-Verpackungsmaterial-Verbrauch in €}}$$ und $$\frac{\text{Kartonverbrauch in € und kg x 100}}{\text{Gesamt-Verpackungsmaterial-Verbrauch in €}}$$ und $$\frac{\text{Packpapierverbrauch in € und kg x 100}}{\text{Gesamt-Verpackungsmaterial-Verbrauch in €}}$$ und $$\frac{\text{Holzwolleverbrauch in € und kg x 100}}{\text{Gesamt-Verpackungsmaterial-Verbrauch in €}}$$ usw. Verwendung von eigenen Kisten in Prozent = $$\frac{\text{Ausgehende Sendungen (Nettogewicht) in eigenen Kisten} \times 100}{\text{Ausgehende Sendungen (Nettogewicht) insgesamt}}$$ Verwendung von fremden Kisten in Prozent = $$\frac{\text{Ausgehende Sendungen (Nettogewicht) in fremden Kisten} \times 100}{\text{Ausgehende Sendungen (Nettogewicht) insgesamt}}$$ Wiederverwendungshäufigkeit zurückgesandter Leihkisten = $$\frac{S - B}{A + Z - E - B}$$	

Kennzahlensysteme Definition / Formel	Aussagekraft / Kommentierung / Sollwert
S = Anzahl der ausgehenden Kisten im Jahr B = Anzahl der nicht zurückgesandten und dem Empfänger voll berechneten Kisten im Jahr A = Kistenbestand lt. Inventur am Jahresanfang Z = Zugang neuer Kisten während des Jahres vom Kistenlieferanten E = Kistenbestand lt. Inventur am Jahresende Prozentualer Kistenverschleiß bei zurückgesandten Leihkisten = $$\frac{(A + Z - E - B) \times 100}{S - B}$$	Misst die Intensität der Nutzung von Leergut (z. B. Brauereien) und zeigt wie intensiv ein vorgehaltener Leergutbestand genutzt wird. In dieser Kennzahl spiegelt sich der Verbrauch / Verschleiß von Leihkisten bezogen auf die ausgesandten Kisten pro Jahr wider und lässt so möglicherweise auch Rückschlüsse auf die Qualität von Leihkisten zu.
Durchschnittliche Kosten je kg Verpackungsmaterial = $$\frac{\text{Verpackungsmaterial-Verbrauch in €}}{\text{Verpackungsmaterial-Verbrauch in kg}}$$	
Durchschnittliche Verpackungskosten je kg Netto-Versandgewicht = $$\frac{\text{Verpackungsmaterial-Verbrauch in €} + \text{Löhne und Gemeinkosten der Packerei}}{\text{Ausgehende Sendungen (Nettogewicht) insgesamt}}$$	Ist als Vergleichsgröße für unterschiedlicher Verpackungsmaterialien / -verfahren geeignet.
Arbeitsstunden der Beschäftigten in der Versandpackerei je kg Verpackungsmaterial-Verbrauch = $$\frac{\text{Arbeitsstunden der Beschäftigten in der Versandpackerei}}{\text{Verpackungsmaterial-Verbrauch in kg}}$$	Ist eine mögliche Messgröße der Produktivität des Versandes.
Logistikkosten = $$\frac{\text{Logistikkosten} \times 100}{\text{Umsatz}}$$	Die Kosten für den Weg der Produkte zum Kunden sollten in Relation zum Deckungsbeitrag verdeutlicht werden.
Ermittlungs- intervall	✓ jährlich quartalsweise monatlich	

8 Personalbereich

8.1 Personalstruktur/Mitarbeiterstruktur

Kennzahlensysteme Definition / Formel	Aussagekraft / Kommentierung / Sollwert
$$\frac{\text{Beschäftigte einer Merkmalgruppe x 100}}{\text{Gesamtbeschäftigte}}$$ oder $$\frac{\text{Zahl der Mitarbeiter einer Mitarbeitergruppe x 100}}{\text{Gesamtzahl der Mitarbeiter}}$$	Kann in unterschiedliche Merkmalsgruppen eingeteilt (z. B. Lohn, Gehalt, Ganztags- oder Halbtagsarbeit, Qualifikation, Geschlecht, Kostenstelle, Betriebszugehörigkeit, usw.) und miteinander kombiniert werden. Die so gebildeten Kennzahlen haben rein statistischen Charakter und zeigen nur die jetzige Personalstruktur.
Ermittlungs-intervall	✓ jährlich quartalsweise monatlich	

8.2 Betriebszugehörigkeitsstruktur

Kennzahlensysteme Definition / Formel	Aussagekraft / Kommentierung / Sollwert
$$\frac{\text{Zahl der Mitarbeiter mit einer bestimmten Anzahl von Jahren der Betriebszugehörigkeit x 100}}{\text{Gesamtzahl der Beschäftigten}}$$	Prozentuale Zusammensetzung der Beschäftigten nach der Dauer der Betriebszugehörigkeit. Die Angabe der Betriebszugehörigkeit kann in Jahren oder Monaten erfolgen und auch mit anderen Merkmalen (z. B. Geschlecht) kombiniert werden.
Ermittlungs-intervall	✓ jährlich quartalsweise monatlich	

8.3 Altersstruktur[1]

Kennzahlensysteme Definition / Formel	Aussagekraft / Kommentierung / Sollwert
$$\frac{\text{Beschäftigte der Altersgruppen von ... und ... Jahren x 100}}{\text{Gesamtbeschäftigte}}$$	Um einen Überblick über die Altersstruktur der Belegschaft zu erhalten, erfolgt eine Einteilung in Alterskategorien. Das Lebens-

---

[1] Vgl. Radke, M., Die große Betriebswirtschaftliche Formelsammlung, 1969, S. 345

Kennzahlensysteme Definition / Formel	Aussagekraft / Kommentierung / Sollwert
oder $$\frac{\text{Zahl der Mitarbeiter in einer bestimmten Altersgruppe x 100}}{\text{Gesamtzahl der Mitarbeiter}}$$	alter der Beschäftigten liefert grundlegende Informationen für die strategische Personalplanung in verschiedenen Bereichen.[1] Das Wissen um die Altersstruktur bildet mit die Grundlage einer rechtzeitigen Nachwuchssicherung und Ausbildungsplanung.[2] Die Altersstruktur (z. B. Pensionszusagen) beeinflusst auch die Liquidität.
Ermittlungs- intervall	✓ jährlich quartalsweise monatlich	Eine gleichmäßige Altersverteilung ist im allgemeinen sinnvoll.

8.4   Grad der Belegschaftsstärke[3]

Kennzahlensysteme Definition / Formel		Aussagekraft / Kommentierung / Sollwert
$$\frac{\text{Ist-Belegschaft x 100}}{\text{Soll-Belegschaft}}$$		Die Soll-Belegschaftsstärke kann entweder aus der Vergangenheit oder durch vergleichbare Unternehmen ermittelt werden. Über- bzw. Unterkapazitäten können so analysiert werden, allerdings darf man diese Kennzahl nicht isoliert betrachten. Ob ein Unternehmen optimal ausgelastet ist oder nicht, ist von entscheidender Bedeutung. Bei Vollauslastung der Kapazitäten kann es zu Problemen kommen. Einstellungen müssen rechtzeitig vorgenommen werden – allerdings nur, wenn auch die künftige Auslastung sichergestellt ist.
		Sollwert:
Ermittlungs- intervall	✓ jährlich quartalsweise monatlich	> 80 % gute Auslastung < 80 % ist eine Unternehmung deutlich unterbesetzt.

---

[1]   Vgl. Gmelin, V., Effizientes Personalmanagement durch Personalcontrolling, 1995, S. 106 ff
[2]   Vgl. Siegwart, H., Kennzahlen für die Unternehmensführung, 1987, S. 80
[3]   Vgl. Radke, M., a. a. O., S. 318

8.5 Belegschaftsstruktur

Kennzahlensysteme Definition / Formel		Aussagekraft / Kommentierung / Sollwert
$\dfrac{\text{Angestellte (Gehaltsempfänger) x 100}}{\text{Gesamtbelegschaft}}$		Kann nach unterschiedlichen Kriterien erfolgen, z. B. nach Angestellten, Facharbeitern, ungelernten Arbeitern, Lehr-
Ermittlungs-intervall	✓ jährlich quartalsweise monatlich	lingen, usw., Überprüfung, ob Quoten normal sind (Vergleichszahl über Verbände, Industrie- und Handelskammern usw.)

8.6 Durchschnittliche Kontrollspanne / Leitungsspanne / Führungsverhältnis

Kennzahlensysteme Definition / Formel		Aussagekraft / Kommentierung / Sollwert
Führungsverhältnis I = $\dfrac{\text{Anzahl der zu führenden Personen}}{\text{Führungskräfte}}$ $\dfrac{\text{Untergebene (Summe Personen ohne Führungskompetenz) x 100}}{\text{Führungskräfte}}$ Führungsverhältnis II = $\dfrac{\text{untere Führungsebene x 100}}{\text{obere Führungsebene}}$		Gibt an, wieviel jede Führungskraft im Durchschnitt an Personen zu führen hat. Eine Führungskraft kann nicht beliebig viele Personen steuern und lenken. Je besser ein Betrieb organisiert ist und je mehr allgemeine Regelungen über Handlungs- und Führungskompetenzen bestehen, desto mehr Personen kann eine Führungskraft steuern und kontrollieren.
Ermittlungs-intervall	✓ jährlich quartalsweise monatlich	Sollwert: < 9 Personen

8.7 Fehlzeitenquote

Kennzahlensysteme Definition / Formel		Aussagekraft / Kommentierung / Sollwert
$\dfrac{\text{Fehlzeiten (Tage / Stunden} \times 100}{\text{Sollarbeitszeit (Tage / Stunden)}}$ oder $\dfrac{\text{Versäumte Arbeitstage(-stunden) im Jahr} \times 100}{\text{Mögliche Arbeitstage(-stunden) im Jahr}}$		Zeigt das Verhältnis der Fehlzeiten (hierbei können gruppenbezogene oder personenbezogene Fehlzeitenquoten ermittelt werden).
Ermittlungs-intervall	✓ jährlich quartalsweise monatlich	

8.7.1   Gruppenbezogene

Kennzahlensysteme Definition / Formel	Aussagekraft / Kommentierung / Sollwert
Fehlzeitenquote = $$\frac{\text{Alle Fehlzeiten einer Periode in Tagen} \times 100}{\text{Gesamte Werktage einer Periode}}$$	Die Gruppen können nach organisatorischen Gesichtspunkten (u. a. Bereiche, Kostenstellen) oder nach Berufsgruppen, Ausbildungsstand, Betriebszugehörigkeit, Geschlecht, Alter, Nationalität oder Familienstand gebildet werden.
Ermittlungs- intervall ✓ jährlich quartalsweise monatlich	

8.7.2   Personenbezogene Fehlzeitenquote

Kennzahlensysteme Definition / Formel	Aussagekraft / Kommentierung / Sollwert
$$\frac{\text{Alle Fehlzeiten eines Mitarbeiter einer Periode in Tagen} \times 100}{\text{Soll-Arbeitszeit des Mitarbeiters einer Periode in Tagen}}$$	
Ermittlungs- intervall ✓ jährlich quartalsweise monatlich	

8.7.3   Abwesenheitsstruktur

Kennzahlensysteme Definition / Formel	Aussagekraft / Kommentierung / Sollwert
$$\frac{\text{Abwesende nach Ursachen x 100}}{\text{Gesamtzahl der Beschäftigten}}$$ oder $$\frac{\text{Abwesenheitsursachen in Stunden x 100}}{\text{Arbeitsstunden aller Beschäftigten}}$$	Prozentualer Anteil der einzelnen Abwesenheitsursachen an der Gesamtzahl der Beschäftigten bzw. der Arbeitsstunden. Ursachenfelder sind häufig Krankheit, Unfälle, Urlaubszeiten, Ausbildung, Dienstreisen.
Ermittlungs- intervall ✓ jährlich quartalsweise monatlich	

8.7.4   Krankenquote

Kennzahlensysteme Definition / Formel	Aussagekraft / Kommentierung / Sollwert
$$\frac{\text{Zahl der kranken Mitarbeiter x 100}}{\text{Gesamtzahl der Mitarbeiter}}$$ oder[1]	Anteil der Kranken an der Gesamtzahl der Beschäftigten bzw. Anteil der Krankentage an der Gesamtzahl der Arbeitstage.
$$\frac{\text{Krankentage x 100}}{\text{Gesamtzahl der Mitarbeitertage}}$$ oder	Eine Differenzierung nach z. B. Geschlecht, Zugehörigkeit, usw. ist möglich.
$$\frac{\text{Krankentage x 100}}{\text{Arbeitstage x Gesamtbeschäftigte}}$$ oder	Krankenstände haben erhebliche Auswirkungen auf die Produktivität eines Unternehmens. Sie verursachen zusätzliche Kosten, die im Endeffekt Produkte und Leistungen verteuern und so die Wettbewerbsfähigkeit beeinträchtigen.[2]
$$\frac{\text{Krankenstunden x 100}}{\text{Normalstunden}}$$	Die Höhe der Krankenquote könnte auch ein Ausdruck der Unzufriedenheit der Mitarbeiter sein.
Ermittlungs-intervall	✓ jährlich quartalsweise monatlich	

8.8   Unfallhäufigkeitsrate

Kennzahlensysteme Definition / Formel	Aussagekraft / Kommentierung / Sollwert
$$\frac{\text{Anzahl meldepflichtiger Betriebsunfälle}}{\text{Anzahl geleisteter Stunden}}$$ Unfallschwererate = Arbeitsausfalltage meldepflichtiger Betriebsunfälle	
Ermittlungs-intervall	✓ jährlich quartalsweise monatlich	

[1] Vgl. Radke, M., Betriebswirtschaftliche Formelsammlung, 3. Auflage, München, S. 322
[2] Vgl. Schott, G., Kennzahlen - Instrument der Unternehmensführung, Wiesbaden, 1988, S. 178

8.9   Fluktuation/Gesamtpersonalwechsel

Kennzahlensysteme Definition / Formel	Aussagekraft / Kommentierung / Sollwert
$\dfrac{(\text{Eintritte} + \text{innerbetrieblicher Personenwechsel} + \text{Austritte} \times 100}{\text{Durchschnittliche Gesamtbeschäftigte}}$	Ein hoher Prozentsatz deutet auf eine gewisse Diskontinuität hin.
Ermittlungs-intervall	✓ jährlich quartalsweise monatlich	

8.9.1   Personalzugang

Kennzahlensysteme Definition / Formel	Aussagekraft / Kommentierung / Sollwert
$\dfrac{\text{Personalzugänge} \times 100}{\text{Zahl der durchschnittlichen Beschäftigten}}$	Zugänge des Personals gesamt oder nach einzelnen Merkmalen unterteilt, z. B. Angestellte, Arbeiter, Geschlechter usw. Ein hoher Prozentsatz an Zugängen deutet entweder auf hohen Beschäftigtenwechsel hin oder auf starkes Wachstum bzw. starke saisonale Schwankungen.
Ermittlungs-intervall	✓ jährlich quartalsweise monatlich	

8.9.2   Verbleibensquote

Kennzahlensysteme Definition / Formel	Aussagekraft / Kommentierung / Sollwert
$\dfrac{\text{Zahl der während eines Jahres eingestellten und noch vorhandenen Mitarbeiter}}{\text{Zahl der eingestellten Mitarbeiter eines Jahres}}$	
Ermittlungs-intervall	✓ jährlich quartalsweise monatlich	

8.9.3 Fluktuationsrate / Fluktuationsquote / Fluktuationsziffer[1]

Kennzahlensysteme Definition / Formel		Aussagekraft / Kommentierung / Sollwert
$\dfrac{\text{Personalabgang x 100}}{\text{Gesamtbeschäftigte}}$ oder $\dfrac{\text{Zahl der Personalabgänge} \times 100}{\text{Durchschnittlich Beschäftigte}}$ oder $\dfrac{\text{Abgänge, die Ersatzeinstellungen erfordern} \times 100}{\text{Durchschnittlich Beschäftigte}}$ oder $\dfrac{\text{Ausscheidende Mitarbeiter} \times 100}{\text{Anzahl aller Mitarbeiter im Durchschnitt}}$ oder $\dfrac{\text{Zahl der Austritte x 100}}{\text{Stammbelegschaft}}$ oder $\dfrac{\text{Versetzungen x 100}}{\text{Stammbelegschaft}}$		Bei den Personalabgängen werden alle Austritte aus dem Unternehmen erfasst, die durch natürliche Fluktuation, betriebsbedingte Kündigung und freiwillige Kündigung entstanden sind. Die Fluktuationsziffer zeigt das Verhältnis der Personalabgänge zur durchschnittlichen Mitarbeiterzahl. Sie könnte nach Berufsgruppen, Gründen, Betriebszugehörigkeit, Lebensalter, Geschlecht, Kostenstellen, usw. unterteilt werden. Gelingt es nicht, die Stellen wieder rechtzeitig zu besetzen, kann es schnell zu Personalengpässen kommen. Andererseits kann die natürliche Fluktuation auch für einen gewollten Personalabbau genutzt werden. Häufige Ursachen für Fluktuation sind: schlechtes Betriebsklima, niedriges Lohnniveau, unzureichender Arbeitsschutz, schlechte Arbeitsbedingungen. Vor allem spiegelt sich hier das Betriebsklima häufig wieder.
		Sollwert:
Ermittlungs-intervall	✓ jährlich quartalsweise monatlich	< 5 % guter Wert > 10 % bedenklich 1–3

8.9.4 Fluktuation der Lohnempfänger

Kennzahlensysteme Definition / Formel		Aussagekraft / Kommentierung / Sollwert
$\dfrac{\text{Ersetzte Abgänge der Lohnempfänger} \times 100}{\varnothing \text{ Zahl der Lohnempfänger}}$ $\times \dfrac{360}{\text{Beobachtungszeitraum}}$		
Ermittlungs-intervall	✓ jährlich quartalsweise monatlich	

---

[1] Vgl. Meyer, C., Betriebswirtschaftliche Kennzahlen, BBK, Heft Nr. 19/1985, S. 715

8.9.5   Fluktuation der Gehaltsempfänger

Kennzahlensysteme Definition / Formel	Aussagekraft / Kommentierung / Sollwert
$$\frac{\text{Ersetzte Abgänge der Gehaltsempfänger} \times 100}{\varnothing \text{ Zahl der Gehaltsempfänger}}$$ $$\times \frac{360}{\text{Beobachtungszeitraum in Tagen}}$$	

Ermittlungs-intervall	✓ jährlich quartalsweise monatlich	

8.10   Arbeitszeiten

8.10.1   Normalarbeitszeit

Kennzahlensysteme Definition / Formel	Aussagekraft / Kommentierung / Sollwert
Jahresnormalarbeitszeit = Tage/Jahr – Tage Wochenenden – Tage ∅ Feiertage – Tage ∅ Urlaub – Tage ∅ Krankheit = ∅ Arbeitstage / Jahr × tarifliche Arbeitszeit / Tag = Jahresnormalarbeitszeit Stunden	Um Arbeitszeitanalysen zu ermöglichen, muss zunächst die normale Arbeitszeit für die Mitarbeit ermittelt werden (Gesamt bzw. für bestimmte Kostenstellen). Aus der Normalarbeitszeit kann dann die durchschnittliche Arbeitszeit ermittelt werden.

Ermittlungs-intervall	✓ jährlich quartalsweise monatlich

8.10.2   Durchschnittliche Arbeitszeit

Kennzahlensysteme Definition / Formel	Aussagekraft / Kommentierung / Sollwert
$$\frac{\text{Normale Arbeitszeit insgesamt}}{\text{Beschäftigtenzahl}}$$	Zeigt die durchschnittliche Zahl, der pro Beschäftigten geleisteten Arbeitsstunden in einem bestimmten Zeitraum (möglich sowohl auf Basis Soll- als auch Ist-Stunden). Es können auch nach bestimmten Kriterien (z. B. Arbeiter, Angestellte) ermittelte Teilgrößen herangezogen werden. Mögliche Zeiträume: Tage, Wochen und Monate.

Kennzahlensysteme Definition / Formel		Aussagekraft / Kommentierung / Sollwert
Ermittlungs-intervall	✓ jährlich quartalsweise monatlich	Liegen die Zeiten deutlich über der normalen tariflichen Arbeitszeit, dann besteht evtl. zusätzlicher Personalbedarf. Allerdings können zwischen den Beschäftigungsgruppen erhebliche Unterschiede bestehen.

8.11 Überstundenquote / Mehrarbeitsstundenquote

Kennzahlensysteme Definition / Formel		Aussagekraft / Kommentierung / Sollwert
$\dfrac{\text{Überstunden x 100}}{\text{Mitarbeiter}}$ oder $\dfrac{\text{Zahl der Mehrarbeit / Überstunden x 100}}{\text{Vertragsarbeitszeit}}$ oder $\dfrac{\text{Überstunden x 100}}{\text{Normalstunden}}$ Überstundenzuschlägeanteil = $\dfrac{\text{Überstundenzuschläge in Zeiteinheiten} \times 100}{\text{Tarifliche oder betrieblich vereinbarte Arbeitszeit}}$		Zeigt das Verhältnis von Überstundenzuschlägen zur Arbeitszeit.
Ermittlungs-intervall	✓ jährlich quartalsweise monatlich	

8.12 Personalkostenintensität / Personalintensität

Kennzahlensysteme Definition / Formel	Aussagekraft / Kommentierung / Sollwert
	Personal mittels Formeln und Kennzahlen zu beurteilen ist problematisch – menschliche Leistung ist nur beschränkt quantitativ messbar. So lässt sich der Verkaufserfolg eines Verkäufers nicht immer in Zahlen ausdrücken, andererseits ist eine leistungsorientierte Vergütung von Verkäufern auf quantitative Werte angewiesen.

Kennzahlensysteme Definition / Formel		Aussagekraft / Kommentierung / Sollwert
		Die Personalkosten sind neben den Material- bzw. Warenkosten meist der größte Kostenfaktor (z. B. bei Banken über 70 %). Vor allem Dienstleistungsunternehmen, die meist sehr personalintensiv sind, muss diese Kostenart besonders sorgfältig beobachtet werden, weil diese Kostenart nicht nur sehr wichtig, sondern auch relativ rasch beeinflussbar ist.
Ermittlungs-intervall	✓ jährlich quartalsweise monatlich	Zu den Personalkosten zählen alle Arbeitskosten (Entgelt für Arbeitsleistungen, Lohn, Gehalt, Leistungszulagen, leistungsunabhängige Zahlungen, Erfolgsbeteiligungen) und die Sozialkosten (freiwillige und gesetzliche).

8.12.1 Gesamtpersonalkosten in Prozent der Leistung / Personalintensität

Kennzahlensysteme Definition / Formel		Aussagekraft / Kommentierung / Sollwert
$\dfrac{\text{Personalkosten x 100}}{\text{Netto-Betriebsleistung}}$ oder $\dfrac{\text{Personalkosten x 100}}{\text{Betriebsleistung}}$		Zeigt den Anteil der Personalkosten bezogen auf die Netto-Betriebsleistung. Ein Betriebsvergleich ist – ähnlich wie bei den Materialkosten – nur beschränkt möglich, da jedes Unternehmen spezielle Eigenheiten hat. Wenn man den Personalkostenanteil mit den Vergleichswerten anderer Unternehmen im Zeitverlauf vergleicht, lassen sich jedoch Aussagen machen, wie die eigene Entwicklung gegenüber der Konkurrenz verläuft und welche Maßnahmen einzuleiten sind. Die Personalintensität ist – wie die Waren- bzw. Materialintensität – stark branchenabhängig.
Ermittlungs-intervall	✓ jährlich quartalsweise monatlich	Grobe Richtwerte: Industrie (Erzeugung) 20 % bis 40 % Handwerk 25 % bis 48 % Großhandel 6 % bis 18 % Einzelhandel 10 % bis 21 %

8.12.2   Personalkosten in Prozent des Umsatzes / Personalkostenumsatz

Kennzahlensysteme Definition / Formel	Aussagekraft / Kommentierung / Sollwert
$\dfrac{\text{Personalkosten x 100}}{\text{Umsatz}}$	
Ermittlungs-intervall ✓ jährlich quartalsweise monatlich	

8.12.3   Durchschnittliche Personalkosten je Beschäftigten / Durchschnittliche Personalkosten / Personalaufwand pro Beschäftigten

Kennzahlensysteme Definition / Formel	Aussagekraft / Kommentierung / Sollwert
$\dfrac{\text{Lohn-, Gehalts- und Sozialkosten}}{\text{Durchschnittliche Zahl der Beschäftigten}}$ oder $\dfrac{\text{Gesamte Personalkosten x 100}}{\text{Gesamtzahl der Mitarbeiter}}$	Zeigt die Personalkosten je Beschäftigten Diese Kennzahl muss besonders transparent gemacht werden, da die Personalkosten meist den höchsten Kostenanteil haben.
Ermittlungs-intervall ✓ jährlich quartalsweise monatlich	

8.12.4   Personalkosten je geleisteter Stunde

Kennzahlensysteme Definition / Formel	Aussagekraft / Kommentierung / Sollwert
$\dfrac{\text{Personalkosten}}{\substack{\text{Geleistete Stunden der Lohn- und} \\ \text{Gehaltsempfänger}}}$ Personalkosten je Standard-Beschäftigten = $\dfrac{\text{Personalkosten}}{\text{Standard-Beschäftigte}} \; x \; \dfrac{360}{\substack{\text{Beobachtungszeitraum} \\ \text{(in Tagen)}}}$ Durchschnittsverdienst je Stunde = $\dfrac{\text{Bezahlte Löhne und Gehälter}}{\text{Bezahlte Stunden}}$	Die Bezeichnung Standard-Beschäftigte entspricht dem schon verwendeten Begriff der korrigierten Beschäftigten.
Ermittlungs-intervall ✓ jährlich quartalsweise monatlich	

8.12.5   Personalkostenstruktur

Kennzahlensysteme Definition / Formel	Aussagekraft / Kommentierung / Sollwert
$\dfrac{\text{Bestimmte Personalkosten} \times 100}{\text{Gesamte Personalkosten}}$ Beispiele: Lohnkostenanteil = $\dfrac{\text{Lohnkosten x 100}}{\text{Personalkosten}}$ Gehaltskostenanteil = $\dfrac{\text{Gehaltskosten x 100}}{\text{Personalkosten}}$ Sozialkostenanteil = $\dfrac{\text{Soziale Kosten} \times 100}{\text{Personalkosten}}$ Alterskostenanteil = $\dfrac{\text{Kosten für Altersversorgung x 100}}{\text{Personalkosten}}$	Zeigt das Verhältnis der Personalkosten zu den gesamten Personalkosten. Die Personalkosten können wert- und mengeorientiert differenziert werden. Diese Kosten (Bestandteile der Personalnebenkosten) steigen stetig. Die Belastungen durch gesetzliche Sozialkosten sind von den freiwilligen Sozialkosten zu trennen.
Ermittlungs-intervall	✓ jährlich quartalsweise monatlich

8.13   Personaleffektivität

vgl. auch Abschnitt Arbeitsproduktivitäts-Kennzahlen

8.13.1   Mitarbeitereffektivität

Kennzahlensysteme Definition / Formel	Aussagekraft / Kommentierung / Sollwert
Verfügbarkeit x Leistung x Qualität Verfügbarkeitsquote = $\dfrac{\text{Ist-Arbeitszeit x 100}}{\text{Soll-Arbeitszeit}}$	Zeigt die qualitative und quantitative Leistung der Mitarbeiter in der möglichen Arbeitszeit. Faktoren, welche die Mitarbeitereffektivität beeinträchtigen, sind: Bei der Verfügbarkeit: – Leerzeiten, Überstundenzuschläge und Zeitverluste durch Kurzarbeit – Krankheit, Unfälle, sonstige Fehlzeiten – Fluktuation

Kennzahlensysteme Definition / Formel		Aussagekraft / Kommentierung / Sollwert
		Bei der Leistung: – Unter- / Überqualifikation – Mangelnder Leistungswille („innere Kündigung")
Ermittlungs-intervall	✓ jährlich quartalsweise monatlich	Bei der Qualität: – Fehler im Arbeitsprozess – Fehler im Ausbildungsprozess

8.13.2 Entscheidungseffizienz[1]

Kennzahlensysteme Definition / Formel		Aussagekraft / Kommentierung / Sollwert
= Qualität der Entscheidung × Akzeptanz der Entscheidung		
Ermittlungs-intervall	✓ jährlich quartalsweise monatlich	

8.13.3 Kapitaleinsatz je Beschäftigten

Kennzahlensysteme Definition / Formel		Aussagekraft / Kommentierung / Sollwert
$$\frac{\text{Betriebsvermögen}}{\text{Zahl der korrigierten Beschäftigten}}$$ oder $$\frac{\text{Kapital}}{\text{Zahl der korrigierten Beschäftigten}}$$		
Ermittlungs-intervall	✓ jährlich quartalsweise monatlich	

[1]   Vgl. Maier, Norman F., Problem-solving discussions and conferences: Leadership methods ans skills, New York, 1963

8.13.4   Leistung bezogen auf Personalkosten

Kennzahlensysteme Definition / Formel	Aussagekraft / Kommentierung / Sollwert
Leistung des Unternehmens Gesamte Personalkosten	
Ermittlungs- intervall	✓ jährlich quartalsweise monatlich	

8.13.5   Leistung je bezahlter Stunde

Kennzahlensysteme Definition / Formel	Aussagekraft / Kommentierung / Sollwert
Leistung des Unternehmens Bezahlte Personalstunden	
Ermittlungs- intervall	✓ jährlich quartalsweise monatlich	

8.13.6   Anteil Personalkosten an der Wertschöpfung

Kennzahlensysteme Definition / Formel	Aussagekraft / Kommentierung / Sollwert
Personalkosten x 100 Wertschöpfung	Diese Kennzahl entspricht im Grunde dem schon zuvor dargestellten WPK-Wert.
Ermittlungs- intervall	✓ jährlich quartalsweise monatlich	

8.13.7   Cash flow je Beschäftigten

Kennzahlensysteme Definition / Formel	Aussagekraft / Kommentierung / Sollwert
Cash flow Mitarbeiter oder Umsatzüberschussrate x Pro-Kopf-Umsatz	

Kennzahlensysteme Definition / Formel	Aussagekraft / Kommentierung / Sollwert
oder $$\frac{\text{Cash flow}}{\text{Umsatz}} \quad x \quad \frac{\text{Umsatz}}{\text{Mitarbeiter}}$$	
Ermittlungs- intervall	✓ jährlich quartalsweise monatlich	

8.13.8 Betriebsergebnis je Beschäftigten

Kennzahlensysteme Definition / Formel	Aussagekraft / Kommentierung / Sollwert
$$\frac{\text{Betriebsergebnis x 100}}{\text{Mitarbeiter}}$$	
Ermittlungs- intervall	✓ jährlich quartalsweise monatlich	

8.14 Aus- und Weiterbildung

Kennzahlensysteme Definition / Formel	Aussagekraft / Kommentierung / Sollwert
Aus- und Weiterbildungsinvestitionen / Aus- und Weiterbildungskosten / Bildungsinvestitionen / Aus- bzw. Weiterbildungsquote $$\frac{\text{Investitionen in Personal-}}{\text{aus- und Weiterbildung}^1 \text{ x 100}}$$ $$\overline{\text{Netto-Betriebsleistung}}$$ oder $$\frac{\text{Bildungskosten x 100}}{\text{Umsatz}}$$ oder $$\frac{\text{Aus- und Weiterbildungskosten}}{\text{Beschäftigte}}$$ oder	Mitarbeiter sind wesentliche Erfolgsfakto-ren und Ressourcen jedes Unternehmens. Investitionen in die Aus- und Weiterbildung sind daher notwendig, sinnvoll und leis-tungssteigernd. Diese Kennzahlen zeigen, welche Anteile der Netto-Betriebsleistung für Investitionen in die Personalaus- und -weiterbildung flie-ßen und sind somit Indikator für den Grad der erkannten Bedeutung von gut ausgebil-deten Mitarbeitern in einer Unternehmung. Vergleicht man diese Kennzahl mit der In-vestitionsquote[2], lassen sich Aussagen über ihren Anteil an den Bruttoinvestitionen treffen. Sie zeigt, wie sich die Investitionen in die Personalausbildung und Personal-weiterbildung entwickeln.

---

[1] Vgl. Siegwart, H., a.a.O., S. 70
[2] Vgl. Abschnitt: Investitionskennzahlen

Kennzahlensysteme Definition / Formel	Aussagekraft / Kommentierung / Sollwert
$$\frac{\text{Fort- und Weiterbildungskosten}}{\text{Personalkosten}}$$ oder	Wenn sie ansteigen, ohne dass betriebliche Notwendigkeiten (z. B. Umstellungen von Systemen) vorliegen, müssen nähere Untersuchungen eingeleitet werden.
$$\frac{\text{Durch Bildung erzielte Deckungsbeiträge} \times 100}{\text{Bildungsinvestition}}$$ oder[1]	Häufig werden nur eigene Fähigkeiten verbessert, ohne gegenwärtigen oder zukünftigen Nutzen für das Unternehmen.
$$\frac{\text{Durch Bildung erzielte Deckungsbeiträge} \times 100}{\substack{\text{Eingesetztes Kapital in Form von Kosten} \\ \text{der Bildungsinvestition}}}$$ oder	Die Höhe ist sehr stark von der Struktur eines Unternehmens abhängig. So wird ein Unternehmen, dessen Tätigkeiten überwiegend von ungelernten Arbeitskräften durchgeführt werden, eine niedrigere Quote haben.
$$\frac{\text{Anzahl der Auszubildenden} \times 100}{\text{Anzahl der Mitarbeiter (ohne Auszubildende)}}$$ oder	Nicht immer gilt jedoch, dass Mitarbeiter, die Gelegenheit haben ihr Wissen durch Fort- und Weiterbildungsmaßnahmen zu erweitern, in der Regel zufriedener und mit der Unternehmung enger verbunden sind – wenn das häufig auch unterstellt wird.
$$\frac{\text{Fort- und Weiterbildung in Stunden} \times 100}{\text{gesamte Arbeitsstunden}}$$	Die für den Mitarbeiter aufgewendeten Bildungskosten werden dem daraus abgeleiteten Nutzen gegenübergestellt. In der Praxis zeigt sich allerdings, dass die Berechnung der Bildungsrendite schwierig ist, da exakt
Ermittlungs-intervall	✓ jährlich quartalsweise monatlich	messbare Größen fehlen und oft subjektive Wertungen und Einschätzung erforderlich sein werden.

8.15   Ideenmanagement

8.15.1   Verbesserungsvorschläge pro Mitarbeiter / Beschäftigte / Verbesserungsvorschlagsquote

Kennzahlensysteme Definition / Formel	Aussagekraft / Kommentierung / Sollwert
$$\frac{\text{Eingegangene Ideen}}{\text{Mitarbeiter}}$$ oder	Verbesserungsvorschläge von Mitarbeitern und ihre Umsetzung sind die Voraussetzung, damit sich Veränderungsbereitschaft, Kreativität, Handlungsfähigkeit und Lernbereitschaft positiv entwickeln können.

---

[1]   Vgl. Siegwart, H., Kennzahlen für die Unternehmensführung, 1992, S. 70

Kennzahlensysteme Definition / Formel	Aussagekraft / Kommentierung / Sollwert
Anzahl der eingereichten (prämierten) Vorschläge von Mitarbeitern / Anzahl der Mitarbeiter oder[1] Anzahl der Mitarbeiter, die Vorschläge einbrachten x 100 / Beschäftigte	Sie sind Indikator für die Qualität des „Mitdenkens" der Mitarbeiter. Je größer die Quote, desto innovativer und kreativer ist die Belegschaft.
Ermittlungs-intervall	✓ jährlich quartalsweise monatlich

8.15.2 Durchführungsquote / Realisationsquote in Prozent

Kennzahlensysteme Definition / Formel	Aussagekraft / Kommentierung / Sollwert
Umgesetzte Ideen von Mitarbeitern / Gesamt eingereichte Ideen von Mitarbeitern oder Durchgeführte Verbesserungsvorschläge x 100 / Eingereichte Verbesserungsvorschläge oder Anzahl realisierte Vorschläge x 100 / Summe der Verbesserungsvorschläge	Zeigt das Verhältnis der umgesetzten Ideen zur Anzahl aller erarbeiteten Ideen und damit die Beteiligung der Mitarbeiter am Innovationsprozess des Unternehmens.
Ermittlungs-intervall	✓ jährlich quartalsweise monatlich

---

[1]   Vgl. Radke, M., a. a. O., S. 408

9 Vertriebsbereich

9.1 Marktstruktur

Plant ein Unternehmen ein neues Produkt auf den Markt zu bringen, muss es zunächst feststellen, wie aufnahmefähig der Markt dafür überhaupt ist und ob dieses Potential nicht bereits von der Konkurrenz abgeschöpft wird und dann seine Marketingaktivitäten stukturieren. Die drei elementaren Größen hierfür sind:[1]

- das Marktpotential
- das Marktvolumen
- der Marktanteil

9.1.1 Marktpotential

Kennzahlensysteme Definition / Formel	Aussagekraft / Kommentierung / Sollwert
= maximale Aufnahmefähigkeit eines Marktes für ein Produkt oder eine Dienstleistung oder nicht ausgeschöpftes Absatzpotential + Marktvolumen	Zeigt die maximal in Frage kommenden Nachfrager, d. h. bei wem Bedarf besteht. Über das Marktpotential gibt es differierende Definitionen. So wird sie u. a. als „bei einem Preis von Null wirksam werdende Nachfrage"[2] definiert. Als bestimmende Faktoren des Marktpotentials werden meist die Einkommenselastizität und das Marktwachstum herangezogen.
Ermittlungs- intervall	✓ jährlich quartalsweise monatlich	

9.1.1.1 Einkommenselastizität[3]

Kennzahlensysteme Definition / Formel	Aussagekraft / Kommentierung / Sollwert
$\dfrac{\text{Zunahme Nachfrage in Prozent} \times 100}{\text{Zunahme der Einkommen in Prozent}}$	Die Einkommenselastizität zeigt die Abhängigkeit der Nachfrage nach Gütern vom Einkommen. Da die Nachfrage mit wachsendem Einkommen nur noch degressiv

---

[1] Vgl. Winkelmann, P., Marketing und Vertrieb, 1999, S. 62
[2] Vgl. Böcker, F., Thomas, L., Marketing, Stuttgart - New York, 1988, S. 37
[3] Vgl. Radke, M., a. a. O., S. 611

Kennzahlensysteme Definition / Formel	Aussagekraft / Kommentierung / Sollwert
oder $\dfrac{\text{Relative Nachfrageänderung}}{\text{Relative Einkommensänderung}}$	zunimmt, wird die Nachfrageelastizität mit zunehmendem Einkommensniveau immer unelastischer, sprich kleiner.
Ermittlungs- intervall	✓ jährlich quartalsweise monatlich	

9.1.1.2   Marktwachstum

Kennzahlensysteme Definition / Formel	Aussagekraft / Kommentierung / Sollwert
$\dfrac{\text{Marktausweitung x 100}}{\text{Marktvolumen im Vorjahr}}$ oder $\dfrac{\text{Prognostiziertes Marktpotenzial} - \text{gegenwärtiges Marktpotenzial}}{\text{Gegenwärtiges Marktpotenzial}}$	Zeigt, wie schnell ein Markt expandiert (reale Vergrößerung des Marktvolumens im Zeitablauf). Für absatzpolitische Entscheidungen ist es von wesentlicher Bedeutung, die Veränderungen der Umsatz- bzw. Absatzsituation auf den einzelnen Teilmärkten zu erfassen – dies erreicht man durch die Ermittlung des Marktwachstums.
Ermittlungs- intervall	✓ jährlich quartalsweise monatlich	

9.1.1.2.1   Reales Marktwachstum[1]

Kennzahlensysteme Definition / Formel	Aussagekraft / Kommentierung / Sollwert
$\dfrac{\text{Zusätzliches reales Marktvolumen im Betrachtungszeitraum} \times 100}{\text{Marktvolumen im vergangenen Zeitraum}}$ oder $\dfrac{\text{Zusätzlicher realer Umsatz (bzw. Absatz) im Beobachtungszeitraum} \times 100}{\text{Realer Umsatz (bzw. Absatz) im vorhergehenden Zeitraum}}$	Es werden auch inflationäre und deflationäre Entwicklungen des Marktes berücksichtigt. Es wird die tatsächliche Entwicklung des Marktes, bereinigt um Preisabweichungen auf Basis des Vorjahres, dargestellt.
Ermittlungs- intervall	✓ jährlich quartalsweise monatlich	

---

[1]   Vgl. Berschin, H., Kennzahlen. S. 59

9.1.1.2.2 Nominales Marktwachstum in Prozent[1]

Kennzahlensysteme Definition / Formel	Aussagekraft / Kommentierung / Sollwert
$$\frac{\text{Zusätzlicher nominaler Umsatz im Beobachtungszeitraum} \times 100}{\text{Nominaler Umsatz im vorhergehenden Zeitraum}}$$	Die Umsatzveränderung wird hierbei nicht preisbereinigt. Eine Aussage über die Qualität des Wachstums ist deshalb nicht möglich (Menge oder Preis?).
Ermittlungs-intervall ✓ jährlich / quartalsweise / monatlich	

9.1.1.3 Absatzelastizität[2]

Kennzahlensysteme Definition / Formel	Aussagekraft / Kommentierung / Sollwert
$$\frac{\text{Relative Absatzänderung}}{\text{Relative Preisänderung}}$$	Zeigt die Absatzänderung bei einer vorausgegangenen Preisänderung.
Ermittlungs-intervall ✓ jährlich / quartalsweise / monatlich	(siehe Tabelle unten)

Absatz	Elastizitätskoeffizient
elastisch	> 1
unelastisch	< 1
vollkommen elastisch	∞
vollkommen unelastisch	0

9.1.1.3.1 Relative Absatzänderung

Kennzahlensysteme Definition / Formel	Aussagekraft / Kommentierung / Sollwert
$$\frac{\text{Absolute Änderung des Absatzvolumens}}{\text{Absolutes Absatzvolumen vor Änderung}}$$	
Ermittlungs-intervall ✓ jährlich / quartalsweise / monatlich	

---

[1] ebenda, S. 60
[2] Radke, M., a. a. O., S. 611

9.1.1.3.2   Relative Preisänderung

Kennzahlensysteme Definition / Formel	Aussagekraft / Kommentierung / Sollwert
$$\frac{\text{Absolute Peisänderung}}{\text{Absoluter Preis vor der Änderung}}$$	
Ermittlungs-intervall ✓ jährlich quartalsweise monatlich	

9.1.2   Marktvolumen

Zeigt, welche Gesamtmenge eines Gutes oder einer Dienstleistung abgesetzt werden kann und wird meist für geographisch abgegrenzte Märkte, z. B. für Länder, Regionen aber auch für bestimmte Zielgruppen innerhalb einer Zeitperiode ermittelt.

Das Marktvolumen wird vor allem durch die Kaufkraft und der Bevölkerungsstruktur beeinflusst.

9.1.2.1   Sättigungsgrad

Kennzahlensysteme Definition / Formel	Aussagekraft / Kommentierung / Sollwert
$$\frac{\text{Marktvolumen x 100}}{\text{Marktpotential}}$$	Zeigt den Zusammenhang zwischen Marktvolumen und Marktpotential und verdeutlicht, inwieweit die prognostizierte Nachfrage die maximal mögliche Nachfrage erreicht hat.
Ermittlungs-intervall ✓ jährlich quartalsweise monatlich	Ist der Sättigungsgrad niedrig, müssen Maßnahmen eingeleitet werden, um das Absatzvolumen und den eigenen Marktanteil zu erhöhen.

9.1.2.2   Markterschließungsgrad

Kennzahlensysteme Definition / Formel	Aussagekraft / Kommentierung / Sollwert
$$\frac{\text{Anzahl eigener Kunden in einem Segment}}{\text{Anzahl aller Kunden in dem Segment}}$$	Ein niedriger Wert deutet auf potentielle Marktchancen hin oder auch auf etwaige Fehler in der Vergangenheit.
Ermittlungs-intervall ✓ jährlich quartalsweise monatlich	

9.1.2.3 Absatzkennziffer

Kennzahlensysteme Definition / Formel	Aussagekraft / Kommentierung / Sollwert
= Kombination aller für eine Kaufentscheidung maßgeblichen Einflussgrößen	Mit der Absatzkennziffer werden Marktvolumen und Marktwachstum gemessen.
Ermittlungs- intervall	✓ jährlich quartalsweise monatlich	

9.1.2.3.1 Allgemeine Kaufkraft[1]

Kennzahlensysteme Definition / Formel	Aussagekraft / Kommentierung / Sollwert
Nettoeinkommen aus Lohn- / Einkommensteuerstatistik + Staatliche Transfers – Renten / Pensionen – BAföG – Kinderhilfe / Wohngeld – Sozialhilfe – Arbeitslosengeld und -hilfe – Landwirtschaftliche Einkommen +/– Volkswirtschaftliche Prognosedaten – Kürzungsbetrag Einkommens- millionäre = Kaufkraft (lt. GfK)	Die allgemeine Kaufkraft kann vereinfacht als die Summe der Nettoeinkünfte pro Region bezeichnet werden. Die Kaufkraft ist somit ein wichtiger Indikator für das Konsumpotential der dort lebenden Bevölkerung. Der Verschuldungsgrad wie auch private Ersparnisse bleiben unberücksichtigt. Es ist jedoch zu beachten, dass die Kaufkraft nur eine von vielen Komponenten ist, die Einfluss auf die Absatzchancen der Güter besitzt. Oft besteht kein direkter Zusammenhang zwischen der Kaufkraft eines Gebietes und den Absatzmöglichkeiten. Eine Beurteilung der Absatzchancen sollte zusätzlich regional, d. h. auf die einzelnen Absatzgebiete heruntergebrochen (Verkaufsbezirke) erfolgen, d. h. die Ermittlung der Absatz-Kennziffer je Verkaufsbezirk ist erforderlich.
Ermittlungs- intervall	✓ jährlich quartalsweise monatlich	

9.1.2.3.2 Kaufkraftkennziffer pro Einwohner

Kennzahlensysteme Definition / Formel	Aussagekraft / Kommentierung / Sollwert
$\dfrac{\text{Kaufkraft der Region}}{\text{Bevölkerung der Region}}$	Die Kaufkraft der Einwohner wird anhand von Kaufkraftkennziffern gemessen. Bezogen auf Regionen, ermöglicht diese Kennziffer eine Aussage über das durchschnittlich verfügbare Einkommen pro Einwohner, das für Konsumzwecke zur Verfügung steht.

---

[1]   vgl. Becker, Jörg, Strategisches Vertriebscontrolling, 1994, S. 207

9.1.2.3.3   Kaufkraftniveau pro Einwohner

Kennzahlensysteme Definition / Formel	Aussagekraft / Kommentierung / Sollwert
Kaufkraft pro Einwohner der Region Kaufkraft der Basisregion (z. B. BRD)	Als Äquivalenzziffer zeigt diese Kennziffer, inwieweit eine zu beurteilende Region vom Basiswert (hier BRD = 1) abweicht.

9.1.2.3.4   Spezifische (regionale) Absatzkennziffer

Kennzahlensysteme Definition / Formel		Aussagekraft / Kommentierung / Sollwert
Kaufkraft pro Einwohner $\quad$ x $\quad$ Anzahl der potentiellen Abnehmer		Gibt Auskunft darüber, wie hoch die spezifische Kaufkraft einer Region z. B. bezogen auf eine bestimmte Dienstleistung, ist. Dazu müssen die potentiellen Abnehmer jedoch vorher ermittelt werden. Die Kennziffer hilft Entscheidungen abzusichern, wie z. B. Standortwahl, Investitionen in Marketing und Vertrieb usw.
Ermittlungs-intervall	✓ jährlich quartalsweise monatlich	

9.1.2.3.5   Einzelhandelsrelevante Kaufkraft einer Region

Kennzahlensysteme Definition / Formel		Aussagekraft / Kommentierung / Sollwert
Gesamtkaufkraft einer Region – Ausgaben für Dienstleistungen – Ausgaben für Mieten – Ausgaben für Reisen – Ausgaben für Altersvorsorge – Ausgaben für Zinsen – Ausgaben für Kraftfahrzeuge = Einzelhandelsrelevante Kaufkraft		Ermittelt wohnortbezogen die Kaufkraft, welche potentiell für den Einzel- / Versandhandelskonsum zur Verfügung steht und könnte pro Einwohner dargestellt werden.
Ermittlungs-intervall	✓ jährlich ✓ quartalsweise ✓ monatlich	

9.1.2.3.6 Einzelhandelszentralität

Kennzahlensysteme Definition / Formel	Aussagekraft / Kommentierung / Sollwert
$$\frac{\text{Einzelhandelskaufkraft je Einwohner}}{\text{Einzelhandelsumsatz je Einwohner}}$$	Die Attraktivität und Kaufkraftbindung einer Region kann so dargestellt werden. Ein niedriger Wert könnte ein Indikator dafür sein, dass noch Entwicklungspotential in einer Region gegeben ist.
Ermittlungsintervall ✓ jährlich quartalsweise monatlich	

9.1.2.3.7 Absatzkennziffer je Verkaufsbezirk[1]

Kennzahlensysteme Definition / Formel	Aussagekraft / Kommentierung / Sollwert
$$\left\{ \begin{array}{l}\text{Kaufkraft-} \\ \text{kennziffer je} \quad \text{X} \quad \text{Anzahl der je Verkaufsgebiet für} \\ \text{Verkaufsgebiet} \qquad \text{den Kauf in Frage kommende} \\ \qquad\qquad\qquad \text{Bevölkerung} \end{array} \right\} \text{X } 100$$ $$\sum \left\{ \begin{array}{l}\text{Kaufkraft-} \\ \text{kennziffer je} \quad \text{X} \quad \text{Anzahl der je Verkaufsgebiet für} \\ \text{Verkaufsgebiet} \qquad \text{den Kauf in Frage kommende} \\ \qquad\qquad\qquad \text{Bevölkerung} \end{array} \right\}$$	Zeigt das Potential der einzelnen Verkaufsgebiete. Aus der Absatzkennziffer als Basis können die Marktausschöpfung und der Marktausschöpfungs-Koeffizient (MAK) ermittelt werden.
Ermittlungsintervall ✓ jährlich quartalsweise monatlich	

9.1.2.3.8 Allgemeine Marktausschöpfung

Kennzahlensysteme Definition / Formel	Aussagekraft / Kommentierung / Sollwert
$$\frac{\text{Personen, die ein bestimmtes Produkt besitzen x 100}}{\text{Marktpotential}}$$	
Ermittlungsintervall ✓ jährlich quartalsweise monatlich	

---

[1] Radke, M., Die große Betriebswirtschaftliche Formelsammlung, München, 1969, S. 616

9.1.2.3.9   Marktausschöpfungs-Koeffizient (MAK)

Kennzahlensysteme Definition / Formel	Aussagekraft / Kommentierung / Sollwert
Bezirksumsatz in % vom Gesamtumsatz / Absatzkennziffer des Bezirkes in % vom Gesamtgebiet	

| Ermittlungs-
intervall | ✓ jährlich
quartalsweise
monatlich | |

9.1.3   Marktanteil

Kennzahlensysteme Definition / Formel	Aussagekraft / Kommentierung / Sollwert
Der Marktanteil ist der prozentuale Anteil des Unternehmensumsatzes an einem abgegrenzten Markt. Er kann monetär (Umsatz) oder auf der Basis von Stückzahlen ausgedrückt werden (Absatz). Sinnvoll ist eine Unterteilung in: – Gesamtmarktanteil (absoluter Marktanteil) – Relativer Marktanteil – Relevanter Marktanteil	Zeigt den Anteil des eigenen Umsatzes am Marktvolumen und so auch die Wettbewerbsposition des eigenen Unternehmens. Die Beobachtung des Marktanteils liefert nicht nur Informationen über die eigene Entwicklung, sondern auch über die des Gesamtmarktes. Marktanteile haben eine hohe strategische Dimension, da die Höhe des Marktanteils die Stückkosten beeinflusst (Erfahrungskurve) und wichtige Hinweise über die einzuschlagende Strategie bei Produkten gibt.

9.1.3.1   Gesamtmarktanteil / absoluter Marktanteil / Absatzquote

Kennzahlensysteme Definition / Formel	Aussagekraft / Kommentierung / Sollwert
$$\frac{\text{Unternehmensumsatz} \times 100}{\text{Branchenumsatz}}$$ oder $$\frac{\text{Umsatz des Unternehmens} \times 100}{\text{Gesamtumsatz im Markt (der Branche)}}$$ oder $$\frac{\text{Unternehmensumsatz} \times 100}{\text{Marktvolumen}}$$	Erlaubt Aussage über die Marktstellung des Unternehmens. Bei der Ermittlung des absoluten Marktanteils werden Absatz (Menge) oder der Umsatz (Wert) des eigenen Unternehmen dem Gesamtvolumen des Marktes gegenübergestellt. Der absolute Marktanteil ist der Teil des Marktvolumens eines Teilmarktes, den ein Unternehmen hat.

Kennzahlensysteme Definition / Formel	Aussagekraft / Kommentierung / Sollwert
oder $$\frac{\text{Umsatz bzw. Absatz des Unternehmens} \times 100}{\substack{\text{Umsatz bzw. Absatz des Gesamtmarkts} \\ \text{(Marktvolumen)}}}$$ oder $$\frac{\text{Tatsächlicher Umsatz} \times 100}{\text{Möglicher Umsatz}}$$ oder $$\frac{\text{Eigener Umsatz in einem Segment} \times 100}{\text{Gesamter Umsatz in dem Segment}}$$	Je höher der Marktanteil, umso stärker die Position des Unternehmens auf diesem Teilmarkt.
Ermittlungs-intervall	✓ jährlich quartalsweise monatlich	

9.1.3.2   Relativer Marktanteil

Kennzahlensysteme Definition / Formel	Aussagekraft / Kommentierung / Sollwert
Absoluter Marktanteil des Unternehmens $$\overline{\substack{\text{Bbsoluter Marktanteil des bzw. der} \\ \text{stärksten Konkurrenten}^{1}}}$$ oder $$\frac{\text{Eigener (absoluter) Marktanteil} \times 100}{\substack{\text{Summe der absoluten Marktanteile} \\ \text{der drei größten Anbieter}}}$$ oder[2] $$\frac{\text{Eigener Marktanteil} \times 100}{\text{Marktanteil des größten Konkurrenten}}$$ oder $$\frac{\text{Marktanteil Unternehmen} \times 100}{\text{Marktanteil Marktführer}}$$	Zeigt das Verhältnis eigener Marktanteil zum stärksten Konkurrenten. Ein Wert > 100 % bedeutet, dass das eigene Unternehmen Marktführer ist, ein Wert < 100 %, dass die Konkurrenz stärker ist.
Ermittlungs-intervall	✓ jährlich quartalsweise monatlich	

---

[1] Preißler, Peter R., Controlling. 1997, S. 238
[2] Weber, M., Kennzahlen, 2002, S. 168

9.1.3.3   Relevanter Marktanteil[1]

Kennzahlensysteme Definition / Formel	Aussagekraft / Kommentierung / Sollwert
$$\frac{\text{Umsatz Produkt Y} \times 100}{\text{Gesamtumsatz des Marktsegments}}$$	Gibt den Marktanteil eines Produktes oder einer Produktgruppe in einem bestimmten Marktsegment wieder.
Ermittlungs-intervall ✓ jährlich quartalsweise monatlich	Um den relevanten Marktanteil ermitteln zu können, muss vorher allerdings eine Markt-segmentierung durchgeführt werden.

9.1.3.4   Spezielle Marktanteilskennzahlen

9.1.3.4.1   Konkurrenzstruktur

Kennzahlensysteme Definition / Formel	Aussagekraft / Kommentierung / Sollwert
$$\frac{\text{Durchschnittliche Absatzmengen}}{\text{Absatzmengen der Konkurrenz}}$$ oder[2] $$\frac{\text{Marktvolumen der Konkurrenten} \times 100}{\text{Gesamtes Marktvolumen}}$$	Sie ermöglicht Konkurrenzvergleiche und fungiert als Frühwarnsystem und zeigt z. B. neue oder verstärkte Marktanstrengungen der Konkurrenz auf.
Ermittlungs-intervall ✓ jährlich quartalsweise monatlich	

9.1.3.4.2   Marktanteil im Vertriebskanal

Kennzahlensysteme Definition / Formel	Aussagekraft / Kommentierung / Sollwert
$$\frac{\text{Umsatz im Vertriebskanal Y}}{\text{Gesamtumsatz des Vertriebskanals Y}}$$	Um Probleme in einzelnen Vertriebskanälen rechtzeitig zu erkennen, sollten die Marktanteile der einzelnen Vertriebskanäle ermittelt werden.
Ermittlungs-intervall ✓ jährlich quartalsweise monatlich	

---

[1] Winkelmann, P., a. a. O., S.49
[2] vgl. Radke, M., a. a. O., S. 619

9.1.3.4.3 Marktanteilsentwicklung

Kennzahlensysteme Definition / Formel	Aussagekraft / Kommentierung / Sollwert
$$\frac{\text{Marktanteil einer Periode x 100}}{\text{Marktanteil in der Vergleichsperiode}}$$	
Ermittlungs- intervall ✓ jährlich quartalsweise monatlich	

9.1.3.4.4 Marktanteil je Hersteller

Kennzahlensysteme Definition / Formel	Aussagekraft / Kommentierung / Sollwert
$$\frac{\text{Anzahl der Verbraucher je Hersteller x 100}}{\text{Gesamtzahl der Verbraucher}}$$	
Ermittlungs- intervall ✓ jährlich quartalsweise monatlich	

9.1.3.4.5 Marktanteil je Bezirk

Kennzahlensysteme Definition / Formel	Aussagekraft / Kommentierung / Sollwert
$$\frac{\text{Erreichter Umsatz im Bezirk} \times 100}{\text{Möglicher Umsatz im Bezirk}}$$	
Ermittlungs- intervall ✓ jährlich quartalsweise monatlich	

9.1.3.4.6 Feldanteil[1] / Verkaufsgebietsdurchdringung

Kennzahlensysteme Definition / Formel	Aussagekraft / Kommentierung / Sollwert
$$\frac{\text{Zahl der Kunden x 100}}{\text{Zahl der potentiellen Nachfrager}}$$	Zeigt den Anteil der Kunden eines Unternehmens an der Gesamtzahl möglicher Nachfrager und ist somit ein Indikator für die Marktdurchdringung.

---

[1] Merkle, E., Formeln und Kennzahlen im Bereich der Absatzwirtschaft, aus: Wirtschaftswissenschaftliches Studium: 12 Jg., 1983, S. 22

Kennzahlensysteme Definition / Formel	Aussagekraft / Kommentierung / Sollwert
oder Anzahl / Umsatz eines Verkaufsgebietes Anzahl / Umsatz der potenziellen Kunden eines Verkaufsgebietes	
Ermittlungs- intervall	✓ jährlich quartalsweise monatlich	

9.1.3.4.7   Penetrationsrate[1]

Kennzahlensysteme Definition / Formel	Aussagekraft / Kommentierung / Sollwert
Zahl der Wiederholungskäufer x 100 Zahl der potentiellen Nachfrager	Zeigt in der Einführungsphase eines Produktes mögliche Durchsetzung dieses Produktes am Markt. Da bei der Einführung eines neuen (erfolgreichen) Produktes die Marktdurchdringung stetig wächst (oder wachsen sollte), gibt die Penetrationsrate auch Hinweise über das (mögliche) Ende des Wachstums.
Ermittlungs- intervall	✓ jährlich quartalsweise monatlich	Nähert sich die Penetrationsrate dem Feldanteil an, nimmt die Zahl der neuen Kunden ab.

9.1.4   Marktattraktivität

Kennzahlensysteme Definition / Formel	Aussagekraft / Kommentierung / Sollwert
Veränderung des Marktvolumens x 100 Veränderung des Marktvolumens im Vorjahr	Je schneller und stärker das Marktvolumen steigt, desto attraktiver.
Ermittlungs- intervall	✓ jährlich quartalsweise monatlich	

---

[1]   Merkle, E., a.a.O., S. 22

9.2 Vertriebskostenstruktur

9.2.1 Umsatz-Vertriebskosten-Koeffizient

Kennzahlensysteme Definition / Formel		Aussagekraft / Kommentierung / Sollwert
$\dfrac{\text{Gesamtumsatz}}{\text{Vertriebskosten}}$		Wichtige Kennzahl zur Vertriebskosten-struktur.
Ermittlungs-intervall	✓ jährlich quartalsweise monatlich	

9.2.2 Vertriebskostenanteil

Kennzahlensysteme Definition / Formel		Aussagekraft / Kommentierung / Sollwert
$\dfrac{\text{Vertriebskosten x 100}}{\text{gesamte Kosten der Unternehmung}}$		Anteil der Kosten, die für den Absatz der Produkte anfallen, bezogen auf die Gesamtkosten des Unternehmens.
		Aus dieser sehr globalen Kennzahl lassen sich noch keine wirksamen Maßnahmen, wie z. B. eine Reduzierung der Kosten oder effektiverer Einsatz, ableiten. Deshalb sollte man die Kosten auf einzelne Kostenplätze beziehen (z. B. Außendienst, Innendienst, Auftragsbearbeitung, Versand, Werbung, Marktforschung, usw.). Die Kosten für Außen- und Innendienst werden hierbei meist von besonderer Bedeutung sein.
Ermittlungs-intervall	✓ jährlich quartalsweise monatlich	

9.2.3 Vertriebserfolgsquote

Kennzahlensysteme Definition / Formel		Aussagekraft / Kommentierung / Sollwert
$\dfrac{\text{Vertriebskosten x 100}}{\text{Umsatz}}$		Zeigt Verhältnis der Vertriebskosten zum Umsatz.
Ermittlungs-intervall	✓ jährlich quartalsweise monatlich	

9.2.4   Vertriebspersonaleffizienz

Kennzahlensysteme Definition / Formel	Aussagekraft / Kommentierung / Sollwert
$$\frac{\text{Umsatzerlöse} \times 100}{\text{Durchschnittliche Anzahl der Mitarbeiter im Betrieb}}$$	Zeigt das Verhältnis der Umsatzerlöse zur durchschnittlichen Anzahl der Vertriebsmitarbeiter, d. h. welcher Umsatz durchschnittlich pro Vertriebsmitarbeiter erzielt wurde.
Ermittlungs-intervall ✓ jährlich quartalsweise monatlich	Kann auf Verkaufskostenstellen oder auf einzelne Kostenplätze (z. B. Reisende, Handelsvertreter) heruntergebrochen werden.

9.2.5   Umsatz je Verkaufskraft

Kennzahlensysteme Definition / Formel	Aussagekraft / Kommentierung / Sollwert
$$\frac{\text{Umsatz der Verkaufsabteilung Y x 100}}{\text{Zahl der Beschäftigten in der Verkaufsabteilung Y}}$$	
Ermittlungs-intervall ✓ jährlich quartalsweise monatlich	

9.2.6   Vertriebskostenstruktur

Kennzahlensysteme Definition / Formel	Aussagekraft / Kommentierung / Sollwert
$$\frac{\text{Variable Vertriebskosten} \times 100}{\text{Gesamte Vertriebskosten}}$$	Zeigt das Verhältnis fixer und variabler Vertriebskostenstrukturen und damit die Flexibilität des Vertriebes bei veränderten Markt- bzw. Beschäftigungssituationen. Im Mittelpunkt der Vertriebskostenstrukturanalyse stehen vor allem die variablen und evtl. abbaufähige fixe Kosten.
Ermittlungs-intervall ✓ jährlich quartalsweise monatlich	

9.2.7 Personalkostenumschlag[1]

Kennzahlensysteme Definition / Formel		Aussagekraft / Kommentierung / Sollwert
$\dfrac{\text{Gesamtumsatz}}{\text{Personalkosten}}$		Zeigt das Verhältnis zwischen Gesamtumsatz und Personalkosten und könnte auch nach Bereichen, Kostenstellen und -plätzen unterteilt werden.
Ermittlungs-intervall	✓ jährlich quartalsweise monatlich	

9.2.8 Telefonkosten je Vertriebsmitarbeiter

Kennzahlensysteme Definition / Formel		Aussagekraft / Kommentierung / Sollwert
$\dfrac{\text{Telefonkosteneinsatz}}{\text{Vertriebsmitarbeiter}}$		Es wäre theoretisch möglich, einzelne Mitarbeiter einer Kostenstelle mit dem in der Kostenstelle als sinnvoll erachteten Sollwerten zu vergleichen.
Ermittlungs-intervall	✓ jährlich quartalsweise monatlich	

9.2.9 Marketingkostenanteil

Kennzahlensysteme Definition / Formel		Aussagekraft / Kommentierung / Sollwert
$\dfrac{\text{Marketingkosten} \times 100}{\text{Umsatz}}$		
Ermittlungs-intervall	✓ jährlich quartalsweise monatlich	

9.3 Umsatzstruktur

Der Umsatz ist die zentrale Größe im Absatzbereich. (Nichts ruft mehr Aktivitäten hervor als sinkende Umsätze!). Umsatzkennzahlen sind deshalb die Basisgrundlage für absatzwirtschaftliche Entscheidungen.

Umsätze sind häufig das Beurteilungskriterium für den Erfolg oder Misserfolg eines Unternehmens (Je höher die Umsätze und die Umsatzsteigerung, desto positiver ist häufig die Beurteilung des Unternehmens und der Führungskräfte.). Diese Überbetonung des Umsatzes ist aber problematisch (vgl. Kennzahlen zum Deckungsbeitrag).

---

[1] Wolf, J., Kennzahlensysteme, 1977, S. 42

9.3.1 Globale Umsatzbetrachtung

9.3.1.1 Umsatzentwicklung / Umsatzindex

Kennzahlensysteme Definition / Formel	Aussagekraft / Kommentierung / Sollwert
$\dfrac{\text{Umsatz der Periode x 100}}{\text{Umsatz der Basisperiode}}$ oder $\dfrac{\text{Umsatzerlöse im Ermittlungszeitraum x 100}}{\text{Umsatzerlöse im Basiszeitraum}}$ Ermittlungs-intervall ✓ jährlich ✓ quartalsweise ✓ monatlich	Um die Umsatzentwicklung zu relativieren, sind nicht nur Umsätze vergangener Jahre heranzuziehen (allerdings preis- und mengenmäßig differenziert), sondern auch Umsatzpotentiale. Die Umsatzentwicklung kann besonders gut durch Indexzahlen dargestellt werden.

9.3.1.2   Umsatzindex

Kennzahlensysteme Definition / Formel	Aussagekraft / Kommentierung / Sollwert
$\dfrac{\text{Umsatz (t + x) x 100}}{\text{Umsatz (t)}}$ Bereinigter Umsatz-Index = $\dfrac{\text{Umsatz-Index x 100}}{\text{Preis-Index}}$ Ermittlungs-intervall ✓ jährlich quartalsweise monatlich	Der Umsatzindex beschreibt das Verhältnis zwischen den Umsatzerlösen in einem bestimmten Zeitraum zu einem Basiszeitraum (d. h. zeigt die prozentuale Umsatzveränderung zwischen zwei Zeiträumen, bezogen auf den Basiszeitraum). Dazu wird ein Basisjahr gewählt und gleich 100 gesetzt. Dieses Basisjahr ist Ausgangspunkt für die nachfolgenden Jahre. Das Basisjahr darf allerdings keine ungewöhnlichen Besonderheiten oder atypische Schwankungen aufweisen, um eine objektive Beurteilung zu gewährleisten. Der Umsatzindex kann sowohl für den Gesamtumsatz als auch für Teilumsätze ermittelt werden.

9.3.1.3 Preis-Index

Kennzahlensysteme Definition / Formel		Aussagekraft / Kommentierung / Sollwert
$$\frac{\text{Netto-Umsatz im Berichtszeitraum x 100}}{\text{Umsatz im Berichtszeitraum, bewertet zu Netto-Verkaufspreisen des Basiszeitraumes}}$$		Nur wenn Umsätze um die Preissteigerungen bereinigt wurden, bedeutet eine Umsatzausweitung auch ein tatsächliches (reales) Wachstum.
Ermittlungs-intervall	✓ jährlich quartalsweise monatlich	Das Ist-Umsatzwachstum wird häufig mit der Vorperiode verglichen.

9.3.1.4 Relatives Umsatzwachstum / Umsatzentwicklung des aktuellen Umsatzes

Kennzahlensysteme Definition / Formel		Aussagekraft / Kommentierung / Sollwert
$$\frac{\text{Aktueller Umsatz} \times 100}{\text{Umsatz der Vergleichsperiode}}$$		
Ermittlungs-intervall	✓ jährlich quartalsweise monatlich	

9.3.1.5 Netto-Umsatz in Prozent des Brutto-Umsatzes[1]

Kennzahlensysteme Definition / Formel	Aussagekraft / Kommentierung / Sollwert
$$\frac{\text{Netto-Umsatz x 100}}{\text{Brutto-Umsatz}}$$ oder $$\frac{\text{Netto-Umsatz Handelsware x 100}}{\text{Gesamt-Nettoumsatz}}$$ Umsatzstruktur = $$\frac{\text{Netto-Umsatz Eigenerzeugung x 100}}{\text{Gesamt-Nettoumsatz}}$$	Die Rabattpolitik wirkt sich hier deutlicher aus. Ein Umsatz über Rabatte, die nicht zuvor im Angebotspreis einkalkuliert wurden, führt zu einer unmittelbaren Verschlechterung der erzielten Deckungsbeiträge. Es spiegelt sich hier die „Qualität" des Umsatzes hinsichtlich seines Geldzuflusses im Unternehmen wider.

---

[1] Radke, M., a.a.O., S. 769

Kennzahlensysteme Definition / Formel	Aussagekraft / Kommentierung / Sollwert
Nominal-Umsatz in Prozent des Real-Umsatzes = $$\frac{(\text{Barverkauf} + \text{Kreditverkaufsumsatz}) \times 100}{\text{Bar bezahlter Umsatz}}$$	
Ermittlungs-intervall ✓ jährlich quartalsweise monatlich	

9.3.1.6   Planumsatz Umsatz-Planabweichung

Kennzahlensysteme Definition / Formel	Aussagekraft / Kommentierung / Sollwert
$$\frac{(\text{Ist-Umsatz} - \text{Plan-Umsatz}) \times 100}{\text{Plan-Umsatz}}$$ oder $$\frac{(\text{Istmengenumsatz} - \text{Planmengenumsatz}) \times 100}{\text{Planmengenumsatz}}$$ Zielerreichungsgrad = $$\frac{\text{Ist-Umsatz} \times 100}{\text{Plan-Umsatz}}$$	Die Umsatzplanung ist in jedem Unternehmen von zentraler Bedeutung. Umsatzbeeinflussende exogene Größen wie z. B. der Konjunkturverlauf, die Preisentwicklung und interne Einflussgrößen, wie z. B. Marketingmix, müssen einbezogen werden. D. h. alle relevanten Faktoren, die Einfluss auf den Umsatz haben, müssen mit berücksichtigt werden. Diese das Unternehmen betreffende Einflussgrößen, sind mit Hilfe von Korrelationskoeffizienten für die Unternehmung auszuwählen.[1]
Ermittlungs-intervall ✓ jährlich ✓ quartalsweise ✓ monatlich	

9.3.2   Umsatzdetaillierung / Umsatzkonzentration

Kennzahlensysteme Definition / Formel	Aussagekraft / Kommentierung / Sollwert
$$\frac{\text{Teilumsatzerlöse} \times 100}{\text{Gesamte Umsatzerlöse}}$$ oder $$\frac{\text{Umsatz mit einem(r) Kunden (Kundengruppe)} \times 100}{\text{Gesamter Umsatz}}$$	Die Umsätze sollen nach bestimmten Systematisierungskriterien weiter unterteilt werden, z. B. nach Produkten, Produktgruppen, Absatzwegen, Kundengruppen, Auftragsgrößen, usw.

---

[1]   Reichmann, Thomas, Controlling mit Kennzahlen, München, 1990, S. 86

Kennzahlensysteme Definition / Formel	Aussagekraft / Kommentierung / Sollwert
oder $$\frac{\text{Umsatz einer Artikelgruppe} \times 100}{\text{Gesamter Umsatz}}$$	
Ermittlungs-intervall ✓ jährlich ✓ quartalsweise ✓ monatlich	

9.3.2.1 Umsatzanteil Eigenprodukte

Kennzahlensysteme Definition / Formel	Aussagekraft / Kommentierung / Sollwert
$$\frac{\text{Nettoumsatz Eigenerzeugung x 100}}{\text{Gesamt-Nettoumsatz}}$$ oder $$\frac{\text{Umsatz Eigenprodukte x 100}}{\text{Gesamtumsatz}}$$	
Ermittlungs-intervall ✓ jährlich quartalsweise monatlich	

9.3.2.2 Umsatzanteil Handelswaren in Prozent

Kennzahlensysteme Definition / Formel	Aussagekraft / Kommentierung / Sollwert
$$\frac{\text{Umsatz Handelswaren x 100}}{\text{Gesamtumsatz}}$$	
Ermittlungs-intervall ✓ jährlich quartalsweise monatlich	

9.3.2.3 Umsatzanteil / Vertriebsform

Kennzahlensysteme Definition / Formel	Aussagekraft / Kommentierung / Sollwert
$$\frac{\text{Umsatz Fach-/Einzel-/Großhandel x 100}}{\text{Gesamtumsatz}}$$	
Ermittlungs-intervall ✓ jährlich quartalsweise monatlich	

9.3.2.4   Umsatz Fläche

Kennzahlensysteme Definition / Formel	Aussagekraft / Kommentierung / Sollwert
$$\frac{\text{Umsatz}}{\text{Geschäftsfläche (qm)}}$$ oder $$\frac{\text{Umsatz}}{\text{Fläche der Gesamtunternehmung}}$$ oder $$\frac{\text{Umsatz}}{\text{Verkaufswirksame Fläche}}$$ oder $$\frac{\text{Verkaufsfläche}}{\text{Beschäftigte im Verkauf}}$$	Maßstab für Leistung des Faktor Raumes Aussagen über Verkaufsflächeneffizienz
Ermittlungs- intervall	✓ jährlich quartalsweise monatlich

9.3.2.5   Auslandsanteil am Umsatz / Exportquote

Kennzahlensysteme Definition / Formel	Aussagekraft / Kommentierung / Sollwert
$$\frac{\text{Umsatz im Ausland} \times 100}{\text{Gesamter Umsatz}}$$ oder $$\frac{\text{Exportierter Umsatz} \times 100}{\text{Gesamter Umsatz}}$$	
Ermittlungs- intervall	✓ jährlich quartalsweise monatlich

9.4   Auftragsstruktur

9.4.1   Auftragsbestand[1]

Der Auftragsbestand ist ein wichtiger Indikator der Absatzplanung. Er zeigt, für welchen Zeitraum der Absatz des Unternehmens gesichert ist.

Sinkt der Auftragsbestand unter einen vorgegebenen Mindestwert, ist dies ein deutliches Alarmsignal für notwendige, sofort einzuleitende Gegensteuerungsmaßnahmen.

---

[1]   Radke, M., a. a. O., S. 765

9.4.1.1   Ermittlung

Kennzahlensysteme Definition / Formel	Aussagekraft / Kommentierung / Sollwert
Alter Auftragsbestand (Monatsanfang) + Auftragseingang − Umsatz (Auftragsdurchführung) − Auftragsannullierungen = neuer Auftragsbestand am Monatsende	

Ermittlungs- intervall	✓ jährlich quartalsweise monatlich	

9.4.1.2   Entwicklung Auftragsbestände

Kennzahlensysteme Definition / Formel	Aussagekraft / Kommentierung / Sollwert
$$\frac{\text{Auftragsbestand zum Zeitpunkt t} \times 100}{\text{Auftragsbestand zum Zeitpunkt t-1}}$$	

Ermittlungs- intervall	✓ jährlich quartalsweise monatlich	

9.4.1.3   Auftragsbestand in Prozent des Umsatzes /
Index des relativen Auftragsbestandes (IA)[1]

Kennzahlensysteme Definition / Formel	Aussagekraft / Kommentierung / Sollwert
$$\frac{\text{Auftragsbestand} \times 100}{\substack{\text{Durchschnittlicher Monatsumsatz} \\ \text{(Jahresumsatz)}}}$$ oder $$\frac{\text{Durchschnittlicher Auftragsbestand} \times 100}{\text{Umsatz}}$$ oder $$\frac{\text{Auftragsbestand am Monatsende} \times 100}{\substack{\text{Durchschnittlicher Monatsumsatz} \\ \text{(letztes Quartal, Halbjahr, Jahr)}}}$$	Sinkt der Auftragsbestand unter den Plan-umsatz, so müssen die Absatzbemühungen intensiviert werden. Übersteigt er den geplanten Umsatz, so ist je nach Kapazitäts-situation zu entscheiden. Eine Unterteilung auf Monats- / Quartals-basis ist meist zweckmäßig.

---

[1]   Radke, M., a. a. O., S. 765

Kennzahlensysteme Definition / Formel	Aussagekraft / Kommentierung / Sollwert
oder $$\frac{\text{Auftragsbestand am Monatsende x 100}}{\text{Umsatz des letzten Monats}}$$	

Ermittlungs-
intervall   ✓ jährlich
            quartalsweise
            monatlich	

9.4.2   Auftragsreichweite

Kennzahlensysteme Definition / Formel	Aussagekraft / Kommentierung / Sollwert
$$\frac{\text{Auftragsbestand in € zum Stichtag} \times 100}{\text{Durchschnittlicher Monatsumsatz}}$$ oder $$\frac{\text{Auftragsbestand in € (per ultimo) x 360 (365)}}{\text{Umsatz der letzten 12 Monate}}$$ oder $$\frac{\text{Auftragsbestand in Tagen}}{\text{Leistung pro Tag}}$$	Lässt Schlussfolgerungen auf die gegenwärtige und zukünftige Auslastung zu.

Ermittlungs-
intervall   ✓ jährlich
            ✓ quartalsweise
            ✓ monatlich	

9.4.3   Tagesdurchschnittlich erteilte Aufträge

Kennzahlensysteme Definition / Formel	Aussagekraft / Kommentierung / Sollwert
$$\frac{\text{Anzahl der Aufträge}}{\text{Anzahl der Arbeitstage}}$$	Zeigt die Auslastung des Unternehmens in Tagen. Die Kennzahl wird noch aussage-fähiger, wenn man sie mit Soll- und Erfahrungswerten in Beziehung setzt.

Ermittlungs-
intervall   ✓ jährlich
            ✓ quartalsweise
            ✓ monatlich	

9.4.4   Struktur der Auftragsbestände

Da die meisten Unternehmen mehrere Produkte anbieten, benötigt man nicht nur Informationen über die Höhe des Auftragsbestandes, sondern vor allem auch über die Struktur der Aufträge.

Die Auftragsstrukturierung kann wertmäßig und/oder nach Anzahl der Aufträge erfolgen und auf Erzeugnisse, Erzeugnisgruppen, Auftragsgrößengruppen, Kundengruppen, Auftragsursachen und auf Verkaufsgebiete bezogen werden.

9.4.4.1 Auftragsbestandsstruktur

Kennzahlensysteme Definition / Formel		Aussagekraft / Kommentierung / Sollwert
$\dfrac{\text{Auftragsbestand Produkt A x 100}}{\text{Gesamtauftragsbestand}}$ oder $\dfrac{\text{Auftragsbestand je Absatzweg x 100}}{\text{Gesamtauftragsbestand}}$ oder $\dfrac{\text{Auftragsbestand mit Lieferfristen x 100}}{\text{(1, 2, 3, usw. Monaten)}}$ Gesamtauftragsbestand Auftragsbestand in Prozent des Lagerbestandes = $\dfrac{\text{Auftragsbestand am Monatsletzten x 100}}{\text{Fertigwaren-Lagerbestand am Monatsletzten}}$		Bei Mehrproduktunternehmen, müssen die Entscheidungsträger nicht nur über die Größe des Auftragsbestandes, sondern auch über dessen Produktstrukturierung informiert werden, um die zukünftige Auslastung und die Notwendigkeit der Forcierung oder Reduzierung einzelner Produktgruppen erkennen zu können. Zeigt, um wie viel der aktuelle Auftragsbestand die Fertigwarenbestände über- / unterdeckt. Der Sollwert muss branchenabhängig bestimmt werden.
		Sollwert: Ein Wert < 1 weist möglicherweise auf einen zu hohen Fertigwarenbestand hin und umgekehrt.
Ermittlungs-intervall	✓ jährlich quartalsweise monatlich	

9.4.4.2 Veränderungen des Auftragsbestandes

Kennzahlensysteme Definition / Formel		Aussagekraft / Kommentierung / Sollwert
$\dfrac{\text{Aufträge Berichtsperiode x 100}}{\text{Aufträge Vorperiode}}$		
Ermittlungs-intervall	✓ jährlich quartalsweise monatlich	

9.4.5   Auftragseingang

Wichtige Kenngröße zur Beurteilung der gegenwärtigen und zukünftigen Absatzsituation, der Kapazitätsauslastung und der Absatzentwicklung und damit zur Entscheidungsfindung, um der jeweiligen Marktsituation gerecht zu werden. Änderungen im Auftragseingang, die nicht oder zu spät erkannt werden, haben meist gravierende Auswirkungen auf alle Teilbereiche des Unternehmens.

So kann z. B. ein plötzlicher Auftragsanstieg, der nicht rechtzeitig erkannt wird, dazu führen, dass die Produktionskapazitäten überschritten werden, die Vorratslagerhaltung nicht mehr ausreicht oder die Beschaffung überfordert wird.

Andererseits wird ein starker Auftragsrückgang Rentabilität, Liquidität, Überkapazitäten, Leerlaufzeiten, Fertigwarenlagerhaltung sofort beeinflussen.

9.4.5.1   Auftragseingangsentwicklung / Index des Auftragseingangs

Kennzahlensysteme Definition / Formel	Aussagekraft / Kommentierung / Sollwert
$$\frac{\text{Auftragseingänge einer Periode x } 100}{\text{Auftragseingänge der Basisperiode}}$$ oder $$\frac{\text{Auftragseingang (Wert, Anzahl) im Berichtszeitraum} \times 100}{\text{Auftragseingang (Wert, Anzahl im Basiszeitraum)}}$$ oder $$\frac{\text{Aktuelle Auftragseingänge} \times 100}{\text{Auftragseingänge der Vergleichsperiode}}$$	Der Auftragseingang pro Berichtsperiode sollte permanent ermittelt werden, da er Auftragstendenzen zeigt. Er gibt an, wieweit das Umsatzziel bereits erreicht ist. Bei gravierenden Abweichungen zwischen Plan und Ist, müssen sofort Gegenmaßnahmen eingeleitet werden (z. B. Veränderungen bei der Gewährung von Rabatten und Boni, ADM-Steuerung, usw.). Da es zu Zufalls- und saisonalen Schwankungen kommen kann, ist es erforderlich, vorher einen Zielkorridor zu definieren.
Ermittlungs-intervall	✓ jährlich quartalsweise monatlich

9.4.5.2   Auftragseingang

Kennzahlensysteme Definition / Formel	Aussagekraft / Kommentierung / Sollwert
$$\frac{\text{Kumulierter Auftragsbestand einer Periode}}{\text{Geplanter Umsatz der Periode}}$$ oder $$\frac{\text{Auftragseingänge je Artikelgruppe x } 100}{\text{Summe der Auftragseingänge}}$$	
Ermittlungs-intervall	✓ jährlich ✓ quartalsweise ✓ monatlich

9.4.5.3 Auftragseingang in Prozent des Umsatzes[1]

Kennzahlensysteme Definition / Formel	Aussagekraft / Kommentierung / Sollwert
$\dfrac{\text{Auftragseingang} \times 100}{\text{Umsatz}}$	Wichtig ist, dass bei Umsätzen und Auftragseingängen immer mit gleichen Zeitintervallen verglichen wird.
	Sollwert: Bei Wert 1 bleibt die Nachfrage konstant. Wert > 1 die zukünftige Nachfrage steigt. Wert < 1 Rückgang der Nachfrage / Geschäftsumfang geschrumpft Alarmzeichen, da Kapazitätsauslastung abnimmt.
Ermittlungs- intervall · ✓ jährlich ✓ quartalsweise ✓ monatlich	Allerdings Fehlinterpretationen möglich durch unvorhersehbare Großaufträge oder saisonale Einflüsse.

9.4.5.4 Brutto-, (Netto-) Umsatz in Prozent des Auftragseinganges

Kennzahlensysteme Definition / Formel	Aussagekraft / Kommentierung / Sollwert
$\dfrac{\text{Brutto- (Netto-) Umsatz} \times 100}{\text{Auftragseingang}}$ oder $\dfrac{\text{Brutto- (Netto-) Umsatz} \times 100}{\text{Auftragsbestand}}$	
Ermittlungs- intervall · ✓ jährlich quartalsweise monatlich	

9.4.5.5 Auftragseingang in Prozent des Auftragsbestandes[2]

Kennzahlensysteme Definition / Formel	Aussagekraft / Kommentierung / Sollwert
$\dfrac{\text{Auftragseingang (Wert, Anzahl)} \times 100}{\text{Durchschnittlicher Auftragsbestand*)}}$ *) Mittel aus dem Auftragsbestand am Anfang und am Ende der Betrachtungsperiode : 2	Zeigt die Auftragsreichweite in (Berichts-)Perioden. Hinweise über Bestellhäufigkeiten

---

[1] vgl. Siegwart, H., a. a. O., S. 95
[2] Radke, M., a. a. O., S. 759

Kennzahlensysteme Definition / Formel	Aussagekraft / Kommentierung / Sollwert

oder
 	
$$\frac{\text{Anzahl Aufträge im Monat, Quartal}}{\text{Anzahl Aufträge Monats-, Quartalsdurch-}\atop\text{schnitte der letzten Jahre}}$$
 	
Ermittlungs-intervall   ✓ jährlich
              quartalsweise
              monatlich
	Sollwert:
	Ein gleichmäßig niedriger Wert (< 100) lässt auf eine sorgfältige oder langfristige Planung der Kunden, aber auch auf eigene Lieferschwierigkeiten schließen.

9.4.5.6 Auftragsbestand in Prozent des Auftragseinganges

Kennzahlensysteme Definition / Formel	Aussagekraft / Kommentierung / Sollwert

$$\frac{\text{Auftragsbestand am Monatsletzten} \times 100}{\text{Durchschnittlicher Auftragseingang}\atop\text{(letztes Quartal, Halbjahr, Jahr)}}$$
 	
oder
 	
$$\frac{\text{Auftragsbestand am Monatsletzten} \times 100}{\text{Durchschnittlicher Auftragseingang}\atop\text{des letzten Monats}}$$
 	
Ermittlungs-intervall   ✓ jährlich
              quartalsweise
              monatlich
	Zeigt ebenfalls die Reichweite des Auftragsbestandes bezogen auf einen durchschnittlichen Auftragseingang und ist so ein wichtiger Frühwarnindikator.

9.4.5.7 Auftragseingang je Produkt / Produktgruppe

Kennzahlensysteme Definition / Formel	Aussagekraft / Kommentierung / Sollwert

$$\frac{\text{Auftragseingang (Wert, Anzahl) x 100}}{\text{Gesamtauftragseingang (Wert, Anzahl)}}$$
 	
oder
 	
$$\frac{\text{Auftragseingänge je Produktgruppe x 100}}{\text{Gesamtauftragseingänge}}$$
 	
oder
 	
$$\frac{\text{Auftragseingang Erzeugnis A x 100}}{\text{Gesamtauftragseingang}}$$
 	
Ermittlungs-intervall   ✓ jährlich
              ✓ quartalsweise
              ✓ monatlich
	Gibt Hinweise über den Markterfolg der Erzeugnisse und zeigt, welche Produkte verstärkt forciert werden sollten.

9.4.5.8 Auftragseingang je Kunden

Kennzahlensysteme Definition / Formel	Aussagekraft / Kommentierung / Sollwert
$$\frac{\text{Auftragseingang Kundengruppe A} \times 100}{\text{Gesamtauftragseingang}}$$ oder $$\frac{\text{Auftragseingang (Wert, Anzahl) je Kundengruppe} \times 100}{\text{Gesamtauftragseingang (Wert, Anzahl)}}$$ oder $$\frac{\text{Auftragseingang in € } \times 100}{\text{Anzahl der Kunden}}$$ oder $$\frac{\text{Anzahl der Aufträge}}{\text{Anzahl der Kunden}}$$ oder $$\frac{\text{Auftragseingang in €}}{\text{Anzahl der Gesamtkunden}}$$ oder $$\frac{\text{Auftragseingang in €}}{\text{Anzahl der Auftragserteiler}}$$	Zeigt an, welche Kundengruppen am auftragsstärksten sind und wo Forcierungsbedarf besteht, um zukünftige Auftragseingänge abzusichern, um nicht von einigen wenigen Kunden abhängig zu werden. Es wird jeder in der Kundenstammdatei erfasste Kunde zur Ermittlung des durchschnittlichen Auftragseinganges herangezogen. Es werden nur wirklich aktive Kunden, d. h. in diesem Fall Kunden, die konkret einen Auftrag erteilt haben, berücksichtigt.
Ermittlungs-intervall	✓ jährlich ✓ quartalsweise ✓ monatlich	

Kennzahlensysteme Definition / Formel	Aussagekraft / Kommentierung / Sollwert
Kunden-Auftragsintensität = $$\frac{\text{Zahl der Aufträge gesamt}}{\text{Zahl der Kunden}}$$ **Auftragswert pro Kunde =** $$\frac{\text{Wert der Aufträge}}{\text{Anzahl der Kunden}}$$ **Auftragsanteil Neukunden =** $$\frac{\text{Auftragswert Neukunden} \times 100}{\text{Gesamtauftragswert}}$$ **Auftragsanteil Altkunden =** $$\frac{\text{Auftragswert Altkunden} \times 100}{\text{Gesamtauftragswert}}$$	

Kennzahlensysteme Definition / Formel	Aussagekraft / Kommentierung / Sollwert
Auftragseingang je Absatzweg = $$\frac{\text{Auftragseingang (Wert, Anzahl) je}}{\text{Absatzweg} \times 100}$$ Gesamtauftragseingang (Wert, Anzahl)	
Auftragseingangsstruktur (Verkaufsgebiet) = $$\frac{\text{Auftragseingang Verkaufsgebiet A} \times 100}{\text{Gesamtauftragseingang}}$$	Es handelt sich um eine quantitative, regionale Strukturierung, die einen Vergleich der Auftragsstärke der einzelnen Verkaufsbezirke ermöglicht und ist Indikator dafür, welche Verkaufsgebiete intensiver bearbeitet werden müssen.
Auftragseingang in Prozent des Lagerbestandes = $$\frac{\text{Auftragseingang in} \in \times 100}{\text{Fertigwarenlagerbestand in} \in}$$	Zeigt, welcher Teil des Fertigwarenlagers durch Umsätze abgedeckt ist.
Auftragseingang je qm des Absatzgebietes = $$\frac{\text{Anzahl der Aufträge}}{\text{km}^2 \text{ des Absatzgebietes}}$$ oder $$\frac{\text{Auftragseingang in} \in}{\text{km}^2 \text{ des Absatzgebietes}}$$	Zeigt beim Vergleich mit mehreren ähnlichen Absatzräumen die gebietsbezogene Intensität der Auftragsbildung.
Ermittlungsintervall	✓ jährlich quartalsweise monatlich

9.4.6   Auftragsgrößenstruktur

Speziell bei größeren Unternehmen ist die Analyse der Auftragsgrößenstruktur ein Ansatz zur Verbesserung der Absatzstrategie und der Auftragsstruktur. Grundsätzlich sollte darauf geachtet werden, dass zwischen Unternehmensgröße und durchschnittlicher Auftragsgröße ein vernünftiges Verhältnis besteht. Mit zunehmender Betriebsgröße entsteht häufig ein immer größeres Missverhältnis bei der Verrechnung der je Auftrag anfallenden Verwaltungs- und Vertriebskosten und den tatsächlich entstandenen Kosten.

9.4.6.1   Durchschnittlicher Auftragswert / Durchschnittliche Auftragshöhe / Durchschnittliche Auftragsgröße

Kennzahlensysteme Definition / Formel	Aussagekraft / Kommentierung / Sollwert
$$\frac{\text{Auftragsvolumen}}{\text{Anzahl der Aufträge}}$$	Gibt Aufschluss über die Rentabilität der Aufträge. Da jeder Auftrag erhebliche Kosten verursacht, dürfen die vorgesehenen

Kennzahlensysteme Definition / Formel	Aussagekraft / Kommentierung / Sollwert
oder $$\frac{\text{Auftragseingang (Wert, Anzahl) je}}{\text{Auftragsgrößengruppe x 100}}$$ Gesamtauftragseingang (Wert, Anzahl)	Sollkosten pro Auftrag nicht überschritten werden. Wichtige Hinweise über die zukünftige Struktur / Qualität der Aufträge, liefert das Verhältnis von Auftragseingang je Auftragsgrößengruppe zum gesamten Auftragseingang. Abweichungen von der Planstruktur sind zu analysieren und erfordern notfalls Gegensteuerungsmaßnahmen.
Ermittlungs- intervall	✓ jährlich quartalsweise monatlich	

9.4.6.2   Umsatz je Auftrag / Auftragsgröße

Kennzahlensysteme Definition / Formel	Aussagekraft / Kommentierung / Sollwert
$$\frac{\text{Netto-Umsatz}}{\text{Anzahl der (ausgelieferten) Aufträge}}$$	Je größer der Umsatz pro Auftrag ist, desto günstiger ist die Auftragsstruktur.
Ermittlungs- intervall	✓ jährlich quartalsweise monatlich	

9.4.6.3   Entwicklung der durchschnittlichen Auftragsgröße

Kennzahlensysteme Definition / Formel	Aussagekraft / Kommentierung / Sollwert
$$\frac{\text{Gesamtumsatz der Periode t}}{\text{Anzahl der Aufträge der Periode}}$$	
Ermittlungs- intervall	✓ jährlich quartalsweise monatlich	

9.4.6.4   Auftragsstruktur

Kennzahlensysteme Definition / Formel	Aussagekraft / Kommentierung / Sollwert
$$\frac{\text{Auftragseingänge je Artikelgruppe x 100}}{\text{Auftragseingänge gesamt}}$$	
Ermittlungs- intervall	✓ jährlich quartalsweise monatlich	

9.4.6.5   Mindestauftragsgröße

Kennzahlensysteme Definition / Formel	Aussagekraft / Kommentierung / Sollwert
$$\frac{\text{Fixe Kosten pro Auftrag} \times 100}{100 - (\text{vH-Anteil der variablen HK des Umsatzes}) - (\text{vH-Anteil der variablen Vertriebskosten des Umsatzes})}$$	Die Bearbeitungskosten je Auftrag (auftragsfixe Kosten) sind bei einem Großauftrag nicht wesentlich größer als bei einem Kleinauftrag. Hinzu kommen noch u. U. die Einstell- und Umrüstkosten und eine größere Belastung der AV. Deshalb sollten betriebsindividuelle Mindestauftragsgrößen ermittelt werden, bei denen das Unternehmen seine auftragsabhängigen Kosten gedeckt hat. Dazu ist eine Einteilung der Aufträge in Größenklassen notwendig. Ist der relative Anteil der „kleinen" Aufträge am Umsatz sehr hoch, muss man entweder versuchen die Größenstrukturen positiv zu beeinflussen oder die auftragsfixen Kosten zu senken.
Ermittlungs-intervall	✓ jährlich quartalsweise monatlich	

9.4.6.6   Aufträge pro Arbeitstag

Kennzahlensysteme Definition / Formel	Aussagekraft / Kommentierung / Sollwert
$$\frac{\text{Anzahl der Aufträge}}{\text{Anzahl der Arbeitstage}}$$	
Ermittlungs-intervall	✓ jährlich quartalsweise monatlich	

9.4.7   Auftragseffizienz / Auftragskosten /
             Kosten der Auftragsbearbeitung

Kennzahlensysteme Definition / Formel	Aussagekraft / Kommentierung / Sollwert
$$\frac{\text{Umsatz} \times 100}{\text{Eingesetzte Akquisitionskosten}}$$ oder $$\frac{\text{Kosten Auftragsbearbeitung}}{\text{Anzahl der Aufträge}}$$	Kosten der Auftragsbearbeitung sind (u. a. Kosten für Personal, Kundendienst, Fakturierung, usw.) Anhand der internen Auftragsbearbeitungskosten je Auftrag bzw. dem Verhältnis von erzieltem Umsatz zu eingesetzten Akquisitionskosten, lässt sich die Effizienz von Vertrieb / Vertriebsinnendienst messen und vergleichen (internes / externes Benchmarking).

Kennzahlensysteme Definition / Formel	Aussagekraft / Kommentierung / Sollwert
oder $\dfrac{\text{Auftragskosten x 100}}{\text{Umsatz pro Auftrag}}$ oder $\dfrac{\text{Kosten des Auftrags x 100}}{\text{Umsatz mit diesem Auftrag}}$	

**Ermittlungs-
intervall**   ✓ jährlich
                  quartalsweise
                  monatlich	

9.4.8   Auftragsdeckungsbeitrag

Kennzahlensysteme Definition / Formel	Aussagekraft / Kommentierung / Sollwert
Brutto-Umsatz – Erlösschmälerungen = Netto-Umsatz – Auftragseinzelkosten = Auftragsdeckungsbeitrag Auftragsrentabilität = $\dfrac{\text{Deckungsbeitrag eines Auftrags x 100}}{\text{Auftragsvolumen}}$ oder $\dfrac{\text{Deckungsbeiträge}}{\text{Zahl der Aufträge}}$ Grenzwert von Aufträgen ohne Verlust = $\dfrac{\text{Fixe Vertriebskosten je Auftrag} \times 100}{(\text{Anzahl der Aufträge} \times \text{fixe Vertriebs-kosten je Auftrag}) \times 100 + \text{vorkalkulierter Gewinn in \% des Umsatzes}}$	Zeigt den Beitrag eines Auftrages zur Deckung der Unternehmensfixkosten. Ein positiver Deckungsbeitrag wäre normalerweise die Mindestvoraussetzung für die Annahme eines Auftrages. Ist der Deckungsbeitrag negativ, so müsste der Auftrag abgelehnt werden, falls eine Senkung der Abwicklungs- und Akquisitionskosten nicht möglich ist. Ausnahmen gibt es bei Neu- oder Referenzkunden bzw. aus strategischen Überlegungen. Die Auftragseinzelkosten beinhalten alle Kosten, die dem Auftrag direkt zugerechnet werden können.

**Ermittlungs-
intervall**   ✓ jährlich
                  ✓ quartalsweise
                  ✓ monatlich	

9.4.9   Auftragstermintreue

9.4.9.1   Termintreue

Kennzahlensysteme Definition / Formel	Aussagekraft / Kommentierung / Sollwert
Anzahl termingerecht ausgelieferter Aufträge x 100 / Gesamtzahl der ausgelieferten Aufträge	Zeigt das Verhältnis der termingerecht ausgelieferten Aufträge zu allen (erhaltenen) Aufträgen.
Ermittlungs-intervall ✓ jährlich quartalsweise monatlich	

9.4.9.2   Lieferbereitschaft

Kennzahlensysteme Definition / Formel	Aussagekraft / Kommentierung / Sollwert
Anzahl sofort bedienter Nachfragen x 100 / Anzahl Nachfrageeingänge oder Zahl der termingerecht ausgelieferter Aufträge / Zahl der gesamten Aufträge oder Zahl der termingerecht aber unvollständig ausgelieferter Aufträge / Zahl der gesamten Aufträge oder Zahl der nicht termingerecht ausgelieferten Aufträge / Zahl der gesamten Aufträge oder Zahl der aufgrund von Terminschwierigkeiten abgelehnten Bestellungen / Zahl der gesamten Bestellungen oder Summe der sofort bedienten Menge x 100 / Summe der angeforderten Mengen	Lieferzeiten sind ein wichtiges absatzpolitisches Argument. Manche Kunden sind vor allem an der schnellen Auslieferung einer Ware interessiert und deshalb auch notfalls bereit, einen höheren Preis zu akzeptieren. Man ist den Wettbewerbern gegenüber im Vorteil, wenn diese über die notwendige Lieferbereitschaft nicht verfügen. Es wäre so möglich, die Kostennachteile der benötigten relativ hohen Lager- und Fertigungskapazitäten über den Preis zu kompensieren. Ein deutliches Signal für notwendige Veränderungen im Unternehmen, da man offensichtlich Forderung des Marktes nicht rechtzeitig erkannt hat. Kann insgesamt oder für einzelne Artikel ermittelt werden.
Ermittlungs-intervall ✓ jährlich quartalsweise monatlich	Sollwert: Ist der Wert dieser Kennziffer deutlich höher als null, oder geht gar gegen eins, bleibt oft nur zu hoffen, dass die Konkurrenz ebenfalls Lieferschwierigkeiten hat, bis die eigenen Kapazitäten aufgebaut werden können. Jedoch ist die spezifische Markt- und Branchensituation mit zu berücksichtigen.

9.4.10 Auftragsannullierungen / -stornierungen

9.4.10.1 Auftragsannullierungen in Prozent des Auftragseinganges

Kennzahlensysteme Definition / Formel	Aussagekraft / Kommentierung / Sollwert
$$\frac{\text{Auftragsannullierungen x 100}}{\text{Auftragseingang}}$$ oder % des Auftragsbestandes Je Annulierungsursache	Um nicht von falschen Voraussetzungen bei der Kapitaleinsatzplanung auszugehen, sind Korrekturen aufgrund von Annullierungen rechtzeitig einzukalkulieren.
Ermittlungs- intervall	✓ jährlich quartalsweise monatlich	

9.4.10.2 Auftragsannullierungen in Prozent des Auftragsbestandes

Kennzahlensysteme Definition / Formel	Aussagekraft / Kommentierung / Sollwert
$$\frac{\text{Auftragsannullierungen x 100}}{\text{Auftragsbestand}}$$	
Ermittlungs- intervall	✓ jährlich quartalsweise monatlich	

9.4.10.3 Struktur der Auftragsannullierungen

Kennzahlensysteme Definition / Formel	Aussagekraft / Kommentierung / Sollwert
$$\frac{\text{Auftragsannullierungen je Erzeugnisgruppe x 100}}{\text{Gesamtauftragsannullierungen}}$$ oder $$\frac{\text{Auftragsannullierungen je Kundengruppe x 100}}{\text{Gesamtauftragsannullierungen}}$$ oder $$\frac{\text{Auftragsannullierungen je Annullierungsursache x 100}}{\text{Gesamtauftragsannullierungen}}$$	Zeigt, warum Kunden vom Kaufvertrag zurücktreten und sollte auf bestimmte Produkte (Produktgruppen) sowie einzelne ADM bezogen werden.
Ermittlungs- intervall	✓ jährlich quartalsweise monatlich	

9.4.10.4   Stornoquote von Aufträgen

Kennzahlensysteme Definition / Formel	Aussagekraft / Kommentierung / Sollwert
$$\frac{\text{Volumen der stornierten Aufträge}}{\text{Netto-Umsatz}}$$ oder Prozentanteil des Auftragsbestandes je Annullierungsursache	Die Ermittlung der Stornoquote ist nur dann sinnvoll, wenn für alle Kunden und Produkte die gleichen oder zumindest ähnliche Geschäftsbedingungen gelten. Mit Hilfe der Stornoquote könnte auch festgestellt werden, welcher Absatzweg bei den Kunden nachhaltig am besten ankommt.
Ermittlungs-intervall	✓ jährlich quartalsweise monatlich	

9.5   Angebotsanalyse

Kenntnisse über die betriebliche Angebotsstruktur helfen, Stärken und Schwächen der gesamten Vertriebsstruktur besser zu erkennen.

9.5.1   Angebotsstruktur

Kennzahlensysteme Definition / Formel	Aussagekraft / Kommentierung / Sollwert
$$\frac{\text{Angebotsabgabe aufgrund von ... x 100}}{\text{Gesamtzahl der abgegebenen Angebote}}$$ oder $$\frac{\text{Einfache Angebote} \times 100}{\text{Gesamtangebote}}$$ oder $$\frac{\text{Angebotspakete x 100}}{\text{Gesamtangebote}}$$ Angebote aufgrund von Anfragen = $$\frac{\text{Angebote aufgrund von Anfragen x 100}}{\text{Gesamtangebote}}$$ Angebote ohne Anfragen = $$\frac{\text{Angebote ohne Anfragen x 100}}{\text{Gesamtangebote}}$$ Angebote aufgrund von Außendienstmitarbeiterbesuchen (ADM) = $$\frac{\text{Angebote aufgrund von ADM-Besuchen x 100}}{\text{Gesamtangebote}}$$	Zur Beurteilung der Qualität verschiedener Vertriebs- und Marketingaktivitäten, bietet es sich an, zu untersuchen, wodurch eine Angebotsabgabe ausgelöst wurde. Hierfür bietet sich grundsätzlich eine prozentuale Aufteilung der Angebote in solche, die aufgrund von Anfragen erstellt wurden, und jene, die ohne vorherige Anfrage abgegeben wurden.

Kennzahlensysteme Definition / Formel		Aussagekraft / Kommentierung / Sollwert
Angebote aufgrund von Werbebriefen = $$\frac{\text{Angebote aufgrund von Werbebriefen} \times 100}{\text{Gesamtangebote}}$$ Angebote aufgrund von Anzeigen[1] = $$\frac{\text{Angebote aufgrund von Anzeigen} \times 100}{\text{Gesamtangebote}}$$		Diese Kennzahl zeigt, wie sich die abgegebenen Angebote auf die verschiedenen Möglichkeiten der Verkaufsanbahnung (Anzeigen, Anfragen, Messegespräche, Kundenbesuche, Werbebriefe u. a.) verteilen.
Frühwarnung für den Tod von Produkten = $$\frac{\text{Zahl der Verkaufsbemühungen}}{\text{Zahl der Verkaufsabschlüsse}}$$		Wichtige Frühwarn-Kennzahl
		Sollwert:
Ermittlungs-intervall	✓ jährlich quartalsweise monatlich	Quote verschlechtert sich – Frühwarnung für den Tod von Produkten bzw. Kennzeichen erhöhten Wettbewerbs.

9.5.2 Angebotserfolg / Angebotserfolgsquote

Kennzahlensysteme Definition / Formel	Aussagekraft / Kommentierung / Sollwert
	Der Erfolg eines Angebots ist abhängig vom Angebotspreis, den gewährten Konditionen, dem Verhandlungsgeschick des ADM und vor allem vom Produkt- und Unternehmensimage.
	Ziel der Angebotserstellung ist Erlangung von Aufträgen und darf nicht zum Selbstzweck werden.
	Da die Erstellung von Angeboten mit nicht unerheblichen Kosten verbunden ist, sollten Angebotserfolgsquote und die Angebotsstruktur laufend überprüft werden, um so die Effizienz der Angebotserstellung zu überprüfen.
Angebotserfolg / Angebotserfolgsquote = $$\frac{\text{Erteilte (erhaltene) Aufträge} \times 100}{\text{Abgegebene Angebote}}$$ oder $$\frac{\text{Nicht erteilte (erhaltene) Aufträge} \times 100}{\text{Abgegebene Angebote}}$$	Zeigt die Erfolgsquote der erstellten Angebote, die zu einem Auftrag führen und sagt damit auch etwas über die Qualität der abgegebenen Angebote (Angebotsinhalt, -aufmachung, Adressatenauswahl und Bedarfseinschätzung) aus. Noch aussagefähiger wird die Kennziffer, wenn diese noch

---

[1] Weber, M., Kennzahlen, 2002, S. 176

Kennzahlensysteme Definition / Formel	Aussagekraft / Kommentierung / Sollwert
oder $\dfrac{\text{Gesamt akquiriertes Auftragsvolumen}}{\text{Angebotenes Auftragsvolumen}}$ $\dfrac{\text{Zahl der Auftragseingänge x 100}}{\substack{\text{Zahl der Bemühungen des Vertriebs}\\ \text{um Aufträge}}}$ oder $\dfrac{\text{Abgegebene Angebote}}{\substack{\text{Abgewickelte Aufträge}\\ \text{(eingegangene Bestellungen)}}}$ oder $\dfrac{\text{Eingegangene Anfragen}}{\text{Aufträge}}$	nach Angebotsauslöser unterteilt wird (z. B. Messen, Außendienstmitarbeiterbesuchen, telefonischen Anfragen, etc.). Je größer der Angebotserfolg ist, desto effizienter waren die abgegebenen Angebote. Ein Rückgang des Angebotserfolges kann z. B. auf eine Verschärfung der Wettbewerbssituation auf dem Markt hinweisen oder endende Produktlebenszyklen. Wenn sich die Quote verschlechtert, ist dies ebenfalls eine Frühwarnung für die beginnende Degenerationsphase der Produkte.
Ermittlungs- intervall	✓ jährlich quartalsweise monatlich

9.6   Produktstruktur

9.6.1   Konzentration bezogen auf Umsatzanteil

Kennzahlensysteme Definition / Formel	Aussagekraft / Kommentierung / Sollwert
$\dfrac{\text{Umsatz eines(r) Produktes (Produktgruppe) x 100}}{\text{Gesamtumsatz}}$ oder $\dfrac{\text{Umsatz des Produktes A x 100}}{\text{Gesamtumsatz}}$ oder $\dfrac{\text{Produktgruppenumsatz x 100}}{\text{Gesamtumsatz}}$	Zeigt, wie sich der Umsatz auf die verschiedenen Produkte bzw. Produktgruppen verteilt und welche Produkte die höchsten Umsatzanteile bzw. welchen Anteil am Jahresumsatz haben. Der Umsatzanteil ist eine Risikokennzahl, die auf Abhängigkeiten vom Erfolg eines oder einiger Produkte aufmerksam macht. Eine starke Abhängigkeit von nur einem Produkt ist riskant, weil beispielsweise durch eine Verschärfung der Wettbewerbs- / Preissituation, Qualitätseinflüsse oder exogene Einflüsse die Existenzsicherung gefährden. Eine Umsatzstrukturanalyse der Produktgruppen zeigt, von welchen Leistungen das Unternehmen vorwiegend abhängig ist.

Kennzahlensysteme Definition / Formel		Aussagekraft / Kommentierung / Sollwert
Ermittlungs-intervall	✓ jährlich quartalsweise monatlich	Der Zeitvergleich dieser Kennzahl zeigt das relative Umsatzwachstum und wie erfolg-reich die Erzeugnisgruppe am Markt ist. Ein rückläufiger Umsatzanteil könnte auf das Erreichen der Degenerationsphase hinweisen.

9.6.2 Konzentration bezogen auf Deckungsbeitrag / Produktrentabilität

Kennzahlensysteme Definition / Formel		Aussagekraft / Kommentierung / Sollwert
$\dfrac{\text{Deckungsbeitrag des Produkts} \times 100}{\text{Gesamte Deckungsbeiträge}}$		Um den Vertrieb erfolgsorientiert steuern zu können, müssen die Produkt-Deckungs-beiträge ermittelt werden. Sie zeigen, wel-chen Anteil zum Gesamt-Deckungsbeitrag die einzelnen Produkte / Produktgruppen beitragen.
Ermittlungs-intervall	✓ jährlich quartalsweise monatlich	Die DB-Konzentration ist nicht nur Instru-ment zur Vertriebssteuerung (Produkt-, Preis-, Kommunikations- und Distributions-politik), sondern auch ein wichtiger Maßstab für die Risikoeinschätzung / Früh-warnung, da die Abhängigkeit von wenigen Produkten / Produktgruppen sichtbar gemacht wird.

9.6.3 Sortimentsstruktur

Kennzahlensysteme Definition / Formel		Aussagekraft / Kommentierung / Sollwert
$\dfrac{\text{Markenartikel (Umsatz, Menge)} \times 100}{\text{Gesamtsortiment (Umsatz, Menge)}}$		
Ermittlungs-intervall	✓ jährlich quartalsweise monatlich	

9.7 Preis- und Konditionenstruktur

Die Preisgestaltung ist ein wesentlicher Einflussfaktor für den Absatzerfolg eines Produktes. Die Festlegung der Preise der einzelnen Erzeugnisse muss unter Berücksichtigung aller Ein-flussfaktoren und unter Verwendung fundierter Daten erfolgen.

Das primäre Ziel bei der Preisbildung ist die Erzielung eines positiven Deckungsbeitrages.

Preispolitische Entscheidungen beinhalten jedoch immer hohe Risiken, da Fehleinschätzungen zu nachhaltigen und gravierenden Folgen, z. B. Rentabilitätsrückgang, Liquiditätsengpass, u. a.) führen können.

9.7.1 Preiselastizität der Nachfrage[1] / Absatzelastizität / Elastizitätskoeffizient

Kennzahlensysteme Definition / Formel	Aussagekraft / Kommentierung / Sollwert
$\dfrac{\triangle\text{Umsatz}}{\triangle\text{Preis}}$ $\triangle\text{Umsatz (U)} = \dfrac{\text{Umsatz}_2 - \text{Umsatz}_1}{\text{Umsatz}_1}$ $\triangle\text{Preis (P)} = \dfrac{\text{Preis}_2 - \text{Preis}_1}{\text{Preis}_1}$ oder $\dfrac{\text{Prozentuale Absatzmengenänderung}}{\text{Prozentuale Preisänderung}}$ oder $\dfrac{\text{Relative Veränderung des Umsatzes}}{\text{Relative Veränderung des Preises}}$ oder Preiselastizität der Nachfrage[2] = $\dfrac{\text{Prozentuale Mengenänderung}}{\text{Prozentuale Preisänderung}}$	Die Preiselastizität gibt Hinweise, ob über den Preis die Marktstruktur beeinflussbar ist. Die Preiselastizität der Nachfrage soll das Risiko einer Fehleinschätzung bei der Preisbestimmung minimieren. Sie zeigt, wie sich eine Preisveränderung auf die Nachfragemenge und den Umsatz auswirkt. Die Preiselastizität gibt die prozentuale Mengenänderung pro 1 % Preisänderung an und ermöglicht Aussagen über die Preispolitik. **Sollwert:** Preiselastizität der Nachfrage > 1 = elastische Nachfrage, d. h. bei Preiserhöhungen prozentuale Mengenänderung (Rückgang) größer als prozentuale Preisänderung (= Erhöhung) Preiselastizität der Nachfrage < 1 = unelastische Nachfrage, d. h. bei Preiserhöhungen prozentuale Mengenänderung (Rückgang) geringer als prozentuale Preisänderung (= Erhöhung)
Ermittlungsintervall	✓ jährlich quartalsweise monatlich	

---

[1] vgl. Reichmann, Thomas, Controlling mit Kennzahlen und Managementberichten, 1997, S. 399
[2] vgl. Schott, G., Kennzahlen, 1988, S. 145

9.7.2   Kreuzpreiselastizität der Nachfrage

Kennzahlensysteme Definition / Formel	Aussagekraft / Kommentierung / Sollwert
$$\frac{\text{Relative Mengenänderung von Produkt 1}}{\text{Relative Preisänderung von Produkt 2}}$$ Ermittlungs-intervall ✓ jährlich quartalsweise monatlich	Gibt an, wie sich die Nachfrage nach einem Produkt 1 bei unveränderten Preisen durch die Preisänderung bei einem anderen Produkt verändert. Die Kreuzpreiselastizität ist bei substituierbaren Produkten hoch.

9.7.3   Preisindex

Kennzahlensysteme Definition / Formel	Aussagekraft / Kommentierung / Sollwert
$$\frac{\text{Preis zum Ermittlungszeitpunkt x 100}}{\text{Preis zum Basiszeitpunkt}}$$ Relativer Preisvergleich $$\frac{\text{Durchschnittlicher Angebotspreis einer Produktgruppe}}{\text{Angebotspreis der Konkurrenz dieser Produktgruppe}}$$ Relativer Preisindex $$\frac{\text{Ermittlung durchschnittlicher Angebotspreis einer Produktgruppe}}{\text{Ermittlung Angebotspreis der Konkurrenz dieser Produktgruppe}}$$ Ermittlungs-intervall ✓ jährlich quartalsweise monatlich	Preisveränderung zwischen Basis- und Ermittlungszeitpunkt in Prozent des Preises zum Basiszeitpunkt. Der relative Preisvergleich einer Produktgruppe mit der Konkurrenz zeigt das eigene Preisniveau im Vergleich zur Konkurrenz und damit seine Positionierung. Der relative Preisindex gibt darüber hinaus Auskunft über die Preisentwicklung innerhalb einer Produktgruppe im Vergleich zur Konkurrenz. In Verbindung mit dem Mengengerüst (Absatzentwicklung), lässt sich auch auf die Stückkostenentwicklung schließen und mögliche Strategien zur Marktanteilssteigerung über den Preis können angestellt werden (vgl. auch Preiselastizität).

9.7.4   Zahlungsverhalten / Umsatzstruktur = Umsatz je Rechnung / durchschnittliche Rechnungsgröße[1]

Kennzahlensysteme Definition / Formel	Aussagekraft / Kommentierung / Sollwert
$$\frac{\text{Nettoumsatz}}{\text{Anzahl der Rechnungen}}$$	Je größer der Wert ist, desto besser. Bei sehr kleinen Werten sind Gegenmaßnahmen einzuleiten.

---

[1]   vgl. Radke, M., a. a. O., S. 770 und Gluth, H., Beriebsstatistik, S. 97

Kennzahlensysteme Definition / Formel	Aussagekraft / Kommentierung / Sollwert
Rechnungen je Kunde = $$\frac{\text{Anzahl der Rechnungen}}{\text{Anzahl der Kunden, die Rechnungen erhielten}}$$ oder $$\frac{\text{Nettoumsatz mit Zahlungsziel x 100}}{\text{Gesamt-Nettoumsatz}}$$ oder $$\frac{\text{Nettoumsatz zu Teilzahlungen x 100}}{\text{Gesamt-Nettoumsatz}}$$ oder $$\frac{\text{Anzahl der Barzahlungs-Kunden x 100}}{\text{Gesamtanzahl der Kunden}}$$ oder $$\frac{\text{Anzahl der Kreditkunden, die regelmäßig regulieren x 100}}{\text{Gesamtanzahl der Kunden}}$$ oder $$\frac{\text{Anzahl der Kreditkunden, die regelmäßig gemahnt werden müssen x 100}}{\text{Gesamtanzahl der Kunden}}$$	Ein sehr hoher Wert kann Anlass sein, Rechnungen zusammenzufassen bzw. Rechnungsteilungen zu verhindern (Prozesskosten!). Achtung: Liquiditätserfordernisse sind zu beachten. Die Zeitspanne zwischen Leistungserbringung und Rechnungslegung darf nicht unverhältnismäßig ansteigen. Diese Kennzahlen zeigen die „Qualität" des Umsatzes bzw. der Kunden und ermöglichen es, Maßnahmen zur Verbesserung der Strukturen einzuleiten.
Ermittlungs-intervall	✓ jährlich quartalsweise monatlich

9.7.5 Preisnachlassquote / Preisnachlassstruktur / Rabattpolitik

Kennzahlensysteme Definition / Formel	Aussagekraft / Kommentierung / Sollwert
Preisnachlassquote = $$\frac{\text{Preisnachlässe x 100}}{\text{Bruttoumsatz}}$$ Preisnachlassstruktur = $$\frac{\text{Preisnachlass wegen (für) ... x 100}}{\text{Gesamte Preisnachlässe}}$$ Preisnachlass je Produkt(gruppen) = $$\frac{\text{Preisnachlässe je Produkt(gruppen) x 100}}{\text{Gesamte Preisnachlässe}}$$	Preise und Konditionen bestimmen die Nachfrage und somit die Absatzmenge. Mit Hilfe der Preispolitik können Umsätze, Deckungsbeiträge und Marktanteile gesteuert werden. Zum Instrumentarium der Preis- und Konditionspolitik gehört vor allem die Preisgestaltung, die Rabatt- und Skontikonditionen und die Bestimmung aller Zahlungsmodalitäten.

Kennzahlensysteme Definition / Formel	Aussagekraft / Kommentierung / Sollwert
Preisnachlassquote je Kundengruppe = $$\frac{\text{Preisnachlässe je Kundengruppe}}{\text{Gesamte Preisnachlässe}}$$ Preisnachlassquote je Auftragsgrößenklasse = $$\frac{\text{Preisnachlässe Auftragsgrößenklasse A}}{\text{Gesamte Preisnachlässe}}$$ Preisnachlass je Absatzbezirk = $$\frac{\text{Preisnachlässe je Absatzbezirk x 100}}{\text{Gesamte Preisnachlässe}}$$ Normale Preisnachlässe = $$\frac{\text{Normale, übliche Preisnachlässe} \times 100}{\text{Gesamte Preisnachlässe}}$$ Sonderpreisnachlässe = $$\frac{\text{Sonderpreisnachlässe x 100}}{\text{Gesamte Preisnachlässe}}$$ Unmittelbare Nachlässe = $$\frac{\text{Unmittelbare Preisnachlässe} \times 100}{\text{Gesamte Preisnachlässe}}$$ Nachträgliche Nachlässe = $$\frac{\text{Nachträgliche Preisnachlässe} \times 100}{\text{Gesamte Preisnachlässe}}$$ Preisnachlässe in Prozent des (Betriebs-)Gewinns = $$\frac{\text{Preisnachlässe} \times 100}{\text{(Betriebs-)Gewinn}}$$ oder $$\frac{\text{Preisnachlässe in \% des Nettoumsatzes x 100}}{\text{Betriebsgewinn in \% des Nettoumsatzes}}$$ Rabattstruktur = $$\frac{\text{Rabatt eines Artikels x 100}}{\text{Umsatz mit dem Artikel}}$$ Rabattintensität = $$\frac{\text{Erlösschmälerungen des Kunden x 100}}{\text{Kundenumsatz}}$$ Rabattquote = $$\frac{\text{Gewährtes Rabattvolumen x 100}}{\text{Bruttoumsatz}}$$	Vor allem Preisnachlässe sind ständig im Auge zu behalten, um zu erkennen, welche Produkte nur unter Gewährung hoher Preisnachlässe verkauft werden können (Das könnte eventuell auf eine Veralterung des Produktes oder auch auf eine fehlende Konkurrenzfähigkeit hindeuten.). Zur Beurteilung der Konditionspolitik können vor allem die Kennzahlen Preisnachlassquote und Preisnachlassstruktur herangezogen werden. Die Preisnachlassquote zeigt, wie viel Prozent der Umsatzerlöse auf die gesamten Preisnachlässe, z. B. Rabatte, Skonti und Boni entfallen. Bezugsgröße sind die Umsatzerlöse vor Preisnachlässen und ohne Mehrwertsteuer (Brutto-Umsatz). Mit der Kennzahl Preisnachlassstruktur können die Preisnachlässe nach bestimmten Kriterien gegliedert werden. Eine Aufteilung nach einzelnen Kriterien, wie z. B. Ursachen, Erzeugnissen, Kundengruppen, Absatzbezirken, Auftragsgrößen, usw. ist sinnvoll. Die Analyse des Preisnachlasses nach diesen Kriterien, erlaubt u. a. Rückschlüsse auf: – die Preiselastizität in bestimmten Regionen, Märkten, Kundensegmenten, das Verkaufsverhalten verschiedener Vertriebsmitarbeiter – die tatsächliche Umsetzung der Preis- und Konditionspolitik – die Wirksamkeit von Preisnachlassstrategien
Ermittlungs-intervall	✓ jährlich quartalsweise monatlich

9.7.6   Rabattänderungsrisiko / Rabattrisiko /
             Erforderliche Änderung der Absatzmenge bei Rabattgewährung /
             Absatzsteigerung bei Preisnachlässen

Kennzahlensysteme Definition / Formel	Aussagekraft / Kommentierung / Sollwert
$\dfrac{\text{Rabatt in \% des Verkaufspreises x 100}}{\begin{array}{c}\text{(Deckungsbeitrag in \% des Verkaufspreises}\\ \text{vor Rabattgewährung - Rabatt in \% des}\\ \text{Verkaufspreises)}\end{array}}$	Zusätzlicher Absatz ist manchmal nur über Rabatte möglich.

Ziel: Messung der Rabattentwicklung und Strukturierung nach dauerhaften Rabatten und befristeten Rabatten

Bei einer Veränderung der Rabatthöhe ist darauf zu achten, dass damit eine mengenmäßige Erhöhung des Absatzes erforderlich ist, um damit den geplanten Deckungsbeitrag weiter zu erzielen.

Es wird der Mehrabsatz in Prozent ermittelt, der notwendig ist, um die zusätzliche Rabattgewährung (die nicht in der Vorkalkulation berücksichtigt war) wieder auszugleichen.

Beispiel:

bisheriger Preis	100,00	100 %
variable Kosten	70,00	70 %
DB	30,00	30 %
DBU (%)		30 %

Rabattierung 5 %

Rabattierter Preis	95,00	100 %
variable Kosten	70,00	73,7%
DB	25,00	
DBU (%)		26,3%

Notwendige **Absatzsteigerung** bei rabattiertem Preis:

$$\frac{5 \% \times 100}{30 \% - 5 \%} = 20 \%$$

Notwendiger Absatz:

$100 \times 1{,}2 = 120$ Stück

Kennzahlensysteme Definition / Formel		Aussagekraft / Kommentierung / Sollwert
		Vergleichsrechnung
		bisher:
		100 Stück à 100,00 = 10.000
		variable Kosten 8.400
		DB 3.000
		nach Rabattierung:
Ermittlungs-intervall	✓ jährlich quartalsweise monatlich	120 Stück á 95,00 = 11.400
		variable Kosten 8.400
		DB 3.000

9.7.7   Preisänderungsrisiko / Neue Absatzhöhe in Prozent der alten Absatzhöhe

Kennzahlensysteme Definition / Formel		Aussagekraft / Kommentierung / Sollwert
$\dfrac{\text{(bisheriger) alter DB in \% x 100}}{\text{(bisheriger) alter DB in \% + Preisänderung in \%}}$ des Verkaufspreises		Diese Kennziffer zeigt das zu erzielende Absatzniveau nach einer Verkaufspreis-änderung bezogen auf die alte Absatzhöhe, um weiterhin den bisherigen Deckungsbei-trag zu erzielen. Das „Preisänderungsrisiko" wird so sichtbar gemacht.
		Beispiel:
		bisher:
		100 Stück à 100 = 10.000 100 %
		variable Kosten 7.000 70 %
		DBU 3.000 30 %
		Durchgesetzte Preiserhöhung: + 5 %
		$\dfrac{30\,\% \times 100}{30\,\% + 5\,\%} = 85{,}7\,\%$
		100 × 85,7 % = 85,7 Stück
		85,7 Stück à 105,00 8.998,50 100 %
		variable Kosten 5.998,50 66,7%
		DB 3.000,00 33,3%
		FAZIT:
Ermittlungs-intervall	✓ jährlich quartalsweise monatlich	Mit nur 85,7 % des ursprünglichen Absat-zes, d. h. 85,7 Stück kann bei einer 5%igen Preiserhöhung der vorkalkulierte bisherige Deckungsbeitrag erzielt werden.

9.7.8   Inflationsüberwälzung / Kostenweiterwälzung

Kennzahlensysteme Definition / Formel	Aussagekraft / Kommentierung / Sollwert
$\dfrac{\text{Preiserhöhung} \times 100}{\text{Inflationsrate}}$ oder $\dfrac{\text{Preiserhöhung} \times 100}{\text{Kostensteigerung}}$	Zeigt, wie sich die durchgesetzte Preiserhöhung zur Inflationsrate verhält. Zeigt, ob die gestiegenen Kosten durch Preiserhöhungen ausgeglichen werden konnten.
Ermittlungs-intervall	✓ jährlich quartalsweise monatlich	

9.7.9   Handelskalkulationssätze

Kennzahlensysteme Definition / Formel	Aussagekraft / Kommentierung / Sollwert
Kalkulationsfaktor = $\dfrac{\text{Verkaufspreis}}{\text{Einstandspreis}}$ Kalkulationszuschlag = $\dfrac{\text{Rohgewinn x} \ (\text{Verkaufspreis - Einstandspreis}) \times 100}{\text{Einstandspreis}}$ Handelsspanne = $\dfrac{\text{Rohgewinn x} \ (\text{Verkaufspreis - Einstandspreis}) \times 100}{\text{Verkaufspreis}}$ Handelsaufschlag = $\dfrac{\text{Handelsspanne in € } \times 100}{\text{Einstandspreis in €}}$	
Ermittlungs-intervall	✓ jährlich quartalsweise monatlich	

9.8 Distributionspolitik

Grundlegendes Ziel der Distributionspolitik ist die Schaffung einer ausreichenden Marktpräsenz des eigenen Verkaufsprogramms. Unter Marktpräsenz versteht man hierbei den Verfügbarkeitsgrad des eigenen Artikelsortiments in den Letztverkaufsstellen eines abgegrenzten

Gebietes. Unter Letztverkaufsstellen werden alle Vermittler eines Produktes an den End-
verbraucher verstanden. Erst durch die Verfügbarkeit der Produkte, in den relevanten Letztverkaufsstellen, entsteht die Basis für Umsatz und damit zur Marktabdeckung.

9.8.1 Distributionsquote / Distributionsgrad

Kennzahlensysteme Definition / Formel	Aussagekraft / Kommentierung / Sollwert
$$\frac{\text{Anzahl der Letztverkaufsstellen, die die}}{\text{eigene Marke eines Produktes führen}}$$ $$\overline{\text{Anzahl der Letztverkaufsstellen, die irgend-}}$$ $$\text{eine Marke des Produktes führen}$$ oder $$\frac{\text{Umsatz der Geschäfte,}}{\text{die ein Produkt führen}} \times 100$$ $$\overline{\text{Umsatz der Geschäfte,}}$$ $$\text{die ein Produkt führen können}$$ Distributionsdichte (auf eigene Marke bezogen) = $$\frac{\text{Anzahl der Letztverkaufsstellen, die die}}{\text{eigene Marke eines Produktes führen}}$$ $$\overline{\text{Fläche des Absatzgebietes}}$$ Distributionsdichte (auf alle Marken, eines Produktes bezogen) = $$\frac{\text{Anzahl der Letztverkaufsstellen, die in}}{\text{einem Absatzgebiet ein bestimmtes Produkt führen}}$$ $$\overline{\text{Fläche des Absatzgebietes}}$$ Distributionskostenanteil[1] = $$\frac{\text{Distributionskosten}}{\text{Nettoumsatz}}$$	Zur Beurteilung der Marktabdeckung dienen: Distributionsquote und Distributionsdichte. Zeigt den Anteil der Verkaufsstellen, die die eigenen Produkte führen, gemessen an der Gesamtheit der Verkaufsstellen, die dieses Produkt theoretisch führen könnten. Als Maximalzahl nimmt man die Gesamtzahl aller Verkaufsstellen, einer definierten Zielbranche. Die Bestimmung der Zahl der Verkaufsstellen, die die eigenen Produkte tatsächlich führen, ist meist einfacher als die Definition der Verkaufsstellen, die dieses Produkt theoretisch führen könnten. Die Beurteilung des Absatzweges über den Distributionsgrad ist sinnvoll, da er den Absatzerfolg bei neuen Distributions- möglichkeiten aufzeigt. Der Distributionsgrad misst allerdings nicht, wie viel insgesamt verkauft wurde. Ein Produkt kann einen hohen Distributionsgrad aufweisen und trotzdem einen geringen Marktanteil haben. Das bedeutet, dass das Produkt zwar im Regal steht aber kaum gekauft wird. Der Anteil der Distributionskosten am Um- satz zeigt die Kosten des gewählten Ver- triebsweges. Er kann über den günstigsten Absatzweg informieren und darüber, ob ein Wechsel des Vertriebsweges sinnvoll wäre. Der Distributionskostenanteil sollte für Produkte, Kunden, Regionen zeitbezogen erarbeitet werden.
Ermittlungs- intervall	✓ jährlich quartalsweise monatlich	Voraussetzung für seine Ermittlung ist jedoch die Zuordenbarkeit der Kosten auf die verschiedenen Bezugsobjekte.

---

[1] vgl. Preißner, A., Balanced Scorecard, 2002, S. 97

9.8.2   Marktanteile im Vertriebskanal

Kennzahlensysteme Definition / Formel	Aussagekraft / Kommentierung / Sollwert
$\dfrac{\text{Umsatz im jeweiligen Vertriebskanal}}{\text{Gesamtumsatz im jeweiligen Vertriebskanal}}$	
Ermittlungs-intervall ✓ jährlich quartalsweise monatlich	

9.8.3   Absatzweg

Die Vertriebsweganalyse erlaubt die Beurteilung der gewählten Absatzwege. Die Wahl eines bestimmten Absatzweges hängt von Art und Umfang der Produkte und von der Kunden-struktur ab.

Für die Bestimmung des optimalen Absatzweges ist die Ermittlung der dabei erwirtschafte-ten Deckungsbeiträge unerlässlich (vgl. Abschnitt Deckungsbeiträge).

9.8.3.1   Absatzweganalyse

Kennzahlensysteme Definition / Formel	Aussagekraft / Kommentierung / Sollwert
$\dfrac{\text{Nettoumsatz je Absatzweg x 100}}{\text{Gesamt-Nettoumsatz}}$	
Ermittlungs-intervall ✓ jährlich quartalsweise monatlich	

9.8.3.2   Vergleich Absatzweg über Handelsvertreter oder über Reisende

Kennzahlensysteme Definition / Formel	Aussagekraft / Kommentierung / Sollwert
$\dfrac{\text{(Kosten des Absatzweges Reisender - Kosten des Absatzweges Handelsvertreter) x 100}}{\text{Provision des HV - Provision des Reisenden}}$ oder $\dfrac{\text{Kosten fix x 100}}{\text{DBU Reisender - DBU Handelsvertreter}}$ oder $\dfrac{\text{Fixe Kosten des Reisenden}}{\text{Variable Kosten des Handelsvertreters}}$ $- \text{Fixe Kosten des Handelsvertreters}$ in % des Umsatzes – Variable Kosten des Reisenden in % des Umsatzes	Es wird ein kostenorientierter Vergleich des Absatzes über Reisende bzw. Handelsver-treter durchgeführt. Dazu wird der Umsatz ermittelt, bei welchem die Kosten beider Alternativen gleich sind. Weitere qualitative Faktoren sind bei dieser Entscheidung natürlich ebenfalls zu berück-sichtigen (höhere Fixkosten versus bessere Steuerbarkeit von angestellten Reisenden, schon bestehende Marktdurchdringung von Handelsvertretern, etc.)

Kennzahlensysteme Definition / Formel		Aussagekraft / Kommentierung / Sollwert

		Beispiel zu Vergleich Absatzwege HV versus Reisender:
		
		             Reisender HV
		Fixkosten 100.000 10.000
		          (Gehalt, Kfz, (Vertriebs-
		          etc.) kosten-
		                          zuschuss fix)
		
		Provision vom
		
		Umsatz 10 % 30 %
		DBU (%) 90 % 70 %
		
		$$\frac{(100.000 - 10.000) \times 100}{90 - 70} = 450.000$$
		
		FAZIT:
		Sofern mit einem Umsatz von > 450.000 EUR im untersuchten Gebiet gerechnet wird, ist es günstiger mit Reisenden (angestellter Außendienst) zu arbeiten, darunter empfiehlt sich der Absatzweg des Handelsvertreters.

Ermittlungs-intervall	✓ jährlich
	  quartalsweise
	  monatlich	

9.8.3.3   Inlandsumsatz in Prozent des Umsatzes

Kennzahlensysteme Definition / Formel		Aussagekraft / Kommentierung / Sollwert
$$\frac{\text{Inlandsumsatz} \times 100}{\text{Gesamtumsatz}}$$		Ausgehend vom Gesamtumsatz werden weitere Kennzahlen zur Umsatzstruktur ermittelt. Sie sollen Auskunft darüber geben, auf welchen (nationalen und internationalen) Märkten die Umsätze erwirtschaftet werden.
Ermittlungs-intervall	✓ jährlich ✓ quartalsweise ✓ monatlich	

9.8.4   Exportquote / Exportumsatz in Prozent des Umsatzes

Kennzahlensysteme Definition / Formel	Aussagekraft / Kommentierung / Sollwert
$$\frac{\text{Exportumsatz} \times 100}{\text{Gesamtumsatz}}$$ oder $$\frac{\text{Umsatzerlöse bzw. Absatz in ausländischen Märkten} \times 100}{\text{Gesamte Umsatzerlöse bzw. Absatz}}$$	Diese Kennzahlen zeigen, im Vergleich mit Vorperioden, die Entwicklung und die Wachstumschancen in den einzelnen Märkten und Regionen. Im Rahmen der Globalisierung ist es notwendig, zu erkennen auf welchen Märkten Wachstum möglich ist und auf welchen Märkten und warum ein Rückgang des Umsatzes eingetreten ist.

Kennzahlensysteme Definition / Formel		Aussagekraft / Kommentierung / Sollwert
		Die Exportquote ist das Verhältnis zwischen den Umsatzerlösen / Absatzmengen in ausländischen Märkten und den gesamten Umsatzerlösen / Absatzmengen. Sie ist Mitkriterium für Entscheidungen, da sie auf währungsbedingte Risiken aufmerksam macht (je höher die Exportquote, desto größer ist das Risiko wechselkursbedingter Erlösabweichungen). Sie ist auch Maßgröße der Wettbewerbfähigkeit eines Produktes bzw. Produktprogramms, denn je höher die Exportquote, desto wettbewerbsfähiger ist die Produktpalette im Exportland.
Ermittlungs-intervall	✓ jährlich quartalsweise monatlich	

9.8.5   Umsatzanteil je Region

Kennzahlensysteme Definition / Formel		Aussagekraft / Kommentierung / Sollwert
$\dfrac{\text{Umsatz Verkaufsgebiet A x 100}}{\text{Gesamtumsatz}}$		Zeigt die Auftragsstärke der einzelnen Verkaufsgebiete und gibt Aufschluss darüber, welche Verkaufsregionen noch stärker forciert werden müssen.
Ermittlungs-intervall	✓ jährlich ✓ quartalsweise ✓ monatlich	

9.8.6   Betriebsformbezogene Umsatzanteile

Kennzahlensysteme Definition / Formel		Aussagekraft / Kommentierung / Sollwert
$\dfrac{\text{Umsatz Fach-/Einzel-/Großhandel x 100}}{\text{Gesamtumsatz}}$ [1]		
Ermittlungs-intervall	✓ jährlich quartalsweise monatlich	

---

[1]   vgl. Reichmann, Thomas, Controlling mit Kennzahlen und Managementberichten, 1997, S. 402

9.9   Kundenstruktur

Kundenkennzahlen sind für den Vertrieb von großer Bedeutung, denn letztlich entscheiden die Kunden über Existenz und Zukunft des Unternehmens.

Jedes Unternehmen sollte die Wünsche und Anforderungen seiner Kunden kennen, damit tatsächlich nachfragewirksame Produkte oder Dienstleistungen angeboten werden können.

Veränderungen sowohl in der Kundenstruktur als auch im Verhalten der Kunden, sind rechtzeitig zu erkennen und möglicherweise zu korrigieren, bzw. das Unternehmen muss durch das schnelle Reagieren auf Veränderungen in der Lage sein, sich dem Verhalten und Wünschen seiner Kunden anzupassen.

9.9.1   Umsatz pro Kunde

Kennzahlensysteme Definition / Formel	Aussagekraft / Kommentierung / Sollwert
$$\frac{\text{Umsatz}}{\text{Kunden (gesamt)}}$$ oder $$\frac{\text{Nettoumsatz}}{\text{Kunden (gesamt) lt. Kundenkartei}}$$ oder $$\frac{\text{Nettoumsatz}}{\text{Anzahl der am Umsatz beteiligten Kunden}}$$ Kundenumsatzanteil = $$\frac{\text{Kundenumsatz x 100}}{\text{Gesamtumsatz}}$$ Umsatz des Kunden / Kundendurchschnitts-umsätze in einzelnen Kundenkategorien = $$\frac{\text{Gesamtumsatz in der Kundenkategorie A x 100}}{\text{Kundenzahl in der Kategorie A}}$$ Umsatzkonzentration = $$\frac{\text{Umsatzanteil einzelner Kunden(-gruppen)} \times 100}{\text{Gesamtumsatz}}$$ Lieferanteil / Bedarfsdeckungsquote = $$\frac{\text{Netto-Umsatz des Kunden A}}{\substack{\text{Gesamtes Beschaffungsvolumen} \\ \text{von Kunden A}}}$$	Eine zweckmäßige Strukturierung der Kunden nach sorgfältiger Analyse der Anforderungen je Kundengruppe, ist unerlässlich. Es ist für ein Unternehmen ein nicht unerhebliches Risiko, wenn es von einigen wenigen Kunden abhängig ist. Ein einziger Kundenverlust, könnte schon die Existenz des Unternehmens gefährden. Evtl. Kundenabhängigkeiten sollen mit den folgenden Kennzahlen sichtbar gemacht werden.
Ermittlungs-intervall	✓ jährlich quartalsweise monatlich

9.9.2 Kundenstrukturen / Kundenverhältnis / Kundenentwicklung / Käuferreichweite

Kennzahlensysteme Definition / Formel	Aussagekraft / Kommentierung / Sollwert
$$\frac{\text{Anzahl der Produktkäufer / Kunden}}{\text{Anzahl der potentiellen Produktkäufer / Kunden}}$$ oder $$\frac{\text{Zahl der kaufenden Kunden x 100}}{\text{Gesamtanzahl der Kunden}}$$ oder $$\frac{\text{Zahl potentieller Kunden x 100}}{\text{Gesamtanzahl bisherige Kunden}}$$ oder $$\frac{\text{Zahl der Kunden mit einem spezifischen Merkmal x 100}}{\text{Gesamtanzahl der Kunden}}$$ oder $$\frac{\text{Umsatz der Kunden einer spezifischen Kundengruppe x 100}}{\text{Gesamtumsatz der Kunden}}$$ oder $$\frac{\text{Anzahl der Kunden (Käufer) je Umsatzgruppe von € ... bis € ... x 100}}{\text{Gesamtanzahl der Kunden}}$$ oder $$\frac{\text{Kundenzahl im Ermittlungszeitpunkt x 100}}{\text{Kundenzahl im Basiszeitpunkt}}$$ oder $$\frac{\text{Umsatz der Kunden (Käufer) je Umsatzgruppe von € ... bis € x 100}}{\text{Gesamtumsatz}}$$ oder $$\frac{\text{Anzahl der Kunden (Käufer) mit 1,2,3, usw. Bestellungen x 100}}{\text{Gesamtzahl der Kunden}}$$ oder $$\frac{\text{Neukunden/Inlands-/Auslandskunden x 100}}{\text{Kunden (insgesamt)}}$$	Die Analyse der Kundenstruktur lässt erkennen, ob attraktive Kundengruppen angesprochen werden und ob der Vertrieb auch genügend Neukunden gewinnt. Die Ergebnisse der Kundenstrukturanalyse sind für den Vertrieb besonders wichtig. Dann nur wer seine Kunden kennt, kann auf deren Wünsche und Bedürfnisse eingehen bzw. diese herausfinden. Wissen über Bedürfnisse und Wünsche der Kunden ist Voraussetzung dafür, dass nachfragewirksame Produkte und Dienstleistungen angeboten werden können. Denn wer die Bedürfnisse der Kunden besser befriedigen kann als die Konkurrenz, hat meist höhere Umsätze und Marktanteile, hat also einen Vorsprung gegenüber dem Wettbewerber. Negative Entwicklungen müssen zu neuen Kundengewinnungs- und -bindungsstrategien führen. Kundenstrukturanalysen zeigen auch wie viel Prozent der Gesamtzahl der Kunden einem bestimmten Merkmal (z. B. Neu- und Altkunden, Kundenalter, Alter, Geschlecht, usw.) entsprechen und sind wichtiger Index für die Kundenentwicklung. Als Beispiel für eine Kundenstrukturkennzahl soll hier der Neukundenanteil aufgeführt werden. Er gibt Aufschluss über die Attraktivität des Unternehmens bzw. seines Produktes für Neukunden. Ein hoher Anteil ist sicher empfehlenswert, da sich Neukunden in der Regel auf zukunftsträchtigen Märkten bewegen und somit zur Zukunftssicherung des Unternehmens beitragen. Die alleinige Fokussierung auf Neukunden beinhaltet jedoch auch Risiken, weil die Anwerbung von neuen Kunden oft hohe Kosten verursacht.

Kennzahlensysteme Definition / Formel	Aussagekraft / Kommentierung / Sollwert
Neukundenanteil/-umsatzintensität = $$\frac{\text{Umsatz der Neukunden x 100}}{\text{Gesamtumsatz}}$$ oder $$\frac{\text{Zahl aller Neukunden x 100}}{\text{Gesamtkunden}}$$ $$\frac{\text{Neukundenumsatz}}{\text{Zahl der Neukunden}}$$ Wiederkauf- / Nachkaufrate = $$\frac{\text{Zahl der Wiederholungskäufer x 100}}{\text{Zahl der Käufer des Produkts}}$$ oder $$\frac{\text{Anzahl der Zweitverkäufe}}{\text{Anzahl der Kunden}}$$ Anteil der Stammkunden = $$\frac{\text{Alter Kundenbestand x 100}}{\text{Gesamter Kundenbestand}}$$	Die Wiederkaufrate ist eine der Schlüsselkennzahlen, vor allem bei Verbrauchsgütern, da Wiederholungsverkäufe ein echter Maßstab der Kundenzufriedenheit sind und die Marken- bzw. Firmentreue der Kunden zu den Produkten zeigt. Je höher die Wiederkaufrate ist, desto geringer kann evtl. der Werbekostenanteil ausfallen, um das Produkt im Markt zu halten. Auch die Ermittlung des Anteils der Stammkunden, insbesondere im Zeitvergleich sagt aus, wie zufrieden unsere Kunden sind. Verschlechtert sich der Anteil der Stammkunden kontinuierlich, dann ist dringender Handlungsbedarf nötig!
Direktkunden-Anteil = $$\frac{\text{Direktkunden} \times 100}{\text{Alle Kunden}}$$ Handelskunden-Anteil = $$\frac{\text{Handelskunden} \times 100}{\text{Alle Kunden}}$$	Gibt Aufschluss über den Anteil der Kunden, die entweder direkt über den eigenen Vertrieb des Unternehmens oder über den Einzel-/Großhandel betreut werden. Sie gibt somit auch Auskunft über den Distributionsweg. Eine differenzierte Erhebung nach Regionen ist meist empfehlenswert.
Ermittlungsintervall	✓ jährlich quartalsweise monatlich	

9.9.3   Kundendichte

Kennzahlensysteme Definition / Formel	Aussagekraft / Kommentierung / Sollwert
$\dfrac{\text{Streckenleistung der Verkaufstour (km)}}{\text{Anzahl der zu beliefernden Kunden}}$ oder $\dfrac{\text{Anzahl der Kunden des Absatzraumes}}{\text{Km}^2\text{-Fläche des Absatzraumes}}$ oder $\dfrac{\text{Anzahl der Kunden des Absatzraumes}}{\text{Km}^2\text{-Fläche des Absatzraumes}}$ oder $\dfrac{\text{Anzahl der Kunden, die als Käufer registriert wurden x 100}}{\text{Anzahl der Einwohner im Absatzraum}}$ oder $\dfrac{\text{Anzahl der Kunden}}{\text{Anzahl der Beschäftigten}}$ oder $\dfrac{\text{Anzahl der Kunden}}{\text{Beschäftigten im Verkauf}}$	Die Kundendichte liefert erste Aussagen über den Ausschöpfungsgrad (Potential) und einer sinnvollen Gebietsbesetzung mit Außendienstmitarbeitern. Bezieht man die Kundenanzahl auf die Anzahl der Beschäftigten bzw. die Anzahl der Beschäftigten im Verkauf, ist eine Aussage zur Arbeitslast und Produktivität möglich.
Ermittlungs-intervall	✓ jährlich quartalsweise monatlich	

9.9.4   Kundenkonzentration

Kennzahlensysteme Definition / Formel	Aussagekraft / Kommentierung / Sollwert
Umsatzkonzentration / ABC-Analyse = $\dfrac{\text{\% Kundengruppe}}{\text{\% des Umsatzanteils dieser Kundengruppe}}$	Mit Hilfe einer ABC-Analyse der Kunden kann untersucht werden, welche Kunden von großer und welche von weniger großer Bedeutung für den Gesamtumsatz des Unternehmens sind. Die ABC-Analyse zeigt auch die Abhängigkeit von Großkunden und über eine eventuelle ungünstige Kunden-struktur.

Kennzahlensysteme Definition / Formel	Aussagekraft / Kommentierung / Sollwert
	Empfehlenswerte Vorgehensweise: 1. Ermittlung des Jahresumsatzes für jeden Kunden 2. Wertmäßige Sortierung der Umsätze in absteigender Reihenfolge 3. Einteilung in A-, B- und C-Kundengruppen 4. Ermittlung des Anteils an der Gesamtkundenzahl jeder Kundengruppe 5. Ermittlung des Anteils am Gesamtumsatz der einzelnen Kundengruppen
Lieferantenanteil / Bedarfsdeckungsquote = $$\frac{\text{Umsatz mit Kunde A}}{\substack{\text{Gesamtes Beschaffungsvolumen} \\ \text{von Kunde A}}}$$	Die Kennzahl Lieferantenanteil / Bedarfsdeckungsquote zeigt die Bedeutung des eigenen Unternehmens für den Kunden als Lieferanten und gibt Aufschluss darüber, inwieweit Abhängigkeiten bestehen, die eventuell für Preiserhöhungen genutzt werden könnten.
Kundendeckungsbeitragskonzentration = $$\frac{\text{Deckungsbeitrag des Kunden x 100}}{\text{Gesamtdeckungsbeitrag}}$$	Es wird gezeigt, mit wie viel Prozent der Produktgruppen wie viel Prozent des Umsatzes erreicht werden, (wobei meist mit 20 % der Produkte 80 % des Gesamtumsatzes erzielt werden.)
Produktkonzentration = $$\frac{\text{Umsatz pro Produktgruppe}}{\substack{\text{Umsatzvolumen pro Kunde} \\ \text{mit dieser Produktgruppe}}}$$	Die Methodik der ABC-Analyse angewendet bei Produkten(-gruppen) macht somit auch Abhängigkeiten von Produkten deutlich und gibt so Hinweise für eine evtl. erforderliche Sortimentsbereinigung bzw. -ergänzung.
Ermittlungs- intervall	✓ jährlich quartalsweise monatlich	

9.9.5 Kundenentwicklung/-index

Kennzahlensysteme Definition / Formel	Aussagekraft / Kommentierung / Sollwert
$$\frac{\text{Kundenanzahl im Ermittlungszeitraum x 100}}{\text{Kundenanzahl im Basiszeitraum}}$$ oder $$\frac{\text{Neuer Kundenbestand} \times 100}{\text{Alter Kundenbestand}}$$ Kundenwanderung = Anzahl der Neukunden – Anzahl der verlorenen Kunden	Misst das Verhältnis der Kundenanzahl im Ermittlungszeitraum zur Kundenanzahl im Basiszeitraum, also die prozentuale Veränderung der Kunden zwischen zwei Perioden. Allein durch Umsatzkennzahlen kann der Kundenverlust oft nicht analysiert werden, weil Umsatzverluste durch höhere Umsätze

Kennzahlensysteme Definition / Formel	Aussagekraft / Kommentierung / Sollwert
oder Umsatz der Neukunden – Umsatz der verlorenen Kunden Kundendauer in Jahren = Durchschnittliche Dauer der Kunden- beziehungen	bei den anderen Kunden kompensiert worden sein könnten. Deshalb sollte bei der Ermittlung der Kundenwanderung die Anzahl der neugewonnenen und verlorenen Kunden mit berücksichtigt werden. Zeigt, ob die Kundenbasis wächst oder schrumpft. Die Kundenwanderung sollte immer in Verbindung mit der Kundenzufriedenheit gesehen werden. Eine wachsende Zahl von Kunden bringt neue Umsatzpotenziale mit sich und bedeutet, dass die meisten Kunden mit den Leistungen des Unternehmens zufrieden sind. Ein negativer Kundensaldo dagegen lässt den Umkehrschluss zu.
Kundenverlustintensität = $\dfrac{\text{Anzahl verlorener Kunden x 100}}{\text{Anzahl aller Kunden}}$	Ist die eigene relative Kundenfluktuation größer als bei der Konkurrenz, so besteht dringender Handlungsbedarf.
Kundenfluktuation = $\dfrac{\text{Zahl der neu gewonnenen Kunden x 100}}{\text{Zahl der gewonnenen Kunden}}$	Sollwert: Ein Wert > 1 ist somit bedenklich.
Relative Kundenfluktuation = $\dfrac{\text{Eigene Kundenfluktuationen}}{\text{Kundenfluktuation der Konkurrenz}}$ Neukundenintensität = $\dfrac{\text{Anzahl neuer Kunden x 100}}{\text{Anzahl aller Kunden}}$	Neukunden sind erforderlich, deshalb Anteil der Neukunden am gesamten Kundenstamm verdeutlichen. Vertragstreue der Kunden = Churn Rate (entstanden aus change und turn) Ist ein Indikator für die Kundenzufrieden-heit, denn nur wirklich zufriedene Kunden bleiben dem Unternehmen treu.
Churn Rate = $\dfrac{\text{Anzahl der Vertragsauflösungen}}{\text{Anzahl der Kundenverträge}}$	Auch die Churn Rate ist in bestimmten Branchen, in denen Vertragsbindungen erforderlich sind (z. B. Mobilfunk, Strom, Telefon, usw.), eine zentrale Größe, denn oft wird ein Vertrag erst dann profitabel, wenn er über eine bestimmte Mindestlauf-zeit fortgeführt wird.
Kundenloyalitätsrate = $\dfrac{\text{Umsatz mit Altkunden} \times 100}{\text{Gesamter Umsatz}}$	Ist ebenfalls Indiz für die Kundenzufrieden-heit.
Ermittlungs- intervall	✓ jährlich quartalsweise monatlich	

9.9.6   Kundennutzen

Kennzahlensysteme Definition / Formel	Aussagekraft / Kommentierung / Sollwert
$$\frac{\text{Zufriedenheit des Kunden}}{\text{Angemessenheit des Preises für den Kunden}}$$ oder $$\frac{\text{Preis einer Leistung}}{\text{Leistung}}$$	Ihn herauszufinden ist sehr wichtig, denn der Einfluss des „wahrgenommenen" Nutzens auf das Kaufverhalten ist noch größer als die Kundenzufriedenheit. Den Kundennutzen misst man über den wahrgenommenen Nutzen. Er ist eine weiche Messgröße und hängt vom Produkt- und Service-Image sowie der praktischen Erfahrung mit der Leistung ab. Wie der Nutzen wahrgenommen wird, basiert auf dem Wissen über die Kosten vergleichbarer Leistungen. Es gibt Fälle, wo der Kunde erst im Nachhinein das Produkt als zu teuer empfindet, was sich negativ auf das Wiederholungsgeschäft auswirken kann. Kundenzufriedenheit hängt also auch von der Entwicklung der nicht gewählten Alternativen und der relativen wahrgenommen Qualität ab.[1] Um den Kundennutzen maximieren zu können, muss man die Anforderungen des Kunden kennen. Hilfestellungen zur Feststellung des Preis-Leistungsverhältnisses, wo der Kundennutzen maximal ist, bieten Kundenbefragungen bei bestehenden / potenziellen Kunden (qualitativer Ansatz) oder auch quantitative Ansätze, wie die sog. Conjoint Analyse, ein multivariables Analyseverfahren, mit dem der Beitrag einzelner Komponenten eines Leistungsbündels (Produkt, Service) für das Zustandekommen des Gesamtnutzens eines Kunden abgeleitet werden kann. Mit diesem Verfahren lässt sich auch die „Preisbereitschaft" für unterschiedliche Ausprägungen des Leistungsbündels ermitteln. Es geht jedoch nicht nur immer allein darum, die Erwartungen der Kunden zu erfüllen, Kunden müssen auch für das eigene Unternehmen attraktiv, d. h. profitabel sein.

---

[1]   Brown, Mark G., Kennzahlen, 1997, S. 78 ff.

Kennzahlensysteme Definition / Formel	Aussagekraft / Kommentierung / Sollwert
	Um die Profitabilität der Kunden bzw. Kundengruppen zu überprüfen, wird die Kunden-DB-Rendite ermittelt. Sie baut auf einer kundenspezifischen Deckungsbeitragsrechnung auf. Der Kundendeckungsbeitrag ist der Betrag, der nach Abzug aller direkt dem Kunden zuordenbaren Kosten übrig bleibt.
Kundenprofitabilität / Kundenrentabilität / Kundendeckungsbeitragsintensität = $$\frac{\text{Kundendeckungsbeiträge x 100}}{\text{Kundenumsatz}}$$ oder $$\frac{\text{Deckungsbeitrag}}{\text{Zahl der Kunden}}$$ oder $$\frac{\text{Kundendeckungsbeitrag x 100}}{\text{Gesamtumsatz}}$$	Die Nachkalkulation / Beurteilung von Kunden mit einem durchschnittlichen Vertriebsgemeinkostensatz zeigt nicht, welche Kundenbeziehungen für das Unternehmen tatsächlich rentabel bzw. verlustträchtig sind. Die zuordenbaren Kosten der einzelnen Kundenaufträge können so unterschiedlich sein, dass ein Kunde, dem ein sehr hoher Rabatt gewährt werden musste, vielleicht noch interessanter ist, während ein anderer Kunde, der zu Listenpreisen bezieht, vielleicht verlustträchtig ist.
	Man sollte deshalb kundenbezogen die speziellen Kosten für Verkauf, Lager und Versand, unterteilt in fixe und variable Bestandteile ermitteln.
	Die Kunden DB-Rendite kann entweder auf Brutto- oder Nettoumsätze bezogen werden. Ihre Aussagefähigkeit hängt stark von der verursachungsgerechten Zuordnung der Kosten auf die Kunden ab.
	Weitere Hinweise gibt die Analyse der Vertriebskosten.
Vertriebskosten je Kunde = $$\frac{\text{Vertriebskosten}}{\text{Anzahl der Kunden}}$$ oder $$\frac{\text{Vertriebskosten}}{\substack{\text{Anzahl der Kunden, die Aufträge erteilten} \\ \text{oder Rechnungen erhielten}}}$$	Die durchschnittlichen Vertriebskosten je Kunde können als ein Indikator für die Angemessenheit der Vertriebskosten herangezogen werden. Besonderheiten, wie z. B. eine starke Umsatzausweitung mit einem bestehenden Kunden bei steigenden Vertriebskosten, sind bei der Beurteilung dieser Kennziffer zu berücksichtigen.
Break-Even-Umsatz zur Deckung der Verkaufsförderung = $$\frac{\substack{\text{Kunden-Verkaufsförderungs-} \\ \text{kosten x 100}}}{\text{DBU des Kunden}}$$	Die Kennziffer zeigt den Mindestumsatz, der mit einem Kunden erzielt werden muss, um die zurechenbaren Verkaufskosten zu decken.

Kennzahlensysteme Definition / Formel	Aussagekraft / Kommentierung / Sollwert
Auftrags-Akquisitionskosten-Koeffizient = $$\frac{\text{Netto-Auftragssumme x 100}}{\text{Akquisitionskosten}}$$ Außendienst-Intensität einzelner Kunden = $$\frac{\text{Außendienstkosten x 100}}{\text{Kundenumsatz / Deckungsbeitrag}}$$	Produktivitätskennziffer des Vertriebs, je höher der Wert, desto effizienter wird akquiriert.
Servicekostenintensität einzelner Kunden = $$\frac{\text{Servicekosten pro Kunde x 100}}{\text{Kundenumsatz / Deckungsbeitrag}}$$ Logistikkosten-Intensität einzelner Kunden = $$\frac{\text{Frachtkosten pro Kunde x 100}}{\text{Kundenumsatz / Deckungsbeitrag}}$$	Nebenstehende Kennzahlen erlauben weitere Analysen kundenbezogener Vertriebskosten. Dabei können die Kostenarten / Funktionskosten sowohl in Relation zum Kundendeckungsbeitrag wie auch zum Kundenumsatz gesetzt werden.
Besuchs-Intensität einzelner Kunden = $$\frac{\text{Zahl der Kundenbesuche}}{\text{Zahl der Kunden}}$$ Kilometerintensität pro Kunden = $$\frac{\text{Insgesamt gefahrene km des Außendienstes}}{\text{Zahl der Kunden}}$$	Zeigt, wie oft die Kunden im Schnitt besucht werden. In Branchen, in welchen die Kundenzufriedenheit stark von der intensiven Kundenbetreuung abhängt, ist diese Kennzahl von besonderer Bedeutung auch zur Steuerung des Außendienstes.
Kundenrabattintensität = $$\frac{\text{Rabatte gesamt}}{\text{Zahl der Kunden}}$$	Der Kundennutzen sollte mit dem Kundenzufriedenheitsindex verknüpft werden. Wichtig ist, dass die Wechselbeziehungen zwischen Änderung der Gesamtkundenzufriedenheit und deren Einfluss auf Deckungsbeiträge bekannt ist. Denn die Steigerung der Gesamtkundenzufriedenheit kann teuer kommen! Verbesserungen im Kundenservice führen nicht automatisch zu höheren Deckungsbeiträgen.
Ermittlungsintervall	✓ jährlich quartalsweise monatlich	

9.10 Kundenzufriedenheit / Kundenzufriedenheitsindex

Kennzahlensysteme Definition / Formel	Aussagekraft / Kommentierung / Sollwert
Nutzen des Kunden Kundenbetreuung = $$\frac{\text{Gesamte für die Kundenbetreuung aufgewendete Zeit des ADM's}}{\text{Gesamtarbeitszeit des ADM's}}$$	Die Kundenzufriedenheit steht in modernen Unternehmen im Mittelpunkt des Marketing und Vertriebs. Sie zeigt, inwieweit es gelungen ist, auf die Bedürfnisse der Kunden einzugehen. Sie ist eine wichtige Größe, da unzufriedene Kunden früher oder später zur Konkurrenz wechseln. Zufriedene Kunden

Kennzahlensysteme Definition / Formel	Aussagekraft / Kommentierung / Sollwert
	dagegen, bleiben dem Unternehmen treu und werden es sogar weiterempfehlen. Folglich sollte jede Unternehmung einen hohen Grad der Kundenzufriedenheit anstreben.
	Ein einfaches Maß für die tatsächliche Kundenbetreuung.
	Das wichtigste Merkmal bei der Messung der Kundenzufriedenheit ist die Mischung von harten und weichen Messgrößen. Unter weichen Messgrößen versteht man u. a. die Kundenmeinung. Empfehlenswert ist eine Umfrage zur Kundenzufriedenheit, wobei man die Kunden bittet, ihre Gesamtzufriedenheit mit der Organisation, Produkten / Serviceleistungen und Mitarbeitern / Abteilungen mitzuteilen. Insbesondere zur Frühwarnung sind weiche Daten wichtig, denn wenn der Kunde erst einmal abgewandert ist, dann ist es sehr schwer, ihn wiederzugewinnen. Man kann so beispielsweise in Erfahrung bringen, wie zufrieden der Kunde z. B. mit seinem Händler / ADM-Mitarbeiter ist und so Rückschlüsse auf die Effizienz des Absatzkanals ziehen.
	Harte Messgrößen messen, wie die Kunden handeln, nicht was sie behaupten und sind deshalb sehr wichtig, weil sie das Kundenkaufverhalten objektiv widerspiegeln. Beispiele: Zahl der gewonnenen und verlorenen Kunden, Marktanteile im Vergleich zur Konkurrenz, Wiederholungsgeschäfte. Mindestens 50 % der Kennzahlen zur Messung der Kundenzufriedenheit sollten nicht nur aus harten Messgrößen bestehen.
	Nach der Ermittlung von harten und weichen Kennzahlen zur Messung der Kundenzufriedenheit, sollten diese zu einem Kundenzufriedenheitsindex zusammengefasst werden. Dieser Index sollte mehrmals im Jahr erstellt werden, nach Produktlinien aufgeschlüsselt und leicht verständlich sein. Die einzelnen Bestandteile müssen nach ihrer Bedeutung gewichtet werden.

Kennzahlensysteme Definition / Formel		Aussagekraft / Kommentierung / Sollwert
		Beschwerden sollten evtl. eine geringe Gewichtung haben, weil ein Rückgang der Beschwerden ein irreführender Indikator sein könnte. Nicht jeder beschwert sich gleich!
		Die Betrachtung des Zufriedenheitsindex macht vor allem im Zeitablauf und unter Berücksichtigung der Maßnahmen zur Steigerung der Kundenzufriedenheit Sinn.
		Der Kundenzufriedenheitsindex ist ein Indikator dafür, inwieweit die gesetzten Kundenzufriedenheitsziele erreicht wurden. Er gibt keinerlei Auskünfte über die Ursachen von Zufriedenheit oder Unzufriedenheit, diese müssen mit Hilfe anderer Kennzahlen (z. B. Beanstandungsstruktur) oder durch detailliertere Befragungen herausgefunden werden.
		Z. B. Gewichtung einer 100 Punkte-Skala (Bewertung von 1 (schlecht) bis 5 (sehr gut)).
		Merkmal Bewertung Gewichtung Punkte Nutzen 4 50 % 2,0 Produkt- qualität 5 40 % 2,0 Preis 2 25 % 0,5 ————— Summe 4,5
Ermittlungs-intervall	✓ jährlich quartalsweise monatlich	Indikatoren einer sich verändernden Kundenzufriedenheit sind u. a. nachfolgende Kennzahlen.

9.11 Außendienststruktur

Speziell bei Unternehmen mit hohen Außendienstkosten, müssen geeignete Kennzahlen zur Steuerung der Außendienstmitarbeiter gebildet werden.

Bei der Ermittlung von Kennzahlen zur Außendienststeuerung ist besonders zu prüfen, ob die jeweilige Kennzahl tatsächlich zur Steuerung geeignet ist. Daher sollten nur Werte, deren Höhe tatsächlich von den Außendienstmitarbeitern beeinflusst werden können, einfließen. Vor allem müssen die Konturen der Zielvorgaben sichtbar bleiben.

Bei Soll-Ist-Vergleichen muss jede Kennzahl danach überprüft werden, ob und in welchem Umfang der Außendienstmitarbeiter darauf überhaupt Einfluss hat.

Die Beurteilung des Außendienstes geschieht in der Praxis immer noch häufig nur auf Grund von Umsatzdaten. Auftragsdaten wären ihrer größeren Aktualität wegen meist aussagekräftiger.

9.11.1   Auftragseffizienz

Kennzahlensysteme Definition / Formel	Aussagekraft / Kommentierung / Sollwert
Anteil der ADM-Aufträge = $$\frac{\text{Auftragseingang (Wert, Anzahl) der ADM, Reisenden x 100}}{\text{Gesamt-Auftragseingang (Wert, Anzahl)}}$$ Durchschnittlicher Auftragseingang je ADM = $$\frac{\text{Auftragseingang (Wert, Anzahl) der ADM}}{\text{Eingesetzte ADM}}$$ oder Durchschnittliche Aufträge pro ADM = $$\frac{\text{Anzahl der Aufträge}}{\text{Anzahl der ADM}}$$ Durchschnittlicher Auftragswert pro ADM = $$\frac{\text{Auftragswert in €}}{\text{Anzahl der ADM}}$$ Auftragsanteil je ADM = $$\frac{\text{Auftragswert ADM A x 100}}{\text{Auftragswert (gesamt)}}$$ Soll-Ist-Vergleich Auftragseingang der ADM = $$\frac{\text{Ist-Auftragseingang der ADM x 100}}{\text{Soll-Auftragseingang der ADM}}$$ Index des ADM-Auftragseinganges = $$\frac{\text{ADM-Auftragseingang (Wert, Anzahl) im Berichtszeitraum x 100}}{\text{Soll-Auftragseingang der ADM}}$$ Struktur des ADM-Auftragseinganges = $$\frac{\text{ADM-Auftragseingang (Wert, Anzahl) je Erzeugnisgruppe x 100}}{\text{Gesamt-Auftragseingang der ADM im Basiszeitraum}}$$	Zur Beurteilung der Leistung des Außendienstes sollte der einzelnen ADM-Beitrag am Auftragseingang herangezogen werden. Der Auftragseingang pro ADM sollte je Kundenbesuch, Reisekilometer, Reisetag, Quadratkilometer des Verkaufsbezirks, u. a. ausgewertet werden, um einen möglichst differenzierten Einblick zu erhalten. Zusammen mit dem durchschnittlichen Auftragseingang pro Außendienstmitarbeiter erhält man aussagefähige Daten über die Auftragseffizienz des Außendienstes.

Kennzahlensysteme Definition / Formel	Aussagekraft / Kommentierung / Sollwert
oder $$\frac{\text{ADM-Auftragseingang (Wert, Anzahl)}}{\text{Gesamt-Auftragseingang der ADM}} \times 100$$ je Kundengruppe oder $$\frac{\text{ADM-Auftragseingang (Wert, Anzahl)}}{\text{Gesamt-Auftragseingang der ADM}} \times 100$$ je Auftragsgrößengruppe Durchschnittliche Auftrags-Annullierungen je ADM = $$\frac{\text{Auftrags-Annullierungen (Wert, Anzahl)}}{\text{Anzahl der ADM}}$$ Auftrags-Annullierungen in Prozent des Auftragseinganges = $$\frac{\text{Auftrags-Annullierungen (Wert, Anzahl) der ADM}}{\text{Auftragseingang (Wert, Anzahl) der ADM}} \times 100$$	

Ermittlungs-intervall   ✓ jährlich
             ✓ quartalsweise
             ✓ monatlich	

9.11.2 Umsatzeffizienz

Kennzahlensysteme Definition / Formel	Aussagekraft / Kommentierung / Sollwert
Besuchsproduktivität = $$\frac{\text{Jahresumsatz}}{\text{Zahl der Besuche im Jahr}}$$ Durchschnittlicher Umsatz je ADM = $$\frac{\text{ADM-Nettoumsatz}}{\text{Anzahl ADM}}$$ Regionenbezogener Umsatzanteil = $$\frac{\text{Umsatz Verkaufsgebiet}}{\text{Gesamtumsatz}} \times 100$$	Wie sich die Verkaufsgebiete im einzelnen entwickelt haben, hängt von verschiedensten Einflüssen ab (z. B. die Konkurrenzsituation oder unterschiedliche Kaufkraftverhältnisse, unterschiedliches Nachfrageverhalten, etc.). Diese Einflüsse müssen bei der Planung und Soll-Ist-Vergleichen berücksichtigt werden.

Ermittlungs-intervall   ✓ jährlich
             quartalsweise
             monatlich	

9.11.3   Effektivität / Profitabilität des Außendienstes

Kennzahlensysteme Definition / Formel	Aussagekraft / Kommentierung / Sollwert
$\dfrac{\text{Umsatz des Außendienstes x 100}}{\text{Gesamtkosten des Außendienstes}}$ oder $\dfrac{\text{Umsatz des Außendienstes}}{\text{Zahl der Besuche}}$ oder $\dfrac{\text{Deckungsbeiträge}}{\text{Zahl der Besuche}}$ Reisetage-Umsatzintensität = $\dfrac{\text{Jahresumsatz}}{\text{Zahl der Reisetage}}$ oder $\dfrac{\text{Umsatz oder Deckungsbeiträge in €}}{\text{pro ADM und Zeiteinheit}}$ Gesamtkosten des ADM pro Zeiteinheit oder Umsatzrendite des Außendienstes = $\dfrac{\text{ADM-Ergebnis x 100}}{\text{ADM-Umsatz}}$ Außendienstkostenintensität = $\dfrac{\text{Kosten des ADM}}{\text{Netto-Umsatz}}$	Sie dient der Effizienzbeurteilung und sollte kontinuierlich ermittelt werden. Falls dies nicht der Fall ist, weist dieser Wert entweder auf eine schlechte Leistung der Außendienstmitarbeiter oder auf einen zu kostenintensiven Außendienst hin. Die Leistungen, aber auch die Kosten könnten dann dadurch beeinflusst werden, indem man zusätzliche Leistungsanreize gibt und die Kosten beeinflusst. Kosten des Außendienstes sind u. a.: – Gehälter / Provisionen der Außendienstmitarbeiter – zuordenbare Kosten des Verkaufsbüros (z. B. Miete, Telefon, Ausstattung) – Kfz-Kosten – Werbematerial, das der ADM einsetzt – Einladungen / Geschenke für Kunden, Bewirtung – zuordenbare Verwaltungskosten (z. B. der Personalabteilung) – Provisionen, Sondereinzelkosten des Vertriebs – Schulungen, etc.
Break-Even-Point des ADM = $\dfrac{\text{Zuordenbare Kosten des ADM} \times 100}{\text{DBU in \%}}$ Gebietausschöpfungsgrad = $\dfrac{\text{Zahl der Ist-Kunden x 100}}{\text{Zahl der potentiellen Kunden}}$	Die Kennzahl kann für das Gesamtunternehmen oder einzelne Regionen berechnet werden. Falls regionale Abgrenzung möglich, ist ein aussagefähiger Querschnittsvergleich innerhalb des Unternehmens möglich.
Ermittlungs- intervall	✓ jährlich quartalsweise monatlich	Sollwert: Je größer die Kennziffer, desto günstiger die Relation

9.11.4   Kostenstruktur ADM

Kennzahlensysteme Definition / Formel	Aussagekraft / Kommentierung / Sollwert
$\dfrac{\text{Kosten für ADM x 100}}{\text{Gesamtkosten}}$	
variable Vergütung ADM = $\dfrac{\text{Anteil variable Vergütung x 100}}{\text{Gesamteinkommen}}$	
Kostenintensität der Bezirksbearbeitung = $\dfrac{\text{Bezirksdirekte Kosten x 100}}{\text{Bezirksumsatz}}$	
Bezirks-Deckungsbeitragsintensität = $\dfrac{\text{Bezirksdeckungsbeitrag x 100}}{\text{Bezirksumsatz}}$	
Reisetags-Kosten = $\dfrac{\text{Bezirkskosten}}{\text{Reisetage}}$	
Besuchskostenintensität = $\dfrac{\text{Direkte Kosten des ADM-Gebietes}}{\text{Zahl der Besuche}}$ oder $\dfrac{\text{ADM-Kosten x 100}}{\text{Umsatz}}$	
Kundenbearbeitungskosten-Intensität = $\dfrac{\text{Bezirksdirekte Kosten}}{\text{Zahl der Kunden}}$	
Kilometerintensität pro Reisetag = $\dfrac{\text{Gefahrene Reisekilometer}}{\text{Zahl der Reisetage}}$	
Kilometerintensität = $\dfrac{\text{Reisekilometer}}{\text{Zahl der Besuche}}$ oder $\dfrac{\text{Gefahrene Kilometer}}{\text{Zahl der Kunden}}$	
Kosten je verkaufs- bzw. beratungsaktiver Stunde = $\dfrac{\text{Kosten}}{\text{Verbrachte Stunden beim Kunden}}$	

Kennzahlensysteme Definition / Formel	Aussagekraft / Kommentierung / Sollwert
Kosten je Kundengespräch = $\dfrac{\text{Kosten}}{\text{Zahl der Kundengespräche}}$	
Ermittlungs-intervall ✓ jährlich quartalsweise monatlich	

9.11.5   Kundenstruktur ADM

Kennzahlensysteme Definition / Formel	Aussagekraft / Kommentierung / Sollwert
Durchschnittliche Kunden je ADM = $\dfrac{\text{Anzahl der Kunden}}{\text{Anzahl der ADM}}$	
Neukundenintensität je ADM = $\dfrac{\text{Zahl der Neukunden x 100}}{\text{Zahl der Gesamtkunden}}$	
Kundenverlust-Intensität = $\dfrac{\text{Zahl verlorener Kunden x 100}}{\text{Kunden-Gesamtzahl}}$	
Kundenfluktuation = $\dfrac{\text{Zahl der Neukunden x 100}}{\text{Zahl der verlorenen Kunden}}$	
Gebietsausschöpfungsgrad = $\dfrac{\text{Zahl der Kunden eines Gebietes x 100}}{\text{Zahl der möglichen Kunden eines Gebietes}}$	
Ermittlungs-intervall ✓ jährlich quartalsweise monatlich	

9.11.6 Besuchseffizienz / Besuchsintensität / Besuchsproduktivität

Kennzahlensysteme Definition / Formel	Aussagekraft / Kommentierung / Sollwert
$\dfrac{\text{Zahl der Reisetage x 100}}{\text{Zahl der möglichen Arbeitstage}}$	
$\dfrac{\text{Anzahl der akquirierten Aufträge}}{\text{Aufträge/Anzahl der Kundenbesuche}}$	

Kennzahlensysteme Definition / Formel	Aussagekraft / Kommentierung / Sollwert
oder ADM-Auftragseingang je Kundenbesuch = $$\frac{\text{ADM-Auftragseingang (Wert, Anzahl)}}{\text{Anzahl der ADM-Besuche}}$$ oder $$\frac{\text{Umsatz des Kunden x 100}}{\text{Anzahl der ADM-Besuche}}$$ Auftragswert pro Kundenbesuch = $$\frac{\text{Auftragswert in €}}{\text{Anzahl der Kundenbesuche}}$$ Auftrags-Besuchsintensität = $$\frac{\text{Zahl der Jahresbesuche}}{\text{Zahl der Aufträge im Jahr}}$$ Besuchs-Rentabilität = $$\frac{\text{Deckungsbeitragsvolumen}}{\text{Zahl der Besuche}}$$ oder $$\frac{\text{Deckungsbeitrag des (einzelnen) Kunden x 100}}{\text{Zahl der Besuche}}$$ Besuchskosten = $$\frac{\text{Kosten für Besuche}}{\text{Zahl der Besuche}}$$ Besuchsintensität pro Reisetag = $$\frac{\text{Zahl der Jahresbesuche}}{\text{Zahl der Jahresreisetage}}$$ Kunden- Besuchsintensität = $$\frac{\text{Zahl der Besuche im Jahr}}{\text{Zahl der besuchten Kunden}}$$ Neukunden-Besuchsintensität = $$\frac{\text{Zahl der Neukundenbesuche im Jahr}}{\text{Zahl der Neukunden}}$$ oder $$\frac{\text{Zahl der potentiellen Kundenbesuche}}{\text{Zahl der potentiellen Kunden}}$$ Außendienst-Reiseintensität = $$\frac{\text{Reisetage im Jahr x 100}}{\text{Jahresarbeitstage}}$$	Die Besuchseffizienz zeigt, wie viele Kundenbesuche für einen Auftrag durchschnittlich erforderlich sind. Sie könnte auf alle Arten des Kundenkontakts bezogen werden (z. B. telefonische, schriftliche Kontakte). Die Kennzahl gibt Aufschluss über das Verkaufs- bzw. Verhandlungsgeschick des ADM. Die Besuchseffizienz ist jedoch stets in Verbindung mit den Stornoquoten zu sehen. Die Besuchseffizienz ist auch wichtig für die Kostenkontrolle, da Kundenbesuche nicht unerhebliche Kosten verursachen. Sie „lohnen" sich nach Kostengesichtspunkten nur, wenn ein bestimmter vorher zu definierender Mindesterfolg erreicht wird. Je nach Auftrags-Deckungsbeitrag und Kosten des Besuches könnten Mindesterfolgsquoten definiert werden. Wird der Mindesterfolg nicht erreicht, sollte eine kostengünstigere Form des Kundenkontakts überlegt werden.

Kennzahlensysteme Definition / Formel	Aussagekraft / Kommentierung / Sollwert
Tagesbesuchsrate / Besuche pro Reisetag = $$\frac{\text{Gesamtbesuche pro Jahr x 100}}{\text{Reisetage pro Jahr}}$$	
Erstbesuchsrate = $$\frac{\text{Zahl Erstbesuche x 100}}{\text{Gesamtbesuche}}$$ Ortsausschöpfungsrate = $$\frac{\text{besuchte Orte}}{\text{Zahl der Orte im Verkaufsgebiet}}$$ Auslastung / Arbeitslast der ADM = $$\frac{\text{Zahl erforderlicher / gewünschter Besuche}}{\text{Zahl der tatsächlich möglichen Besuche}}$$ oder $$\frac{\text{Zahl der Kunden x Besuchsfrequenzen}}{\text{Reisetage x geplante Besuche pro Reisetag}}$$	Mit Hilfe dieser Kennziffer kann pro Vertriebsgebiet bzw. ADM festgestellt werden, wie hoch die Arbeitslast ist, d. h. wie viel ADM zur Betreuung eines Gebietes notwendig sind. Dazu werden die erforderlichen Besuche lt. Kundenstruktur den möglichen Besuchen eines ADM innerhalb einer Periode gegenübergestellt. Diese Kennziffer hilft die optimale Einteilung von Vertriebsgebieten zu finden. Erforderliche Besuche: A- Kunden x erforderliche Besuchsfrequenz + B-Kunden x erforderliche Besuchsfrequenz + C-Kunden x erforderliche Besuchsfrequenz + D-Kunden x erforderliche Besuchsfrequenz + unbewegte Kunden x erforderliche Besuchsfrequenz + potentielle Kunden x erforderliche Besuchsfrequenz = Summe erforderliche Besuche
	Sollwert: Ein Wert > 1 deutet auf eine theoretisch mögliche gute Bearbeitung, ein Wert deutlich unter 1 auf ein evtl. nicht ausreichende Bearbeitung des Verkaufsgebietes hin. Idealer Wert = 1 Toleranzwert 0,9–1,1
	Mögliche Besuche: Mögliche Besuchstage pro Jahr x durchschnittliche mögliche Besuche pro Tag

Kennzahlensysteme Definition / Formel	Aussagekraft / Kommentierung / Sollwert
Bearbeitungsintensität eines Vertriebs-gebietes = $\dfrac{\text{Zahl der ausgeführten Besuche}}{\text{Zahl der möglichen Besuche}}$	Zeigt die Bearbeitungsintensität eines Vertriebsgebietes durch den ADM gemessen an der Soll-Vorgabe der Kundenbesuche (= erforderliche Kundenbesuche).
Ermittlungs-intervall ✓ jährlich quartalsweise monatlich	Sollwert: < 0,9 Gebiet zu klein > 1,1 Gebiet zu groß

9.12   Kommunikationspolitik

Die Kommunikationspolitik ist vor allem dann, wenn größere Zielgruppen angesprochen werden sollen, kostenintensiv.

Sie wird vor allem dann „teuer" für ein Unternehmen, wenn die angewendeten Mittel der Kommunikationspolitik keinen Erfolg haben. Die Kommunikationspolitik ist aber im absatzpolitischen Instrumentarium von hoher Wertigkeit. Damit sie aber nicht zum Selbstzweck wird, sondern den Absatz- und Umsatzerfolg absichert, müssen Werbeaussagen, Werbemittel, Werbeträger sowie die zeitliche Abfolge der einzelnen Aktionen richtig und zielorientiert geplant und eingesetzt werden. Hilfestellungen geben hier Werbeerfolgskennzahlen, da sie versuchen eine objektivere Beurteilung von Werbemaßnahmen zu ermöglichen. Werbeerfolgskennzahlen müssen allerdings häufig auf quantitativ nicht messbaren Größen aufbauen.

9.12.1   Werbeerfolgskontrolle / Werbeerfolgsquote / Effizienz der Werbung / Aktionsintensität / Hinweise über Einsatz der Werbung

Kennzahlensysteme Definition / Formel	Aussagekraft / Kommentierung / Sollwert
Werbeerfolg = $\dfrac{\text{Werbekosten} \times 100}{\text{Dadurch erzielte Umsatzsteigerung}}$ oder $\dfrac{\text{Werbekosten} \times 100}{\text{Umsatz}}$	Kennzahlen zum Werbeerfolg haben eine begrenzte Aussagekraft, da der Umsatz meist auch durch andere Faktoren mitbeeinflusst wird, wie z. B. Konkurrenzverhalten oder saisonale und konjunkturelle Schwankungen. Allerdings sollten sie als Mitentscheidungsgrundlage mit herangezogen werden.

Kennzahlensysteme Definition / Formel	Aussagekraft / Kommentierung / Sollwert
oder $$\frac{\text{Werbekosten (Gesamt und je Werbemittel) x 100}}{\text{Anzahl der eingegangenen Aufträge}}$$ $$\text{(Bestellungen)}$$	Der Umsatzzuwachs, der sich nach einer Werbeaktion ergeben hat, wird mit den für diese Werbung eingesetzten Kosten in Beziehung gesetzt.
oder $$\frac{\text{Netto-Auftragssumme x 100}}{\text{Werbekosten}}$$	Verbindet Auftragseingang und Werbekosten
oder $$\frac{\text{Umsatzzuwachs}}{\text{Kosten der Werbeaktion}}$$	
oder $$\frac{\text{Durchschnittlicher Umsatz}}{\substack{\text{Durchschnittliche Kosten der} \\ \text{Verkaufsförderung}}} \quad [1]$$	Je höher der Kauferfolg (gemessen am Umsatz), umso effektiver war die Werbeaktion.
$$\frac{\text{Werbeaktionskosten} \times 100}{\text{Erzielte Umsatzsteigerung}}$$	
oder $$\frac{\text{Aktionsumsatz x 100}}{\text{Gesamtumsatz}}$$	Zeigt den (relativen) Erfolg einer Werbeaktion, bezogen auf den Gesamtumsatz.
oder $$\frac{\text{Werbeeffekt des einzelnen Werbeprogramms}}{\text{Werbekosten des einzelnen Werbeprogramms}}$$	
oder $$\frac{\text{Aktionsumsatz} \times 100}{\text{Gesamter Umsatz}}$$	
Ermittlungs-intervall ✓ jährlich ✓ quartalsweise monatlich	

---

[1] vgl. Reichmann, T., Controlling mit Kennzahlen und Managementberichten, 1997, S. 400

9.12.2   Werberendite

Kennzahlensysteme Definition / Formel	Aussagekraft / Kommentierung / Sollwert
Werberendite[1] = $$\frac{\text{Anzahl der Bestellungen x Stückgewinn}}{\text{Anzahl der Adressaten x Stückgewinn}}$$ oder Kauferfolg[2] = $$\frac{\text{Anzahl der Bestellungen x 100}}{\text{Anzahl der Adressaten}}$$ Werbeerfolg = werbebedingter zusätzlicher Umsatz bzw. Deckungsbeitrag – Werbekosten oder Werbekosten zu Gewinn = $$\frac{\text{Werbekosten (gesamt) x 100}}{\text{Unternehmensgewinn + Werbekosten (gesamt)}}$$ oder $$\frac{\text{Anzahl der Bestellungen x 100}}{\text{Anzahl der verschickten Werbedrucksachen}}$$	Um den Werbeerfolg sowohl mengen- als auch wertmäßig darzustellen, sollte man die Werberendite ermitteln. Sie eignet sich besonders zur Beurteilung des Werbeerfolges von Direktwerbemaßnahmen, vor allen dann, wenn die Zahl der Zieladressaten relativ genau definiert werden kann. Zeigt, inwieweit eine Direktwerbemaßnahme auf Grund von Zieladressen tatsächlich zu einem Kauf führte. Zeigt die Differenz zwischen der durch die Werbung erzielten Umsatz- bzw. Deckungsbeitragsveränderungen und den dadurch entstandenen Werbekosten. Wird ein positiver Wert erreicht, war der Einsatz der Werbemaßnahme erfolgreich. Die Problematik bei dieser Kennzahl liegt in der Zurechnung des Mehrverkaufs auf die Werbemaßnahmen, da eine Kausalität oft nur schwer nachweisbar ist.
Ermittlungs-intervall	✓ jährlich quartalsweise monatlich

9.12.3   Mindestumsatz einer Werbemaßnahme

Kennzahlensysteme Definition / Formel	Aussagekraft / Kommentierung / Sollwert
= Notwendiger Mindest-Mehrumsatz $$= \frac{\text{Werbekosten für ein(e) Produkt(gruppe) x 100}}{\text{DBU in \% der Produkt(gruppe)}}$$	Zeigt den Mindestumsatz bei einem vorkalkulierten Deckungsbeitrag (%), der aufgrund der Werbemaßnahme erzielt werden sollte.
Ermittlungs-intervall	✓ jährlich ✓ quartalsweise ✓ monatlich

---

[1] vgl. Radke, M., Formelsammlung, S. 692 und Gutenberg, E., Grundlagen, S. 464
[2] vgl. Radke, M., Formelsammlung, S. 690 und Weber, M., Kennzahlen, S. 178

9.12.4   Werbekostenstruktur / Werbekostenarten

Kennzahlensysteme Definition / Formel	Aussagekraft / Kommentierung / Sollwert
Kostenstruktur der Werbung = $$\frac{\text{Werbekosten x 100}}{\text{Gesamtkosten}}$$ Kosten einer Werbeanzeige je Anfrage = $$\frac{\text{Kosten der Anzeige (inkl. Entwurf) x 100}}{\text{Anzahl der Anfragen auf diese Anzeige}}$$ Werbekosten je Auftrag = $$\frac{\text{Werbekosten (gesamt und je Werbemittel) x 100}}{\text{Anzahl der eingegangenen Aufträge}}$$ Werbekosten je Kunde = $$\frac{\text{Werbekosten (gesamt und je Werbemittel) x 100}}{\text{Anzahl der Kunden}}$$ Kosten je Bestellung = $$\frac{\text{Werbeaktionskosten}}{\text{Anzahl der Bestellungen}}$$ Kosten je Kontakt = $$\frac{\text{Werbeaktionskosten}}{\text{Anzahl der Kontakte}}$$	Die nachfolgenden Kennziffern helfen die „Angemessenheit" von Werbekosten zu messen. Ihre Aussagekraft steigt, wenn situationsbedingte Ergebnisse bzw. konkrete Kosten-Nutzen-Relationen dargestellt werden können.
Ermittlungs-intervall ✓ jährlich ✓ quartalsweise ✓ monatlich	

9.12.5   Bekanntheitsgrad / Erinnerungswirkung

Kennzahlensysteme Definition / Formel	Aussagekraft / Kommentierung / Sollwert
Bekanntheitsgrad = $$\frac{\text{Zahl der Personen, die das Produkt kennen x 100}}{\text{Zahl der Befragten insgesamt}}$$ oder $$\frac{\text{Personen, die ein Produkt kennen x 100}}{\text{Gesamtzahl der Personen *}}$$ * Personen einer fest definierten Zielgruppe	Zur Beurteilung der Kommunikationspolitik wird häufig auch der Bekanntheitsgrad ermittelt. Die Bekanntheit eines Produktes ist (Mit)voraussetzung für eine Kaufentscheidung bzw. des Entstehens einer Geschäftsbeziehung und ermöglicht die Wirksamkeit der Werbemaßnahmen im Zeitablauf zu beobachten. Der Bekanntheitsgrad wird durch Befragung der Zielgruppen ermittelt. Er kann sich auf Produkte(-gruppen) oder auf das Gesamt-

Kennzahlensysteme Definition / Formel	Aussagekraft / Kommentierung / Sollwert
oder	unternehmen beziehen. Man unterscheidet generell zwischen der spontanen Erinnerung (Recall) und der Wiedererkennung (Recognition).
$$\frac{\text{Positive Rückmeldungen bei einer Befragung} \times 100}{\text{Anzahl der Befragten}}$$	Der ermittelte Bekanntheitsgrad gibt aber lediglich Auskunft, ob ein Produkt bzw. ein Unternehmen bekannt sind und sagt nichts darüber aus, ob sich damit positive oder negative Assoziationen verbinden, die in der Regel nur durch Primärforschung (meist in Form) der Befragung ermittelt werden können.
$$\text{Erinnerungswirkung eines Werbemittels} = \frac{\text{Zahl der Befragten, die sich an eine Werbebotschaft erinnern}}{\text{Gesamtzahl der Befragten}}$$	Eine als repräsentativ empfundene Gruppe wird mit Hilfe eines Wiedererkennungstests, zum Inhalt einer Werbemaßnahme, befragt.
$$\text{Share of Voice} = \frac{\text{Zahl der Zielgruppenkontakte der eigenen Werbung}}{\text{Zahl der Zielgruppenkontakte des Gesamtmarktes}}$$	Zeigt den Werbeanteil des eigenen Unternehmens am Gesamtmarkt. Die Zahl der Zielgruppenkontakte lässt sich nicht empirisch überprüfen, da sie auf Planungen und teilweise auf Angaben der Werbeträger beruhen. Für den Gesamtmarkt können aber meist Daten von einzelnen Marktforschungsinstituten abgefragt werden. Die Kennzahl ist vor allem dann von Bedeutung, wenn durch Werbung die Marktposition tatsächlich beeinflusst werden kann. Sie
Ermittlungs-intervall	✓ jährlich quartalsweise monatlich	könnte dann Grundlage für die Budgetierung der Werbeausgaben sein.[1]

9.12.6 Streuerfolg[2] / Rücklaufquote

Kennzahlensysteme Definition / Formel	Aussagekraft / Kommentierung / Sollwert
$$\frac{\text{Anzahl der Bestellungen} \times 100}{\text{Anzahl der Adressaten}}$$ oder $$\frac{\text{Anzahl der Käufer} \times 100}{\text{Anzahl der Prospekte (oder einer Anzeige)}}$$	Um die Effektivität von Werbemaßnahmen zu beurteilen, ist es nötig, die Resonanz dieser Maßnahmen zu messen und zu beurteilen. Hierfür eignet sich die Messung des Streuerfolges. Je höher der Streuerfolg – umso effektiver die Werbemaßnahme! Der

---

[1] vgl. Preißner, A., a. a. O., S. 124
[2] vgl. Radke, M., Formelsammlung, S. 691 und Gutenberg, E., Grundlagen, S. 463

Kennzahlensysteme Definition / Formel	Aussagekraft / Kommentierung / Sollwert
Streuwertfaktor = $$\frac{\text{Inseratspreis pro 1.000 Leser}}{\text{Prozentzahl Leser einer soziologischen Schicht}}$$ Rücklaufquote[1] = $$\frac{\text{Anzahl der Rückmeldungen x 100}}{\text{Anzahl des Werbemittels}}$$ oder $$\frac{\text{Erhaltene Aufträge} \times 100}{\text{Versandte Mailings}}$$	Erfolg von Werbeaktionen wird durch diese Kennzahl aber nur mengenmäßig erfasst. Eine zusätzliche qualitative Erfassung ist oft empfehlenswert. Mit Hilfe von Rücklaufquoten kann über-prüft werden, wie viele Zieladressaten auf Werbemaßnahmen reagiert haben (z. B. E-mails, Anzeigen oder Fragebogen-aktionen). Die Rücklaufquote ist aber nur dann aus-sagefähig, wenn keine anderen Werbe-maßnahmen parallel oder (kurz) vorher eingesetzt wurden.
Ermittlungs-intervall ✓ jährlich quartalsweise monatlich	

9.12.7   Werbeelastizität

Kennzahlensysteme Definition / Formel	Aussagekraft / Kommentierung / Sollwert
$$\frac{\text{Relative Änderung der Werbekosten}}{\text{Relative Umsatzänderung}}$$ oder $$\frac{\text{Prozentuale Umsatzänderung} \times 100}{\text{Prozentuale Werbekostenänderung}}$$ oder $$\frac{\text{Prozentuale Änderung der Werbekosten}}{\text{Prozentuale Änderung Auftragseingang}}[2]$$	Vor der Entscheidung über eine Intensivie-rung oder eine Reduzierung der Werbung ist es nötig, die Umsatzänderung im Verhältnis zur Änderung der Werbekosten zu erken-nen. Diese Abhängigkeit wird mit Hilfe der Werbe-Elastizität verdeutlicht. Sie zeigt, die Auswirkungen einer Werbekostenänderung auf den Umsatz, bzw. ob eine Intensivie-rung oder auch eine Reduzierung der Werbekosten sinnvoll wäre. Je höher die Werbe-Elastizität ist, desto stärker ändert sich der zusätzliche Umsatz bei zusätzlichen Kosteneinsatz für Werbung. Die Angemessenheit der Werbekosten wird verdeutlicht.
Ermittlungs-intervall ✓ jährlich quartalsweise monatlich	

---

[1]   vgl. Weber, M., Kennzahlen, S. 178
[2]   vgl. Radke M., Betriebswirtschaftliche Absatzkennzahlen, München, 1975.

9.13   Servicepolitik

9.13.1   Lieferbereitschaft

Kennzahlensysteme Definition / Formel	Aussagekraft / Kommentierung / Sollwert
$\dfrac{\text{Anzahl sofort bedienter Nachfrage x 100}}{\text{Anzahl Nachfrageeingänge}}$ Termintreue = Durchschnittliche Liefer- dauer in Tagen pro Auftrag oder $\dfrac{\text{Durchschnittliche Tage Lieferverzögerung}}{\text{Zahl aller Aufträge}}$ oder $\dfrac{\text{Anzahl der Verspätungen x 100}}{\text{Anzahl der Lieferungen}}$	Aussagen über terminliche Zuverlässigkeit der Unternehmung
Ermittlungs- intervall	✓ jährlich quartalsweise monatlich	

9.13.2 Beanstandungsquote

Kennzahlensysteme Definition / Formel	Aussagekraft / Kommentierung / Sollwert
$\dfrac{\substack{\text{Wert bzw. Anzahl der} \\ \text{beanstandeten Lieferungen x 100}}}{\text{Wert bzw. Anzahl der gesamten Lieferungen}}$ oder $\dfrac{\text{Beanstandete Lieferungen x 100}}{\text{Gesamte Lieferungen}}$ Beanstandungsstruktur = $\dfrac{\substack{\text{Wert bzw. Anzahl} \\ \text{bestimmter Beanstandungen x 100}}}{\text{Wert bzw. Gesamtzahl der Beanstandungen}}$	Beschreibt das Verhältnis beanstandeter Lieferungen zu den gesamten Lieferungen und zeigt den relativen Anteil der beanstandeten Lieferungen an den Gesamtlieferungen. Zur Bewertung der Qualität der Produkte und Leistungen mit der Termintreue des Unternehmens und damit letztlich der Kundenzufriedenheit, können die Bean- standungsquote und die Lieferbereitschaft / Termintreue herangezogen werden. Beschreibt das Verhältnis bestimmter Bean- standungen zu den gesamten Beanstandun- gen. Die Beanstandungen können alternativ wert- oder mengenmäßig ermittelt werden. Als Beanstandungsgründe kommen vor allem Mängel, Mengenabweichungen und Transportbeschädigungen in Frage.
Ermittlungs- intervall	✓ jährlich quartalsweise monatlich	

9.13.3   Reklamations- und Rücksendungsquote

Kennzahlensysteme Definition / Formel	Aussagekraft / Kommentierung / Sollwert
$$\frac{\text{Wert oder Anzahl der Rücksendungen/Reklamationen x 100}}{\text{Umsatz oder Anzahl der Lieferungen}}$$ Rücklieferungsstruktur/Reklamation = $$\frac{\text{Rücklieferung (Reklamation) je Erzeugnisgruppe x 100}}{\text{Gesamt-Rücklieferungen (Reklamationen)}}$$ oder $$\frac{\text{Rücklieferung (Reklamation) wegen schlechter Ware x 100}}{\text{Gesamt-Rücklieferungen (Reklamationen)}}$$ und $$\frac{\text{Rücklieferung (Reklamation) wegen Fehlmengen x 100}}{\text{Gesamt-Rücklieferungen (Reklamationen)}}$$ und $$\frac{\text{Rücklieferung (Reklamation) wegen Umdisposition / Irrtum beim Kunden} \times 100}{\text{Gesamt-Rücklieferungen (Reklamationen)}}$$ und $$\frac{\text{Rücklieferung (Reklamation) infolge Warenumtausch x 100}}{\text{Gesamt-Rücklieferungen}}$$ und $$\frac{\text{Rücklieferungen wegen Zahlungsunfähigkeit des Kunden x 100}}{\text{Gesamt-Rücklieferungen}}$$ und $$\frac{\text{Rücklieferung wegen Produktfehler x 100}}{\text{Gesamt-Rücklieferungen}}$$ und $$\frac{\text{Unbegründete Rücksendungen und Reklamationen} \times 100}{\text{Gesamt-Rücklieferungen (Reklamationen)}}$$	Die Gründe für die Rücksendungen müssen gesondert untersucht und dokumentiert werden, damit Wiederholungsfehler zukünftig vermieden werden können. Mit Hilfe der Rücklieferungsstruktur soll geklärt werden, welche Ursachen die Beanstandungen haben. Eine Reklamation könnte u. a. auf eine falsche Lieferung, Produktmängel oder auf Transportschäden zurückgeführt werden. Wenn die Ergebnisse gegenübergestellt werden, wird ersichtlich, welche Reklamationen am häufigsten auftreten. Indirekt spiegelt sich in dieser Kennzahl die Zufriedenheit der Kunden mit den gekauften Produkten und dem Unternehmen wider.
Ermittlungs-intervall	✓ jährlich quartalsweise monatlich	

9.13.4 Reklamationskostenintensität

Kennzahlensysteme Definition / Formel	Aussagekraft / Kommentierung / Sollwert
$$\frac{\text{Kosten durch Reklamationen x 100}}{\text{Umsatz}}$$	Sollte für einzelne Kunden und / oder Produkte ermittelt werden

Ermittlungs-intervall	✓ jährlich quartalsweise monatlich	

9.13.5 Kundendienstqualität

Kennzahlensysteme Definition / Formel	Aussagekraft / Kommentierung / Sollwert
$$\frac{\text{Zahl der gewonnenen Kunden durch guten Kundendienst x 100}}{\text{Zahl der verlorenen Kunden}}$$	

Ermittlungs-intervall	✓ jährlich quartalsweise monatlich	

9.13.6 Garantieleistung / Garantiekosten / Anteil der Garantieleistung am Umsatz

Kennzahlensysteme Definition / Formel	Aussagekraft / Kommentierung / Sollwert
$$\frac{\text{Kosten für Garantieleistungen x 100}}{\text{Umsatz}}$$ Garantieleistungen in Prozent des Betriebsgewinns = $$\frac{\text{Garantieleistungen x 100}}{\text{(Betriebs)gewinn}}$$ Struktur der Garantieleistungen = $$\frac{\text{Garantieleistungen je Erzeugnis(gruppe) x 100}}{\text{Gesamt-Garantieleistungen}}$$ oder $$\frac{\text{Garantieleistungen als Warenersatz x 100}}{\text{Gesamt-Garantieleistungen}}$$ oder $$\frac{\text{Garantieleistungen als Nacharbeit x 100}}{\text{Gesamt-Garantieleistungen}}$$	Garantieleistungen sind eigentlich vermeidbare Kosten. Übersteigen die Garantieleistungen ein vorkalkuliertes Maß, ist davon auszugehen, dass die damit einhergehenden Qualitäts- und Terminprobleme zu nachhaltiger Unzufriedenheit beim Kunden führen. Die Kosten der Garantieleistung, wie auch die direkten Folgekosten z. B. durch Kundenverlust, Preisnachlässe, etc., sind den Kosten der Behebung dieses Qualitätsproblems gegenüberzustellen, um die richtigen Maßnahmen einleiten zu können.

Kennzahlensysteme Definition / Formel	Aussagekraft / Kommentierung / Sollwert
oder $\dfrac{\text{Garantieleistungen als Preisnachlass x 100}}{\text{Gesamt-Garantieleistungen}}$ Garantiekostenanteil = $\dfrac{\text{Garantiekosten x 100}}{\text{Nettoumsatz}}$ Serviceintensität = $\dfrac{\text{Anzahl Kunden x 100}}{\text{Anzahl der Beratungsplätze}}$ (Kassen, Schalter, etc.) Servicekostenintensität einzelner Kunden = $\dfrac{\text{Kosten für Serviceleistungen x 100}}{\text{Umsatz}}$	Wichtige Kennziffer für Dienstleistungen und bei starkem Kundenverkehr Soll in Relation zum Kundenumsatz oder erzieltem Deckungsbeitrag gesehen werden.
Ermittlungs- intervall	✓ jährlich quartalsweise monatlich

9.13.7   Transportkosten / Ausgangsfrachten

Kennzahlensysteme Definition / Formel	Aussagekraft / Kommentierung / Sollwert
Ausgangsfracht in Prozent des Umsatzes = $\dfrac{\text{Ausgangsfracht x 100}}{\text{Umsatz}}$ Ausgangsfracht in Prozent der weiterberechneten Fracht = $\dfrac{\text{Ausgangsfracht insgesamt} \times 100}{\text{Weiterberechnete Frachtkosten}}$ oder $\dfrac{\text{Transportkosten in € x 100}}{\text{Frachtgewicht-Volumen x}}$ Transportstrecke in km Durchschnittliche Frachtkosten je kg Netto-(Brutto)Versandgewicht = $\dfrac{\text{Gesamt-Frachtkosten für}}{\text{ausgehende Sendungen}}$ Netto-(Brutto-)Versandgewicht	Die Transportkosten können in fixe (z. B. Personal, Abschreibungen für Kfz, Steuern, Versicherungen) und variable Bestandteile (z. B. Treibstoffe, Mautgebühren, Fahrzeuginspektionen) unterteilt werden. Zeigt, inwieweit Frachten, die vielfach als Einzelkosten in die Kalkulation eingehen, auch tatsächlich den Kunden weiterverrechnet werden (hierzu ist allerdings eine gesonderte Ermittlung der Frachterlöse Zu den Gesamt-Frachtkosten zählen Bahnfrachten, Spediteur-Fernfrachten, Rollgelder an Spediteure, Luftfrachten, Schiffsfrachten, Kosten des eigenen Fuhrparks für Sendungen, u. a.

Kennzahlensysteme Definition / Formel	Aussagekraft / Kommentierung / Sollwert
Durchschnittliche Frachtkosten je km/t = $$\frac{\text{Gesamt-Frachtkosten für ausgehende Sendungen x 1000}}{\sum \text{Versandgewicht in kg} \times \text{Versandstrecke in km}}$$ und $$\frac{\text{Bahnfracht für ausgehende Sendungen x 1000}}{\sum \text{Bahnsendungen in kg} \times \text{Bahn-Versandstrecke in km}}$$ und $$\frac{\text{Spediteur-Fernfracht für ausgehende Sendungen x 1000}}{\sum \text{Spediteursendungen in kg} \times \text{Spediteur-Versandstrecke in km}}$$ und $$\frac{\text{Ausgangs-Rollgelder für ausgehende Sendungen x 1000}}{\sum \text{Spediteur-Rollgeldsendungen in kg} \times \text{Spediteur-Rollgeldstrecke in km}}$$ und $$\frac{\text{Luftfracht für ausgehende Sendungen x 1000}}{\sum \text{Luftsendungen in kg} \times \text{Luft-Versandstrecke in km}}$$ und $$\frac{\text{Schiffsfracht für ausgehende Sendungen x 1000}}{\sum \text{Schiffssendungen in kg} \times \frac{\text{Schiffs-Seemeilen}}{1,85}}$$ und $$\frac{\text{Kosten der ausgehenden Fernsendungen des eigenen Fuhrparks x 1000}}{\sum \text{Fernsendungen Fuhrpark in kg} \times \text{gefahrene Strecke in km}}$$ und $$\frac{\text{Kosten der ausgehenden Nahsendungen des eigenen Fuhrparks x 1000}}{\sum \text{Nahsendungen Fuhrpark in kg} \times \text{gefahrene Strecke in km}}$$	Die folgenden Kennzahlen können einen durchschnittlichen Mengen-Entfernungs-Verrechnungssatz ermitteln, welcher für Kalkulations- und Kostenvergleichszwecke verwendet werden könnte.

Kennzahlensysteme Definition / Formel	Aussagekraft / Kommentierung / Sollwert
Struktur der Ausgangsfracht = $$\frac{\text{Ausgangs-Bahnfracht x 100}}{\text{Gesamt-Ausgangsfracht}}$$ und $$\frac{\text{Ausgangs-Spediteur-Fernfracht x 100}}{\text{Gesamt-Ausgangsfracht}}$$ und $$\frac{\text{Ausgangs-Luftfracht x 100}}{\text{Gesamt-Ausgangsfracht}}$$ und $$\frac{\text{Ausgangs-Schiffsfracht x 100}}{\text{Gesamt-Ausgangsfracht}}$$ und $$\frac{\text{Kosten des eigenen Fuhrparks für Fernsendungen x 100}}{\text{Gesamt-Ausgangsfracht}}$$ und $$\frac{\text{Kosten des eigenen Fuhrparks für Nahsendungen} \times 100}{\text{Gesamt-Ausgangsfracht}}$$	Durch die Detaillierung der Kostenart Ausgangsfrachten, mit den nachfolgenden Kennzahlen, können Ansatzpunkte zur Verbesserung der Kosten-Nutzen-Relation bzw. zur Senkung der Frachtkosten gefunden werden.
Durchschnittlicher Auslastungsgrad je Fahrzeug = $$\frac{\frac{\text{Transportiertes Gewicht oder Volumen}}{\text{Zahl der Transportmittel}}}{\frac{\text{Maximal zulässige Transportkapazität}}{\text{Zahl der Transportmittel}}}$$ $$\frac{\text{Umsatz in kg oder Zeiteinheiten (Stunden, Tage, Schichten)}}{\text{Anzahl der Touren pro Zeiteinheit} \times \text{Ladekapazität des Fahrzeugs}}$$	Das Ergebnis ist ein Faktor, der mit einem Sollwert verglichen werden sollte. So könnten Kapazitätsanpassungen eingeleitet werden oder es könnten die Verrechnungspreise in der Kalkulation angepasst werden.
Wirtschaftlichkeit von Fahrzeugen = $$\frac{\text{Deckungsbeitrag in € des mit dem Fahrzeug getätigten Umsatzes}}{\text{Kosten des Fahrzeuges}}$$ oder $$\frac{\text{Deckungsbeitrag}}{\text{Fixkosten des Fahrzeuges}}$$	Es gilt, die Transportkosten in ihre wesentlichen Kostenbestandteile zu zerlegen und deren jeweiligen Einflüsse auf die Kostenstruktur der Transportkosten zu definieren.

Kennzahlensysteme Definition / Formel	Aussagekraft / Kommentierung / Sollwert
oder	Sollwert:
$$\frac{\text{Deckungsbeitrag}}{\text{Gefahrene km}}$$	< 1, dann reicht Deckungsbeitrag nicht aus, die entstehenden Fahrzeugkosten abzudecken. Auslastungsgrad = 1, dann Optimum
$$\text{Kosten je Fahrzeug} = \frac{\text{Gesamte Fuhrparkkosten}}{\text{Anzahl der Fahrzeuge}}$$	
$$\text{Fixe Kosten je Fahrzeug} = \frac{\text{Fixe Fuhrparkkosten}}{\text{Anzahl der Fahrzeuge}}$$	Diese Kosten fallen weitgehend unabhängig vom Nutzungsgrad der Fahrzeuge an.
$$\text{Variable Kosten je Fahrzeug} = \frac{\text{Variable Fuhrparkkosten}}{\text{Transportstrecke}}$$	Diese Kosten sind abhängig von der Beschäftigung, z. B. der gefahrenen Kilometer.
$$\frac{\text{Personalkosten des Fuhrparks}}{\text{Zahl der Mitarbeiter des Fuhrparks}}$$	
$$\text{Durchschnittliche Personalkosten Fuhrpark je Mitarbeiter} = \frac{\text{Personalkosten des Fuhrparks}}{\text{Zahl der Mitarbeiter}}$$	
Ermittlungs-intervall	✓ jährlich quartalsweise monatlich	

Literaturverzeichnis

Antoine, H., Kennzahlen, Richtzahlen, Planungszahlen, 2. Auflage, Wiesbaden, 1958.

Aust, R., Mehr Wirtschaftlichkeit auch im Rechnungswesen, Kennzahlen zur Beschreibung des externen Rechnungswesen, Bilanzierung und Buchhaltung (b&b), S. 377–384, Heft Nr. 10/1996.

Becker, J., Strategisches Vertriebscontrolling, 1994.

Bestmann, U. (Hrsg.), Kompendium der Betriebswirtschaftslehre, 9., völlig überarbeitete und erweiterte Auflage, München/Wien, 1997.

Bestmann/Preißler, Übungsbuch zum Kompendium der Betriebswirtschaftslehre, 2. Auflage, München, 1994.

Birker, K., Betriebliche Kommunikation, Berlin, 1998.

Bischoff, W. O., Aussagewert und Problematik finanzwirtschaftlicher Kennzahlen zur Ermittlung der Ertragkraft, in: Neue Betriebswirtschaft, 1964, S. 161 ff.

Blohm, H., Lüder, K., Wirtschaftlichkeit, VDI-Richtlinie 2800, Düsseldorf, 1996.

Böcker, F., Marketing-Kontrolle, Stuttgart/Berlin/Köln/Mainz, 1988.

Böhm, M./Halfmann, M., Kennzahlen und Kennzahlensysteme für ein ökologieorientiertes Controlling, Umweltwirtschaftsforum (UWF), S. 9–14, Heft Nr. 8, 1994.

Bomm, Hansjörg, Ein Ziel- und Kennzahlensystem zum Investitionscontrolling komplexer Produktionssysteme, Hrsg. Milberg, J., Berlin u. a., 1992.

Böning, D. J., Zum Aussagewert von Cash-Flow-Kennziffern, in: DB, 1973, S. 437 ff.

Borg, I., Führungsinstrument Mitarbeiterbefragung, 2., überarbeitete und erweiterte Auflage, Göttingen, 2000.

Bothe, B./Koeth, A. G., Strategisches Marketing-Controlling. Handbuch Strategisches Marketing, hrsg. von Wieselhuber, N./Töpfer, A., Landsberg, 1984, S. 116–182.

Botta, V., Kennzahlensysteme als Führungsinstrumente Planung, Steuerung und Kontrolle der Rentabilität im Unternehmen, 5. Auflage, Berlin, 1997.

Bötzel, S./Schwilling, A., Erfolgsfaktor Wertmanagement – Unternehmen wert- und wachstumsorientiert steuern, München/Wien, 1997.

Bracht, R./Kalmbach, A., Einführung von Bildungs-Controlling in: Personal 01/1995, S. 26 ff.

Bramsemann, R., Handbuch Controlling, 3. Auflage, München, 1993.

Brinkerhoff, R./Gill S., The Learning Alliance, San Francisco, 1994.

Brown, M. G., Kennzahlen, 1997.

Brunner J./Roth P., Performance Management und Balanced Scorecard in der Praxis, in: IO management, Nr. 7/8, 1999. S. 50–55.

Brunner, J./Hessing, M., „Shareholder Value und Balanced Scorecard" in IO Management, 1998, Nr. 6, S. 30–36.

Brunner, J./Sprich, O., „Performance Management und Balanced Scorecard" in IO Managemengt, 1998, Nr. 6, S. 30–36.

Buchner, R., Finanzwirtschaftliche Statistik und Kennzahlenrechnung, München, 1985.

Budde, R., Return on Investment: Rentabilitätsstrategie als Zielsystem, Berlin, 1973.

Bühner, R., Mitarbeiter mit Kennzahlen führen, Landsberg, 1996.

Bullinger, H. J., Kapazitätsplanungssystem für den Unternehmensbereich Entwicklung und Konstruktion. Diss. Uni Stuttgart: Forkel Verlag, 1970.

Bundesministerium für Bildung, Wissenschaft, Forschung und Technologie (BMBF), Grund- und Strukturdaten 1996/97, Hrsg.: Bundesministerium für Bildung, Wissenschaft, Forschung und Technologie (BMBF), Magdeburg, 1996.

Bundesverband Deutscher Unternehmensberater BDU e. V., Fachverband Unternehmensführung und Controlling: Controlling, 3. Auflage, Berlin, 1992.

Bungard. W./Jöns, J. (Hrsg.), Mitarbeiterbefragung, Weinheim, 1997.

Burkan, W. C., Making EIS Work, in: Gray, P. (Hrsg.): Decision Support and Executive Information Systems. A Selection of Papers from International Conferences on Decision Support Systems, DSS-81–DSS-92, Englewood Cliffs, NJ 1994, S. 313–331.

Bürkeler, A., Kennzahlensysteme als Führungsinstrument, Zürich, 1977.

Buschbeck, J., Marketing-Controlling, Harvard Manager 1982/3, 87–96.

Bussiek, J./Fraling, R./Hesse, K., Unternehmensanalyse mit Kennzahlen: Informationsbeschaffung, Potential – Analyse, Jahresabschluss, Arten von Kennzahlen, Kennzahlensysteme, ergänzende Darstellungsformen, bilanzkritische und erfolgskritische Kennzahlen, Wiesbaden, 1993.

Butler, A./Letza, S. R./Neale, B., „Linking the Balanced Scorecard to Strategy" in Long Range Planning, England, 1997, Band 30, Nr. 2, S. 242–253.

Chow, C. W./Haddad, K. M./Willamson, J. E., „Applying the Balanced Scorecard to Small Companies" in Management Accounting, August 1997, S. 21–27.

Codd, E. F./Codd, S. B./Salley, C. T., Providing OLAP (On-line Analytical Processing) to User Analysts: An IT Mandate, o.O., E.F. Codd & Associates, 1993.

Coenenberg, A., Jahresabschluss und Jahresabschlussanalyse, 10. Auflage, München, 1988.

Coenenberg, A., Einheitlichkeit oder Differenzierung von internem und externem Rechnungswesen: Die Anforderungen der internen Steuerung, in: Der Betrieb, 48. Jg. (1995), H. 42, 1995, S. 2077–2083.

Croessmann, J., Effiziente Unternehmensführung mit Kennzahlen, in: Euroform Deutschland, Hrsg. Sommer-Stephan, Martina, Düsseldorf, 1998.

Davis, T. R. V., „Developing an employee Balanced Scorecard: Linking frontline performance to corporate objectives" in Management Decision, 1996, Nr. 4, S. 14–18.

Demmer, C., Mitarbeitergespräche erfolgreich führen, 2. Auflage, Landsberg/Lech, 1999.

Deyhle, A., Die besten Vordrucke, Checklisten & Arbeitshilfen für Controller von A–Z, Offenburg, 1999.

Deyhle, A., Controller-Praxis: Führung durch Ziele, Planung und Kontrolle, Band 1, 12. Auflage, Gauting bei München, 1992.

Dichtl, E./Issing, O. (Hrsg.), Vahlens großes Wirtschaftslexikon (in 2 Bänden), 2., überarbeitete und erweiterte Auflage, München, 1993.

Dörrie/Kicherer/Preißler, Die Kostenrechnung eines kunststoffverarbeitenden Unternehmens als Informationsbasis für produktions- und absatzwirtschaftliche Entscheidungen in: Erfolgskontrolle im Marketing, a. a. O., S. 55–73.

Dosch, H., „Analyse-Applikationen sind auf dem Vormarsch" in Computerwoche, 1999, Nr. 25, S. 47–48.

Eccles R. G./Noriah N. with Berkley J. D., Beyond the Hype – Rediscovering the Essence of Management, Bosten, 1992.

Ehrmann, H., Marketing-Controlling, 2. Auflage, Ludwighafen, 1995.

Eichenberger P., Betriebliche Bildungsarbeit, Wiesbaden, 1992.

Ellinghorst, P., Der Return on Investment (RoI) als Orientierungsrahmen für die Unternehmenssteuerung, Buchführung, Bilanzierung, Kostenrechnung (BBK), S. 189–198, Heft Nr. 4/18.02.1994.

Epstein, M. J./Manzoni, J.-F., „Translating Strategy into Action" in Management Accounting, August 1997, S. 28–36.

Eschenbach, R. (Hrsg.), Marketing-Controlling, Wien, 1986.

Ester, R., Kennzahlen und Kennzahlensysteme – unentbehrliche Führungstechniken zur Unternehmenssteuerung, fortschrittliche Betriebsführung und Industrial Engineering, (FB/IE), S. 246–249, Jg. 43, Heft Nr. 5/1994.

Evers. C./Oecking, G. F., Auswahl eines geeigneten Führungsinformationssystems. Marktanalyse und firmenspezifisches Anforderungsprofil, in: Controlling 5, 1993, 4, S. 214–218.

Finster, H., EDV-gestützte Unternehmensführung auf der Basis von Kennzahlen – Die Erstellung eines Systemkonzeptes für die automobile Großserienfertigung, Frankfurt am Main, 1995.

Fischbach, S., Lexikon der Wirtschaftsformeln und Kennzahlen, Landsberg, 1999.

Friedag H./Schmidt W., Balanced Scorecard, Freiburg im Br. 1999.

Gaiser, B./Bernhard, M. G./ Hoffschröer, S., Balanced Scorecard, 2001.

Gaitanides, M., Praktische Probleme der Verwendung von Kennzahlen für Entscheidungen, Zeitschrift für Betriebswirtschaft (ZfB), S. 57–64, Jg. 49/1979.

Gentner, A., Wie japanisches Konstenmanagement funktioniert – Beispiele aus japanischen Unternehmen, in: Horváth, P. (Hrsg.), Jahrbuch Controlling, Düsseldorf 1994, S. 27–34.

Gentner, A., Entwurf eines Kennzahlensystems zur Effektivitäts- und Effizienzsteigerung von Entwicklungsprojekten, München, 1994.

George, G., Kennzahlen für das Projektmanagement, Frankfurt/M. u. a., 1999.

Gleich, R., Das System des Performance Measurement, Controlling Forschungsbericht Nr. 53, betriebswirtschaftliches Institut der Universität Stuttgart, April 1998.

Gmelin, V., Effizientes Personalmanagement durch Personalcontrolling – Von der Idee zur Realisierung, Renningen-Malmsheim, 1995.

Götz, K., Zur Evaluierung beruflicher Weiterbildung, Band 1, Weinheim, 1993.

Graumann, M., Grundlagen der Bilanzanalyse: Vermögens- und Erfolgsanalyse, Wirtschaftsstudium (WISU), S. 722–726, Heft Nr. 8–9, 1996.

Gray J./Pesqueux Y., Evolutions Actuelles des Systemes de Tableu de Bord, in: Revue Francaise de Compatibilité (242), Février, 1993, S. 61–70.

Gretz W., Durch Kennziffernanalyse zum Geschäftserfolg, Stuttgart, 1971.

Gretz W., Der Return on Investment (RoI) als Instrument des strategischen Controlling, Buchführung, Bilanzierung, Kostenrechnung (BBK), S. 577–586, Heft Nr. 12/17.06.1992.

Groll, K.-H., Erfolgssicherung durch Kennzahlensysteme, 4. Auflage, Rudolf Haufe Verlag GmbH & Co. KG, Freiburg im Breisgau, 1991.

Günther, T., Unternehmenswertorientiertes Controlling, München, 1997.

Haberland/Preißler/Mayer, Handbuch Revision – Controlling – Consulting, München, 1978–1990.

Hahn, D., Integrierte und flexible Unternehmensführung durch computergestütztes Controlling, in: Adam, D./Backhaus, K./Meffert, H./ Wagner, H. (Hrsg.): Integration und Flexibilität. Eine Herausforderungen für die allgemeine Betriebswirtschaftlehre, Wiesbaden, 1990, S. 197–227.

Hahn, D., Planungs- und Kontrollrechnung als Führungsinstrument, Wiesbaden, 1974, S. 397.

Haller, A., Zur Eignung der US-GAAP für Zwecke des internen Rechnungswesen, in: Controlling, 9. Jg. (1997), S. 270–276.

Hansen H. R., Wirtschaftsinformatik, 7., völlig neu bearbeitete und stark erweiterte Auflage, Stuttgart, 1996.

Hartan/Preißler, Leistungsorientierte Entlohnungssysteme für den Verkaufsaußendienst, 2. Auflage, Eschborn, 1987.

Heeg, F./Jäger, C., Konzeption und Einführung einer Bildungscontrollingsystematik, in: Landsberg von, G., Bildungs-Controlling, Stuttgart, 1995, S. 354.

Heinemeyer, W., Die Analyse der Fertigungsdurchlaufzeit im Industriebetrieb, Diss. TH Hannover, 1974.

Heinzelbecker, K., Marketing-Informationssysteme, Stuttgart/Berlin/Köln/Mainz, 1985.

Helfrich, Ch., Arbeitshandbuch Gemeinkostenabbau mit Checklists, Verwaltungs- und Personal-Gemeinkosten, München, 1980.

Henkel, N., „Welche Kundeninformationen haben Auswirkung auf Finanzfaktoren" in Computerwoche, 02.04.1999, Nr. 13, S. 53–57.

Hentz, J./Kammel, A., Personal-Controlling, Bern/Stuttgart/Wien, 1993.

Hichert, R. Moritz, M., MIKsolution – betriebswirtschaftliche Konzeption und softwaretechnische Realisierung eines erfolgreichen Konzepts für Managementinformationssysteme, in: Hichert, R./ Moritz, M. (Hrsg.): Management-Informationssysteme. Praktische Anwendungen, 2. Auflage, Berlin u. a., 1995, S. 339–365.

Hoefner/Preißler, Praxis der Betriebsabrechnung, 1980.

Hofmann, R., Bilanzkennzahlen, Industrielle Bilanzanalyse und Bilanzkritik, 1. Auflage Opladen 1969, 4. Auflage Wiesbaden 1977.

Hofmann, R., Kapitalgesellschaften auf dem Prüfstand. Unternehmensbeurteilung auf der Grundlage publizierter Quellen, Berlin, 1992.

Hofmann, R., Wertschöpfung und Kapitalflussrechnung, 20. Nachl. 1995, S. 1–32.

Holm, K.-F., Die Mitarbeiterbefragung, Hamburg, 1982.

Holten, R., Entwicklung von Führungsinformationssystemen – ein methodenorientierter Ansatz, Wiesbaden, 1999.

Horvath, P., Das neue Steuerungssystem des Controllers, Stuttgart, 1997.

Horváth, P., Der Einsatz von Kennzahlen im Rahmen des Controlling, Wirtschaftswissenschaftliches Studium (WiSt), S. 349–356, Heft Nr. 7/Juli 1983.

Horváth, P., Controlling, 5. Auflage, 1994.

Horvath, P./Reichmann, T. (Hrsg.), Vahlens großes Controlling Lexikon, München, 1993.

Hostettler, S., Economic Value Added (EVA), 4. unveränderte Auflage, Bern/Stuttgart/Wien, 2000.

Hronec, S. M., Vital Signs – Indiaktoren für die Optimierung der Leistungsfähigkeit ihres Unternehmens, Stuttgart, 1996.

International Group of Controlling (Hrsg.), Controller-Wörterbuch, Stuttgart, 1999.

Itami, H., Mobilizing Invisible Assets, Mass. 1987.

Jahnke, B., Einsatzkriterien, kritische Erfolgsfaktoren und Einführungsstrategien für Führungsinformationssysteme, in: Behme, W./Schimmelpfeng, K. (Hrsg.): Führungsinformationssysteme: neue Entwicklungstendenzen im EDV-gestützten Berichtswesen, Wiesbaden, 1993, S. 29–43.

Jhle, K./Blazek, A./Deyhle, A., Finanz-Controlling-Planung und Steuerung von Finanzen und Bilanzen, 3. Auflage, Gauting, 1986.

John E., Marketing-Prüfliste, Frankfurt, 1986.

John E., Die Analyse der Verkaufsbezirke, Frankfurt, 1986.

Kaplan R. & Norton D., Balanced Scorecard, deutsche Version, Stuttgart, 1997.

Katz, C., Verkaufsbezirke richtig einteilen, München, 1968.

Kieninger, M., Gestaltung internationaler Berichtssysteme, München 1993.

Kinlan, J., EIS Moves to the Desktop, in: Byte 17, 1992, 6, S. 206–214.

Koeder, K. W., Darstellung und Gemeinsamkeiten ausgewählter Kennzahlensysteme, Buchführung, Bilanzierung, Kostenrechnung (BBK), S. 713–722, Heft Nr. 18/17.09.1989.

Köhler, R., Marketing-Controlling. Vahlens Großes Controlling-Lexikon, Hrsg. V. Horváth, P./ Reichmann, Th., Münche, 1993b, 431–432.

Koll, P./Niemeier, J., Führungsinformationssysteme (FIS). Ergebnisse einer Anwender- und Marktstudie, Baden-Baden, 1993.

Kopp, M./Neuberger, O./Ebert/ Preißler, P. R. (Hrsg.), Unternehmens- und Personalführung, Landsberg/Lech, 1992.

Körlin E., Gewinnorientiertes Verkaufsmanagement, München, 1975.

Kralicek, P., Kennzahlen für Geschäftsführer, 3. Auflage, Wien, 1995.

Krystek U./Zur, E., Projektcontrolling. Frühaufklärung von projektbezogenen Chancen und Bedrohungen, in: Controlling, 1991, H. 6. S. 304 ff.

Küting, K., Kennzahlensysteme in der betrieblichen Praxis, in: Wirtschaftswissenschaftliches Studium, Heft 6, Juni 1983.

Küting, K., Grundsatzfragen von Kennzahlen als Instrument der Unternehmensführung, Wirtschaftswissenschaftliches Studium (WiSt), S. 237–241, Heft Nr. 5/1983.

Lachnit, L./Ammann, H./Müller S., Systemorientierte Jahresabschlussanalyse. Weiterentwicklung der externen Jahresabschlussanalyse mit Kennzahlensystemen, EDV und mathematisch statistischen Methoden, in: Neue Betriebswirtschaftliche Forschung, Band 13, Wiesbaden, 1979.

Landsberg von, G., Bildungs-Controlling, Stuttgart, 1995.

Lapp C. L., Reisende und Vertreter richtig kontrollieren, München, 1966.

Leidig G./Meyer-Hohhoff F./ Sommerfeld R., Multimedia-Kalkkulations-Systematik, 2. Auflage, Wiesbaden, 1999.

Leidig, G., Führungs-Handbuch, Wiesbaden, 1998.

Leidig, G., Marketing-Controlling, Wiesbaden, 2000.

Leidner, D. E. / Elam, J. J., Executive Information Systems: Their Impact on Executive Decision Making, in: Journal of Management Information Systems 10, 1994, 3, S. 139–155.

Liebl, W. F., Marketing-Controlling, Wiesbaden, 1989.

Lueg, H., Systematische Fertigungsplanung. Fachbuchreihe Werkzeugmaschine international, Bd. 5, Würzburg: Vogel-Verlag, 1975.

Maier, N. F., Problem-solving discussions and conferences: Leadership methods and skills, New York, 1963.

Männel, W./Warnick, B., Kosten- und Leistungsrechnung Druckindustrie, 2. Auflage, Wiesbaden, 1993.

Meffert, H., 16 Meffert-Theasen zu Marketing und Controlling, Absatzwirtschaft 1982, S. 100–107.

Mensch G., Balanced Scorecard – ein neues Instrument der Unternehmensführung, in: Betrieb und Wirtschaft 20/1998, S. 761–766.

Merkle E., Betriebswirtschaftliche Formeln und Kennzahlen und deren betriebswirtschaftliche Relevanz, Wirtschaftswissenschaftliches Studium (WiSt), S. 325–330, Heft Nr. 7/1982.

Meyer, C., Betriebswirtschaftliche Kennzahlen und Kennzahlensysteme, 2. Auflage, Stuttgart, 1994.

Nagel, K., Weiterbildung als strategischer Erfolgsfaktor, Landsberg/Lech, 1990.

Nowak, P., Betriebswirtschaftliche Kennzahlen, in Handwörterbuch der Wirtschaftswissenschaften, 2. Auflage, Köln und Opladen, 1966.

Olfer/Körne/Langenbeck, Bilanzen, 7. Auflage, Friedrich Kiehl Verlag GmbH, Ludwigshafen, 1995.

Perridon, L./Steiner, M., Finanzwirtschaft der Unternehmung, Verlag Franz Vahlen, München, 1973.

Pfeiffer/Preißler, Der Erkenntniswert der Kostenrechnung in: Erfolgskontrolle im Marketing, Berlin, 1975.

Preißler, P. R., Entscheidungsorientierte Kosten- und Leistungsrechnung, Landsberg, 3. Auflage, 2004

Preißler, P. R., Controlling, 13. Auflage, München 2007.

Preißler, P. R., Fallstudien Marketing, Eschborn, 2. Auflage, 1988.

Preißler, P. R., Verbesserung des Kosten-Nutzenverhältnisses im Absatzbereich, 6. Auflage, Eschborn, 1998.

Preißler, P. R., Die besten Checklisten für Controlling, 4. Auflage, Landsberg, 2004

Preißler, P. R., Deutsch-Chinesisches Glossarium der Kosten- und Leistungsrechnung und des Controlling, München, 1985

Preißler, P. R., Kostensenkungsprogramme planen und durchführen, in: Der kaufmännische Geschäftsführer, München.

Preißler, P. R., Möglichkeiten zur Verbesserung der Auftragsgrößenstruktur, dargestellt am Beispiel eines kunststoffverarbeitenden Betriebes in: Kunststoff-Rundschau, Heft 1/2, 1974.

Preißler, P. R., 48 Schritte zur Verbesserung der Vertriebsergebnisse, München, 1981.

Preißler, P. R., Intensivkurs für Führungskräfte, München, 1979.

Preißler, P. R., Controlling auch für Klein- und Mittelbetriebe, 9. Auflage, Eschborn, 1994.

Preißler, P. R., Controlling-Lexikon, Landsberg, 2007.

Preißler, P. R., Kreditrisiken rechtzeitig erkennen, Skriptum: Ausbildung von Kreditsachbearbeitern.

Preißler, P. R., Die 120 besten Checklisten für den Vertrieb, Landsberg, 2007.

Preißler, P. R. (Hrsg.)/Blum/ Bestmann/Folger, Finanzwirtschaft, 2. Auflage, Intensivkurs, Landsberg/ Lech, 1990.

Preißler, P. R. (Hrsg.)/Ebert/ Koinecke/Peemöller, Controlling in der Praxis, 6. Auflage, Intensivkurs, Landsberg/Lech, 1996.

Preißler, P. R. (Hrsg.)/Ebert/ Kopp/Neuberger, Personal- und Unternehmensführung, Intensivkurs, Landsberg/Lech, 1992.

Preißler, P. R./Dörrie, Grundlagen Kosten- und Leistungsrechnung, 8. Auflage, München 2004.

Preißler/Höfner/Paul/Stroschein, Marketing in der Praxis, 4. Auflage, München, 1996.

Preißler/Thomé, Informationsverarbeitung in der Praxis, München, 1986.

Preißner, A., Balanced Scorecard in Vertrieb und Marketing. Planung und Kontrolle mit Kennzahlen, 2. Auflage, München, 2002.

Preißner, A., Marketing-Controlling, München, 1996.

Radke, M., Die Große Betriebswirtschaftliche Formelsammlung, Verlag moderne Industrie, 10. erweiterte Auflage, Landsberg, 1999.

Radke, M., Verkaufsleiter – Studie – Betriebswirtschaftliche Absatzkennzahlen, München, 1988.

Rainer, R. K./Watson, H. J., What does it take for successful executive information systems?, in: Decision Support Systems 14, 1995, S. 147–156.

Reichmann, T., Controlling mit Kennzahlen und Managementberichten – Grundlagen einer systemgestützten Controlling-Konzeption, 5. Auflage, München, 1997.

Remele H., RKW-Führungsmappe Zahlen zur Unternehmenssteuerung, Frankfurt, 1978.

Riedwyl, H., Graphische Gestaltung von Zahlenmaterial, 3. Auflage, Bern, Stuttgart, Wien, 1992.

Rockart, J. F./De Long, D. W., Executive Support Systems. The Emergence of Top Management Computer User, Homewood, III., 1988.

Schäfer E., Die Unternehmung, 10. Auflage, Wiesbaden, 1980.

Scheer, A.-W., Wirtschaftsinformatik. Referenzmodelle für industrielle Geschäftsprozesse, 6. Auflage, Berlin u. a., 1995.

Scheuing, E. E., Unternehmensführung mit Kennzahlen, Baden-Baden und Bad Homburg vor der Höhe, 1967.

Schierenbeck, H., Grundzüge der Betriebswirtschaftslehre, 11. Auflage, München, 1993.

Schnettler, A., Betriebsanalyse, Stuttgart: Poeschel-Verlag, 1958.

Schott, G., Kennzahlen, Instrument zur Unternehmensführung, 5. Auflage, Wiesbaden, 1988.

Schulte, Chr., Personal-Controlling mit Kennzahlen, München, 1989.

Schulz-Merin, O., Betriebswirtschaftliche Kennzahlen als Mittel der Betriebskontrolle und Betriebsführung, Berlin, 1954.

Serfing, K./Pape, U., Strategische Unternehmensbewertung und Wirtschaftsstudium (WISU), Discounted Cash-Flow-Methode, S. 57–64, Heft Nr. 1/1996.

Siegwart, H., Kennzahlen für die Unternehmensführung, 4. Auflage, Bern, Stuttgart, Wien, 1992.

Siegwart, H., Unternehmensführung mit Kennzahlen, 1967.

Skinner, N. C., Checklist Manual Marketing, München.

Staehle, W. H., Kennzahlen und Kennzahlensysteme Als Mittel der Organisation und Führung von Unternehmen, Wiesbaden, 1969.

Stahlknecht, P./Hasenkamp, U., Einführung in die Wirtschaftsinformatik, 9. vollständig überarbeitete Auflage, Berlin, 1999.

Staudt, E./Groeters, U./Hafkesbrink, J./Treichel, H.-R., Kennzahlen und Kennzahlensysteme, Berlin, 1995.

Steinbuch, P. A./Olfert, K., Fertigungswirtschaft, 7. aktualisierte und erweiterte Auflage, Ludwigshafen (Rhein): Kiehl, 1999.

Steinle/H. Bruck (Hrsg.), Controlling, Stuttgart, 1999.

Tammena, E., Projekt-Controlling, in: Controller-Magazin, 1988, H. 2, S. 71 ff.

Tanski, J. S./Kurras, K.P./Weitkamp, J., Der gesamte Jahresabschluss, 3. Auflage, München, 1991.

Trout, R./Tanner, M./Nicholas, L., On Track with Direct Cash-flow in: Management Accounting, 75 (1993) 7, S. 23–27.

Tschandl, G., Betriebsanalyse: praxisnahes Arbeitshandbuch für Unternehmer, Wirtschaftsberater und Controller, Wien, 1994.

Vollmuth, H. J., Unternehmenssteuerung mit Kennzahlen, München, 1999.

Vollmuth, H. J., Gewinnorientierte Unternehmensführung, Gewinnsicherung mit einem Kennzahlensystem, München, 1987.

Wage, J. L., Reiserouten und Verkaufsrouten richtig planen, 2. Auflage, München, 1976.

Weber, J., Macht der Zahlen, in: Manager Magazin, 12/1998, S. 64 f.

Weber, J., Einführung in das Controlling, 8. aktualisierte und erweiterte Auflage, Stuttgart, 1998.

Weber, J. (Hrsg.), Kennzahlen für die Logistik, Stuttgart, 1995.

Weber, J./Schäffer U., Balanced Scorecard & Controlling, Wiesbaden, 1999.

Weber, M., Kennzahlen, Unternehmen mit Erfolg führen, 3. Auflage, München, 2002.

Wilkening, O., Bildungs-Controllinginstrumente zur Effizienzsteigerung der Personalentwicklung, Wiesbaden, 1986

Winkelmann, P., Marketing und Vertrieb. Fundamente für die marktorientierte Unternehmensführung, München, 1999.

Wissenbach, H., Betriebliche Kennzahlen und ihre Bedeutung im Rahmen der Unternehmerentscheidung, Berlin, 1967.

Witt, F.-J., Handelscontrolling, München, 1992.

Wöhe, G., Einführung in die Allgemeine Betriebswirtschaftslehre, 19. überarbeitete und erweiterte Auflage, München, 1996.

Wöhe, G., Bilanzierung und Bilanzpolitik, 7. Auflage, München, 1987.

Wolf, J., Kennzahlensysteme als betriebliche Führungsinstrumente, München, 1977.

Wunderer, R., Innovatives Personal-Management, Berlin, 1995.

Zander, E., Führung in Klein- und Mittelbetrieben, 7. überarbeitete und erweiterte Auflage, Freiburg i. Br., 1990.

Zelazny, G., Wie aus Zahlen Bilder werden: Wirtschaftsdaten überzeugend präsentieren, 4. Auflage, Wiesbaden, 1996

Zentralverband Elektrotechnik- und Elektroindustrie e. V., ZVEI-Kennzahlensystem, 4. Auflage, Frankfurt/Main, 1989.

Zentralverband Elektrotechnik- und Elektroindustrie e. V., Kennzahlensysteme – Ein Instrument zur Unternehmenssteuerung, 3. Auflage, Frankfurt, 1976.

Ziegenbein, K., Controlling, 5. Auflage, Ludwigshafen, 1995.

Zünd, A., Kontrolle und Revision in der multinationalen Unternehmung, Bern/Stuttgart, 1973.

Index – Stichwortverzeichnis

economag.

Wissenschaftsmagazin für
Betriebs- und Volkswirtschaftslehre

www.economag.de

Der Oldenbourg Wissenschaftsverlag veröffentlicht monatlich ein neues
Online-Magazin für Studierende: economag. Das Wissenschaftsmagazin
für Betriebs- und Volkswirtschaftslehre.

Über den Tellerrand schauen

Das Magazin ist kostenfrei und bietet den Studierenden zitierfähige wissenschaftliche Beiträge für ihre Seminar- und Abschlussarbeiten - geschrieben
von Hochschulprofessoren und Experten aus der Praxis. Darüber hinaus gibt
das Magazin den Lesern nicht nur hilfreiche wissenschaftliche Beiträge an
die Hand, es lädt auch dazu ein, zu schmökern und parallel zum Studium
über den eigenen Tellerrand zu schauen.

Tipps rund um das Studium

Deswegen werden im Magazin neben den wissenschaftlichen Beiträgen auch
Themen behandelt, die auf der aktuellen Agenda der Studierenden stehen:
Tipps rund um das Studium und das Bewerben sowie Interviews mit
Berufseinsteigern und Managern.

Kostenfreies Abonnement unter www.economag.de

Mathematik, die Spass macht

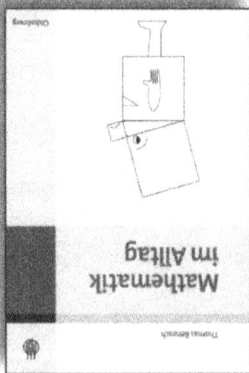

Thomas Benesch
Mathematik im Alltag
2008. VIII, 120 S., Br.
€ 14,80
ISBN 978-3-486-58390-8

Die Verwendung von ursprünglichen, im europäischen Raum kaum bekannten Rechenmethoden fördern das Zahlenverständnis und zeigen die Systematik dahinter auf.

Das Buch beschreitet den spannenden Weg, zum Teil vergessene wie auch gänzlich neue Aspekte der Mathematik aufzugreifen. So zeigt die Geschichte von der Entstehung der Zahlen eine Möglichkeit, die Welt der Zahlen neu zu entdecken und Unbekanntes vertraut und für sich nützlich zu machen. Viele Beispiele und Umsetzungsvorschläge runden das Buch ab.

Die Mathematik wiederbeleben damit Sie die Mathematik neu erleben. Eine Mathematik für den Alltag, die Freude macht - das ist das Ziel dieses Buches.

Dipl.-Ing. Dr. Thomas Benesch lehrt am Institut für Publizistik- und Kommunikationswissenschaft der Universität Wien.

Oldenbourg

Erfolgreiche Verkaufsgespräche

Uwe Jäger
Verkaufsgesprächsführung
Beschaffungsverhalten, Kommunikationsleitlinien,
Gesprächssituationen
2007, VII, 249 Seiten, Broschur
€ 29,80, ISBN 978-3-486-58399-1

Welche kommunikativen Verhaltensregeln können
Verkäufer nutzen und wie werden diese von professionellen Einkäufern interpretiert? Welche Gesprächs-
verläufe können sich im Verkaufszyklus ergeben und
wie sollten Verkäufer hierbei agieren? Wer auf diese
Fragen eine Antwort sucht, sollte dieses Buch lesen.
Die kommunikativen Verhaltensmöglichkeiten im
Verkauf und ihre Interpretation durch den professionellen Einkäufer sind die zentralen Themen dieses
Lehrbuchs. Vor diesem Hintergrund erhält der Leser
einen Überblick über die wichtigsten Gesprächsin-
halte im Verkaufszyklus. Phasenspezifische Hand-
lungsempfehlungen unterstützen die Vorbereitung
einer kundenorientierten und situationsgerechten
Gesprächsführung. Das Lehrbuch dient dem Leser als
Strukturierungshilfe bei der Suche nach eigenen Qualifizierungspotenzialen und liefert Denkanstöße für
die schrittweise Optimierung des Gesprächsverhaltens. Es richtet sich an Personen, die sich im wissenschaftlichen Umfeld mit dem Thema Verkaufsgesprächsführung befassen, an Verkaufstrainer und
an Verkäufer im Business-to-Business-Sektor.

Fazit: Das Buch bietet Strukturierungshilfe bei der
Suche nach eigenen Qualifizierungspotenzialen und
liefert Denkanstöße für die schrittweise Optimierung
des Gesprächsverhaltens.

Prof. Dr. Uwe Jäger ist seit 1997
Professor für Marketing, Vertrieb
und Management an der Hoch-
schule der Medien Stuttgart.

Ganzheitliche Risikosteuerung

Thomas Wolke
Risikomanagement
2007. IX, 304 Seiten, gebunden
€ 29,80
ISBN 978-3-486-58198-0

Risiko – ist das überhaupt objektiv? Mittelständische Unternehmen und Großkonzerne sind heute gleichermaßen vielfältigen betriebswirtschaftlichen Risiken ausgesetzt. Wollen sie nicht in eine Krise geraten, müssen sie ein effektives Risikomanagement betreiben. Waren früher die Verfahren der Risikomessung eher qualitativ und intuitiv, gewinnen heute mehr denn je objektiv nachvollziehbare Verfahren an Bedeutung – unabhängig von der subjektiven Risikoeinschätzung des Managers. Und wie konkret ist Risiko eigentlich?

In diesem Buch wird das Thema systematisch dargestellt und sowohl detailliert als auch konkret auf die Problemfelder des Risikomanagements eingegangen. Genauer beleuchtet werden beispielsweise neue Verfahren der Risikomessung und -analyse sowie die Risikosteuerung. Daneben wird auf die vielfältigen finanz- und leistungswirtschaftlichen Risiken eingegangen, denen Unternehmen heute ausgesetzt sind. Abschließend stellt der Autor auch das Risikocontrolling genauer dar und führt die gewonnen Erkenntnisse in einer praxisnahen Fallstudie zusammen.

»Das Buch richtet sich an Bachelor- und Masterstudenten mit Schwerpunkt Finance & Accounting wie auch an Anwender, die mit dem Risikomanagement in irgendeiner Form in Berührung kommen.«

Prof. Dr. Thomas Wolke lehrt an der Fachhochschule für Wirtschaft Berlin.

Oldenbourg